Dieter B. Herrmann

HIMMELSKUNDE

HIMMELS
—— KUNDE

EINE EINFÜHRUNG
IN DIE ASTRONOMIE

DIETER B. HERRMANN

KOSMOS

Bildnachweis

Archiv Herrmann: 83 (rechts), 115, 147, 228; Archiv Kosmos: 288; Christoph Weishaar: 142; ESA/DLR/FU Berlin: 97; ESA/PLANCK Collaboration: 272; ESA/Rosetta/NAVCAM: 140; ESO: 11 (Kapitelaufmacher 1), 13, 26, 29, 46, 88 (links); ESO/S. Brunier: 221; ESO/VPHAS+Team: 209; Königlich Schwedische Akademie der Wissenschaften: 59 (links, Detail); Lunar and Planetary Institute/G. Bacon (STScI): 83 (links) Martin Gertz, Sternwarte Welzheim/Planetarium Stuttgart: 59 (links, groß), 135; MPIfR: 37; NASA: 48 (Kapitelaufmacher 2), 64, 75, 88 (rechts), 232 (links); NASA/CXC/NGST: 39 (oben); NASA/ESA/SOHO: 59 (rechts); NASA/ESA/STScI: 31 (beide), 93, 117, 164 (Kapitelaufmacher 3), 170, 188 (beide), 194 (beide), 216, 224 (Kapitelaufmacher 4), 234, 239, 244, 246 (beide), 250, 252 (Kapitelaufmacher 5), 277, 298; NASA/HST: 227, 232 (Mitte), 299; NASA/JPL-Caltech: 39 (unten), 67 (beide), 70, 73, 94 (beide), 102, 105, 109, 113 (beide), 116, 119, 123 (beide), 127, 157 (beide); NASA/JHUAPL/SwRI: 130; NASA/JSC/Stanford University: 98; NASA/SDO/AIO: 69; NASA/W. Stenzel: 284 (Kapitelaufmacher 6); National Astronomy and Ionosphere Center: 305; NOAO/AURA: 178, 206, 215; NRAO/AUI: 211, 235; POSS/Digitized Sky Survey: 232 (rechts); SETI: 306; SPB/F.-M. Arndt: 151; Stefan Seip, www.astromeeting.de: 174; Sven Melchert: 154; T.A. Rector, NOAO/AURA und STScI/AURA/NASA (Hubble Heritage Team): 204; Wikimedia: J.-P. Dalbéra/Musée du Caire: 53; W. M. Keck Observatory: 28 (beide); Yerkes Observatory: 24.

Illustrationen von Gerhard Weiland, Köln: 16, 17, 17, 22, 27, 35, 42, 51, 56, 61, 66, 77, 80, 85, 89, 92, 104, 110, 111, 132, 139, 143, 155, 167, 169, 179, 181, 183, 185, 189, 199, 203, 213, 233, 248, 256, 258, 260, 264, 269, 274, 279 (beide), 293, 297.

Impressum

Umschlaggestaltung von Büro Jorge Schmidt unter Verwendung einer Illustration von © Science Photo Library/Detlev Van Ravenswaay.
Mit 92 Schwarzweißfotos und 45 Schwarzweißzeichnungen.

Unser gesamtes Programm finden Sie unter **kosmos.de.**
Über Neuigkeiten informieren Sie regelmäßig unsere Newsletter, einfach anmelden unter **kosmos.de/newsletter**

Gedruckt auf chlorfrei gebleichtem Papier

FSC www.fsc.org MIX Papier aus verantwortungsvollen Quellen FSC® C014496

ISBN 978-3-440-15837-1
Redaktion: Susanne Richter
Gestaltung und Satz: Text & Bild | Michael Grätzbach
Produktion: Ralf Paucke
Druck und Bindung: GGP Media GmbH, Pößneck
Printed in Germany / Imprimé en Allemagne

Inhalt

PROLOG

Ein Streifzug durch die moderne Astronomie

Als Menschen sind wir es gewohnt, uns ein Bild von der Welt wesentlich durch das Auge zu verschaffen. Was wir mit eigenen Augen gesehen haben, hat für uns Vorrang vor allem, was uns berichtet wird. Doch wie verlässlich sind unsere Sinne?

Jeden Tag sehen wir „mit eigenen Augen“, dass die Sonne sich um die Erde bewegt und Jahrtausende waren die Menschen davon überzeugt, dass dies tatsächlich der Fall ist. Heute wissen wir natürlich, dass die tägliche Bewegung der Sonne nur eine scheinbare ist und durch die Erdrotation hervorgerufen wird. Wohlgemerkt: Wir wissen es, aber wir sehen es nicht.

Wie trügerisch unsere Sinne sind, zeigt sich auch beim Betrachten des Sternhimmels. Wer wollte denn dabei auf die Idee kommen, dass die leuchtenden Pünktchen am Firmament ganz unterschiedlich weit von uns entfernt stehen? Der Augenschein legt vielmehr die Annahme nahe, dass wir von einer gewaltigen Kugelschale umgeben sind, an deren Innenseite die Sterne befestigt sein müssen.

Wir dürfen uns also nicht wundern, wenn diese Vorstellung fest zum Weltbild unserer Ahnen gehörte.

Unser heutiges Wissen über die Himmelskörper, den Aufbau und die Entwicklung des Weltalls hat mit dem, was uns das Auge zeigt, wenig zu tun. Der Blick zum Himmel bietet nur oberflächlichen Schein. Erst die Forschung dringt in einem langwierigen Prozess zum Wesentlichen vor und dies geschieht sehr oft, indem sie sich vom Sichtbaren bewusst abwendet und mit raffinierten Methoden hinter die Kulissen der Natur blickt. Dabei kann es sich um Beobachtungsverfahren technischer Art handeln, die weit über das hinausreichen, was unsere naturgegebenen Sinne wahrzunehmen vermögen. Ebenso kommen aber auch unsere Fantasie und Intelligenz zum Einsatz, die zur Entstehung physikalischer und mathematischer Theorien führen. Bei ihnen handelt es sich aber nicht um leere Spekulationen, sondern stets wird an Beobachtungen oder Erfahrungen angeknüpft, die bei Experimenten in irdischen Labors oder im Weltraum gemacht wurden. Die Ergebnisse sind in unterschiedlichem Maße zuverlässig. Doch gerade darin besteht wohl die besondere Faszination der Astronomie: Dass es dem Menschen trotz seiner Winzigkeit im kosmischen Ganzen und wider das Trugbild der Sinne gelingt, immer weiter zur Wahrheit vorzudringen.

Dieses Buch nimmt Sie mit auf einen Streifzug durch die moderne Astronomie und stellt die wesentlichen Kenntnisse dar, die wir heute über das Weltall besitzen. Es startet mit den Beobachtungsmethoden der Astronomen und endet bei den großen ungeklärten Fragen, denen der Odem des Geheimnisvollen anhaftet. Das Buch kann je nach Belieben wie ein Roman vom Anfang bis zum Ende gelesen werden. Andererseits sind die Kapitel weitgehend in sich abgeschlossen, sodass es sich auch als Nachschlagewerk nutzen lässt. Der Umfang des Buches und die beabsichtigte Verständlichkeit setzen allerdings Grenzen, was die Tiefe der Darstellung anlangt. Deshalb sind im Anhang Hinweise auf weiterführende Literatur angegeben, auf die das Lesen Lust machen soll. Die Kosmos-Himmelskunde erschien zum ersten Mal im Jahre 1999 und hat seither bereits sieben Auflagen erlebt, die inzwischen vergriffen sind. Das hat Verlag und Autor erfreut veranlasst, diese inhaltlich völlig neu bearbeitete und aktualisierte Ausgabe vorzulegen, die hoffentlich ebenso viel Anklang findet wie ihre Vorgänger.

Erlebnisreiches Lesen wünscht
Dieter B. Herrmann, Berlin im Januar 2018

KAPITEL 1

Wie Astronomen das Weltall erforschen

Der Bote ist das Licht

» Viele Menschen begegnen den Aussagen der modernen Astronomie über das Weltall mit Argwohn. Woher will man denn wissen, woraus sich die Sterne zusammensetzen? Wie soll man die Entfernungen der Sterne bestimmen, wenn man sie doch nicht erreichen kann? Und wer kann schon sagen, was im Universum vor Jahrmilliarden geschah, es gab ja schließlich keine Augenzeugen!

Diese Fragen sind durchaus verständlich, solange man die Methoden der astronomischen Forschung nicht kennt. Die Astronomie arbeitet in vielerlei Hinsicht tatsächlich anders als die übrigen Naturwissenschaften. Es ist uns zum Beispiel geläufig, dass ein Chemiker die Zusammensetzung einer Verbindung durch Experimente im Labor bestimmt. Wir wissen, dass man Längen und somit auch Distanzen durch das Anlegen eines Maßstabs an das zu vermessende Objekt feststellt. Und was vor 100 Jahren geschah, davon berichten uns überlieferte Zeugnisse der damals lebenden Menschen oder auch direkte materielle Funde, die wir untersuchen können. Das alles ist in der Himmelskunde anders. Wenn wir einmal von den erst seit jüngerer Vergangenheit möglichen Direkterkundungen einiger nahe gelegener Himmelskörper mit Hilfe der Raumfahrt absehen, ist uns das Weltall auch heute so unerreichbar fern wie seit jeher. Doch etwas verbindet uns auf dem kleinen Planeten Erde mit den fernsten Objekten des Universums: das Licht! Käme kein Licht von den Sternen zu uns, so könnten wir sie nicht sehen.

Das Licht aber ist ein Bote – es trägt Nachrichten über seine Absender mit sich. Je länger sich die Menschen mit den Gestirnen

Im Adlernebel (Sternbild Schlange) entstehen auch heute noch zahlreiche neue Sterne. Das Licht bringt uns Kunde davon.

beschäftigen, desto besser haben sie gelernt, diese zunächst geheimnisvollen Botschaften zu verstehen.

Besonders seit dem 19. Jahrhundert wurde nach und nach immer deutlicher, dass wir es nicht nur mit Lichtstrahlung aus dem Kosmos zu tun haben, sondern ganz allgemein mit elektromagnetischen Wellen. Licht ist nur ein winziger Teil der elektromagnetischen Strahlung – jener Ausschnitt aus dem Gesamtspektrum, für den unsere Augen empfänglich sind. Viel umfassender sind die Bereiche der Strahlung, die sich jenseits des sichtbaren Lichts anschließen: die Infrarotstrahlung (Wärmestrahlung) und der breite Bereich der Radiostrahlung sowie die Ultraviolettstrahlung bis zu der extrem kurzwelligen Röntgen- und Gammastrahlung. All diese Strahlungsarten bringen uns Kunde von den Vorgängen in unserem Universum. In der klassischen Astronomie waren es ausschließlich die optischen Beobachtungen, aus denen wir sämtliche Erkenntnisse über das Universum abgeleitet haben.

Positionen und Helligkeiten der Sterne

Die wichtigste Information, die wir dem Licht der Sterne zunächst entnehmen können, ist die Richtung, aus der es kommt. Damit können Unterscheidungen zwischen Fixsternen und Wandelsternen (Planeten) getroffen werden – somit also zwischen jenen Himmelskörpern, die sich binnen kurzer Zeit vor der Sternkulisse bewegen und der anderen viel größeren Gruppe, die scheinbar unverrückt feststehen. Bei den einen ändert sich die Herkunftsrichtung, bei den anderen nicht. Natürlich beruhen auch alle Informationen über die täglichen und jährlichen Veränderungen des Sternhimmels auf nichts anderem als dem Studium der Richtung des Lichts. Insofern gründen sich die ersten Weltbilder der Geschichte und ganz besonders das griechische Weltsystem, dessen Schöpfer die Erde im Zentrum sahen, auf Richtungsbeobachtungen. Selbst die große Revolution des astronomischen Weltbildes, die Nikolaus Kopernikus im Jahr 1543 herbeiführte, indem er die Sonne an die Stelle der Erde setzte und der Erde einen Platz unter den Planeten zuwies, kam aufgrund von Richtungsbeobachtungen zustande.

Bis in die Mitte des 19. Jahrhunderts blieb es dabei: Der Bote Licht berichtet über die Positionen der Sterne. Die Erkenntnisse, die man daraus abzuleiten verstand, waren jedoch erstaunlich vielgestaltig. Die Bewegungsgesetze der Planeten, die Johannes Kepler fand, und das Gesetz der universellen Massenanziehung von Isaac Newton sind letztlich Früchte reiner Positionsbeobachtungen. Mithilfe dieser Gesetze gelang und gelingt es bis heute, die Bewegungen der Gestirne mit jener sprichwörtlichen Genauigkeit zu berechnen, die man der Astronomie zuschreibt: Die Vorhersage von Sonnen- und Mondfinsternissen gehören ebenso dazu wie die Beschreibung der Bahnen von Doppelsternen oder die „Reiseroute" unserer eigenen Sonne durch das Sternsystem der Milchstraße. Selbst die historisch erst spät gelungenen Bestimmungen von Sternentfernungen beruhen auf reinen Richtungsmessungen. Die Richtung des Lichts der Sterne verrät also sehr viel über das Universum. Dennoch wüssten wir wenig über das Weltall, wenn es nicht gelungen wäre, noch weitaus mehr an Informationen aus den Signalen der kosmischen Objekte herauszulesen.

Die zweite wichtige Information, die ein Lichtstrahl in sich birgt, besteht in den verschiedenen Helligkeiten der Objekte. Dass die Sonne ungleich viel heller strahlt als die Sterne, ist natürlich schon immer bekannt gewesen. Dass auch die Sterne unterschiedlich hell sind, konnte ebenfalls bei aufmerksamer Betrachtung des Himmels nicht verborgen bleiben. Schon die großen Astronomen des antiken Griechenlands haben die verschiedenen Sternhelligkeiten bestimmten Größenklassen zugeordnet – ein System, das bis heute verwendet wird. Demnach haben die hellsten Sterne des nächtlichen Himmels die Bezeichnung „nullte Größenklasse" (einige wenige noch hellere Objekte bekommen sogar negative Zahlenwerte), die schwächsten, gerade noch mit dem bloßen Auge sichtbaren Sterne gehören zur „sechsten Größenklasse". Gemeint sind damit die Helligkeitseindrücke, die die Objekte im menschlichen Auge hervorrufen. Obwohl man sich in der Antike gelegentlich Gedanken über die unterschiedlichen Helligkeiten der Himmelsobjekte gemacht hat, konnte man mit den Größenklassen noch recht wenig anfangen.

Im Sternbild Großer Hund befindet sich der hellste Fixstern des Himmels: Sirius mit einer scheinbaren Helligkeit von –1,5 Größenklassen.

Sie dienten mehr als Identifizierungshilfe von Sternen in den verschiedenen Sternbildern. Erst um die Mitte des 19. Jahrhunderts begann mit der Entwicklung der Astrophysik eine völlig neue Ära der Forschung. Damals lernte man aufgrund fortgeschrittener physikalischer Erkenntnisse, aus den verschiedenen Sternhelligkeiten wesentliche Aussagen über die Natur der strahlenden Objekte selbst abzuleiten.

Zerlegtes Licht

Den größten Fortschritt auf dem Weg zur Erkenntnis des Wesens kosmischer Objekte brachte jedoch die Spektralanalyse. Dabei wird das von den Sternen kommende Licht über einen Eingangsspalt

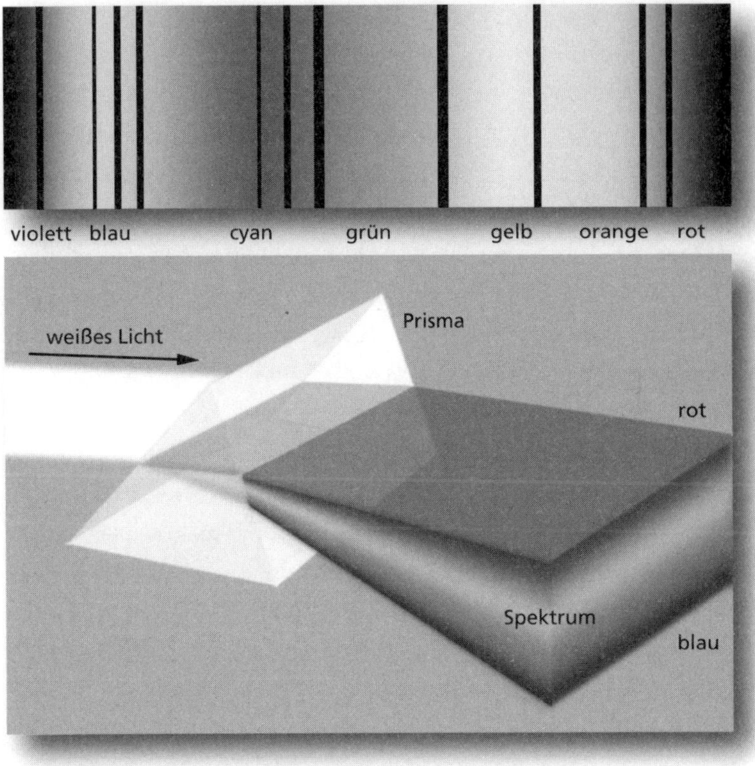

Ein Glasprisma zerlegt weißes Licht in seine Spektralfarben. Oben: ein typisches Sternspektrum mit dunklen Linien.

und ein Objektiv auf ein Glasprisma geführt, wobei ein Spektrum des Lichts entsteht. Die einzelnen Farben, aus denen sich das Sternlicht zusammensetzt, werden unterschiedlich stark gebrochen und bilden deshalb das prismatische Farbenband.

Das Spektrum eines leuchtenden Gases besteht aus farbigen hellen Linien, die, je nach Element des Gases, an unterschiedlichen Stellen und in verschiedener Anordnung auftreten. So eröffnet die Spektralanalyse die Möglichkeit, das Vorkommen bestimmter chemischer Elemente auch aus der Distanz zu bestimmen. Schon erste Untersuchungen an Sternspektren zeigten, dass diese bei verschiedenen Sternen unterschiedlich aussehen. Nachdem der italienische Forscher Angelo Secchi nach der Mitte des 19. Jahrhunderts die Spektren der Sterne nach ihrem Erscheinungsbild in drei Klassen einteilte, fand man bald heraus, dass diesen drei Arten von Spektren verschiedene Temperaturen der Sterne entsprachen, die eindeutig mit deren Farben zusammenhängen: Die roten Sterne sind die kühlsten, die gelben von mittlerer Temperatur, die bläulich-weißen Sterne hingegen die heißesten. Warum dies allerdings so ist und wie die Einzelheiten in den Sternspektren mit den physikalischen Vorgängen in den Atmosphären der Sterne zusammenhängen, aus denen das Licht stammt, das wusste man zunächst noch nicht.

Eine andere wichtige Größe, die durch die Spektralanalyse zugänglich wurde, war die chemische Zusammensetzung der Sterne. Was selbst bedeutende Forscher noch im 19. Jahrhundert für ganz ausgeschlossen hielten, wurde dadurch möglich: die chemische Analyse der Himmelskörper, ungeachtet der enormen Entfernungen, die

Bunsen und das Heidelberger Schloss

Im Sommer des Jahres 1860 weilte der Großherzog von Baden auf dem Heidelberger Schloss. Bei einem nächtlichen Fest zu Ehren des Gastes war das Schloss mit bengalischen Flammen weithin sichtbar illuminiert. An jenem Abend beobachteten die beiden Forscher Gustav Robert Kirchhoff und Robert Wilhelm Bunsen vom Dach ihres unweit gelegenen Labors aus das Spiel der farbigen Flammen. Bunsen betrachtete die Lichter mit seinem Spektralapparat und erkannte sofort die charakteristischen Linien des Bariums und die roten Linien des Strontiums. Zu Kirchhoff gewandt soll er bei dieser Gelegenheit gesagt haben: „Wenn wir aus dieser Entfernung erkennen können, welche Stoffe in jenen Flammen glühen, warum sollten wir nicht auch herausfinden können, aus welchen Substanzen die Sterne bestehen?“

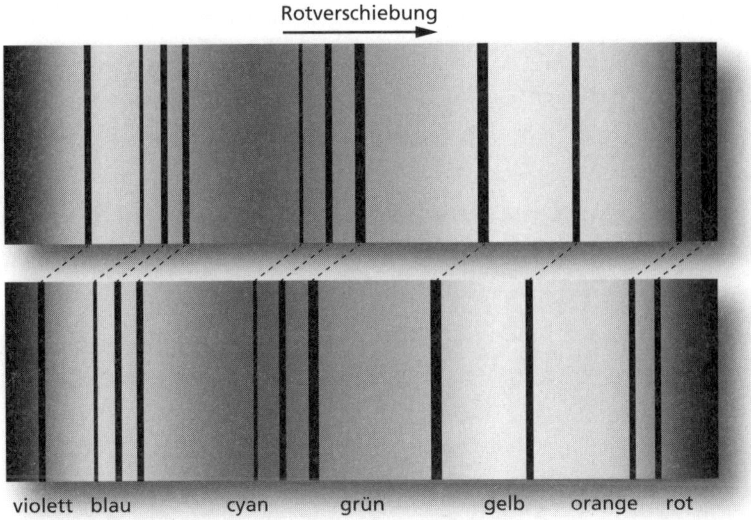

Der Doppler-Effekt. Entfernt sich ein Stern sehr schnell von uns, so erscheinen seine Spektrallinien zum Roten hin verschoben (oben).

zwischen den Forschern und dem Objekt liegen. In den Spektren der Sterne findet man nämlich dunkle Linien in ganz bestimmter Anordnung und Stärke. Die Lage dieser Linien hängt – wie die beiden deutschen Forscher Gustav Robert Kirchhoff und Robert Wilhelm Bunsen zeigten – mit der chemischen Zusammensetzung in den Hüllen der Sterne zusammen.

Doch auch dies war noch nicht alles. Die Spektren führten schließlich sogar zum Studium von Bewegungsabläufen, die sonst auf keine Weise zu ermitteln waren. Das Zauberwort dieser Entwicklung heißt: Doppler-Effekt. Um das Jahr 1842 hatte der Physiker Christian Doppler festgestellt, dass eine Schallquelle, die sich einem Beobachter nähert, einen scheinbar höheren Ton aussendet als in Wirklichkeit und bei Entfernung vom Beobachter einen etwas tieferen Ton. Dieser Effekt, den wir alle aus dem Alltag beim raschen Vorüberfahren eines Polizeiwagens mit Martinshorn kennen, existiert auch in der Optik: Eine weiße Lichtquelle erscheint uns etwas rötlicher, wenn sie sich mit genügend großer Geschwindigkeit von uns entfernt und etwas bläulicher, wenn sie auf den Beobachter zurast.

Die radiale (d. h. von uns weg oder auf uns zu gerichtete) Geschwindigkeit der Quelle lässt sich aus der Verschiebung der Spektrallinien zuverlässig bestimmen. Diese Information ist die Grundlage vieler Erkenntnisse der modernen Astrophysik. Auch Magnetfelder und das Rotationsverhalten von Himmelskörpern können mittels Spektralananlyse untersucht werden.

Christian Doppler und die Eisenbahn

In den 40er-Jahren des 19. Jahrhunderts kam der österreichische Physiker Christian Doppler auf eine verrückte Idee: Der hörbare Ton einer Schallquelle müsse sich ändern, wenn sich diese direkt auf uns zu- oder von uns wegbewegt, obwohl der ausgesendete Ton doch immer derselbe bleibt. Viele wollten ihm nicht glauben. Doch glücklicherweise war gerade die Eisenbahn erfunden worden und die brachte es damals immerhin schon auf rund 50 Kilometer pro Stunde. Das ist zwar nur 1/25 der Schallgeschwindigkeit, sollte aber ausreichen, um solche geringfügigen Tonhöhenänderungen festzustellen, wie sie Doppler berechnet hatte. In Holland setzte daher der Physiker Christoph Buys-Ballot einige Trompeter auf einen fahrenden Zug, während am Bahndamm stehende Musiker die Tonänderungen beurteilen mussten. Das war der erste erfolgreiche Test für Dopplers Hypothese, die auch für Lichtquellen gilt. Das „Doppler-Prinzip" ist heute in der Astronomie unentbehrlich, wenn Geschwindigkeiten von kosmischen Lichtquellen entlang des Sehstrahls – sogenannte Radialgeschwindigkeiten – studiert werden sollen.

Vom Schattenstab zum Riesenspiegel

» Das einfachste und wohl älteste astronomische Beobachtungsinstrument ist der Schattenstab, auch Gnomon genannt. In den frühesten Tagen himmelskundlicher Studien wurde zum Beispiel die tägliche Bewegung der Sonne mittels Gnomon verfolgt. Auch mit anderen, vergleichsweise einfachen Peilinstrumenten erzielten die Astronomen früher erstaunliche Ergebnisse. Heute ist die moderne Astronomie ohne Fernrohr jedoch nicht mehr denkbar.

Fast zur gleichen Zeit wurden zu Beginn des 16. Jahrhunderts das Linsenfernrohr und das Spiegelteleskop erfunden und in die Astronomie eingeführt. Die Wirkungsweise eines Linsenfernrohrs (Refraktor) beruht auf der Lichtbrechung in einem speziell geformten Glaskörper (Linse). Dieser besitzt die Eigenschaft, parallel ankommende Lichtstrahlen von einem punktförmigen Objekt wieder in einen Punkt zusammenzuführen. Man spricht von den Abbildungseigenschaften der Linse. Beim Spiegelteleskop (Reflektor) entsteht das Bild des strahlenden Objektes hingegen durch Lichtspiegelung an einem speziell geformten Hohlspiegel.

Bereits mit den ersten Linsenfernrohren gelangen außerordentliche Entdeckungen. So fand Galileo Galilei in den Jahren 1609 und 1610, als er zum ersten Mal ein kleines Linsenfernrohr für astronomische Beobachtungen einsetzte, die gebirgige Struktur der Mondoberfläche, die vier größten Monde des Planeten Jupiter, die

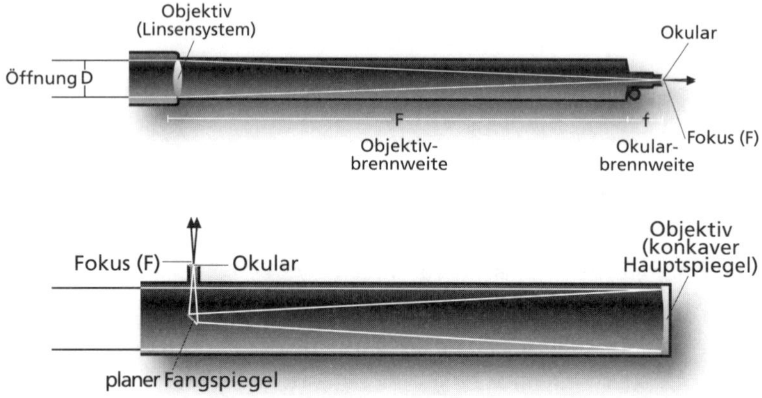

Bei einem Linsenteleskop (oben) wird das Licht durch eine Sammellinse fokussiert, wodurch ein seitenverkehrtes und kopfstehendes Bild in der Brennebene entsteht. Dieses wird durch das Okular betrachtet. Bei einem Spiegelteleskop (unten) wird das Licht durch Reflexion am konkaven Hauptspiegel auf einen planen Fangspiegel und so zum Okular gelenkt.

Lichtphasen der Venus, die Flecken auf der Sonne und das Sterngewimmel in der Milchstraße.

Was die Leistungsfähigkeit der beiden Fernrohrtypen anlangt, so entbrannte zwischen Refraktoren und Reflektoren in den folgenden Jahrhunderten ein förmlicher Wettlauf. Bald waren die Linsenfernrohre den Spiegelteleskopen überlegen, bald war es umgekehrt. Zunächst bestand der Hauptmangel der Linsenfernrohre in den Abbildungsfehlern, die durch die sphärischen Linsen, das heißt durch ihre gebogene Form, zustande kamen: Unscharfe Bilder mit Farbsäumen waren die Folge. Das Spiegelteleskop zeigte solche Nachteile nicht, da die Bilder ausschließlich durch Lichtspiegelung entstehen. Dabei erfolgt keine Farbzerlegung des Lichts. Doch dann wurden spezielle Linsenobjektive erfunden, die man als farbfehlerfrei (achromatisch) bezeichnet: Das Fernrohrobjektiv besteht aus zwei Einzelteilen, die aus Glas mit verschiedenen Brechungseigen-

Galilei und das Teleskop

Zu den zahlreichen Legenden, die sich um den italienischen Naturforscher Galileo Galilei ranken, gehört auch die Mär, er habe das Fernrohr erfunden. Galilei selbst hat dies übrigens nie behauptet. Vielmehr wurde er mit dem in Holland erfundenen Sehgerät 1608 durch Erzählungen bekannt, die über dieses „Wunderding" kursierten. Galilei erkannte allerdings rasch, wie man es verbessern könnte und entwickelte binnen kurzer Zeit deutlich leistungsstärkere Teleskope als jene, die sich bereits auf dem Markt befanden. Mit diesen Fernrohren, die er immer weiter entwickelte, fand er schließlich 1609 und 1610 die „Erdartigkeit" des Mondes, die Phasen der Venus, die Jupitermonde, die Sonnenflecke, die Sterne im Milchstraßenband und begründete damit seinen Ruhm als Entdecker neuer Welten. Wenn Galilei also schon nicht der Vater des Teleskops gewesen ist, so war er doch jedenfalls dessen Ziehvater, der es zugleich höchst erfolgreich zu verwenden verstand

schaften gefertigt sind. Die Farbfehler der einen Hälfte des Objektivs werden durch die der anderen Hälfte aufgehoben. Dadurch werden die störenden Abbildungsfehler beseitigt.

Immer weiter, immer besser

Die aus Metalllegierungen bestehenden Spiegel hingegen ärgerten die Astronomen nun durch ihre immer wieder blind werdenden Oberflächen. Dafür konnte man aber im Vergleich zu den Linsen wesentlich größere Spiegel herstellen. Das hatte zur Folge, dass Spiegelteleskope zu Anfang des 19. Jahrhunderts viel mehr Licht „aufsammelten" als die Linsen. Sie verfügten über eine größere Reichweite, d. h. mit ihnen konnte man weiter schauen als mit Linsenfernrohren. So verfügte zum Beispiel der berühmte Astronom Friedrich

Der Yerkes-Refraktor (USA) ist mit seinem Objektivdurchmesser von 1,02 Metern das leistungsstärkste Linsenfernrohr der Welt. Das Bild zeigt Albert Einstein (mitte rechts) beim Besuch des Observatoriums am 6. Mai 1921.

Wilhelm Herschel für seine Beobachtungen über ein Spiegelteleskop mit 1,2 Metern Spiegeldurchmesser. Doch nun holten auch die Linsenfernrohre dank verbesserter Verfahren bei der Herstellung großer homogener Glasblöcke wieder auf und immer größere Linsen kamen zum Einsatz. Gegen Ende des 19. Jahrhunderts entstand in den USA der Yerkes-Refraktor mit einem Objektiv von 1,02 Metern Durchmesser.

Damit war jedoch eine prinzipielle Grenze erreicht, denn Linsen müssen stets am Rande eingefasst werden, damit das Licht ungehindert hindurchtreten kann. Je schwerer aber die Glasblöcke werden, umso stärker verbiegen sie sich auch, was wiederum zu Lasten der Abbildungsqualität geht. Solche Fragen spielten für die Spiegel keine Rolle. Da sie das Licht reflektieren, kann man sie von der Rückseite mechanisch vor Durchbiegung schützen. Als nun gegen Ende des 19. Jahrhunderts noch die Technologie der Oberflächenversilberung von Glasflächen erfunden wurde, verschwand auch das störende Phänomen der immer wiederkehrenden Erblindung. Spiegelteleskope traten den endgültigen Siegeszug in der beobachtenden Astronomie an.

Viele weitere technische Fortschritte, vor allem der Einsatz von leichten Kunststoffen für die Spiegel, gestatteten den Bau immer größerer und damit weiter reichender Spiegelteleskope. Anfang der 1920er-Jahre entstand in den USA der Hooker-Spiegel mit 2,5 Metern Durchmesser, 1949 das große Fünf-Meter-Spiegelteleskop auf dem Mount Palomar (Kalifornien, USA). Allein mit diesen beiden Instrumenten wurden im vergangenen Jahrhundert bahnbrechende Entdeckungen gemacht, von denen wir in diesem Buch noch berichten werden.

Moderne Teleskope

Derzeit arbeiten viele multinational besetzte Sternwarten mit Refraktoren und Reflektoren in den klimatisch geeignetsten Gegenden der Welt, zumeist hoch über dem Meeresspiegel in den Bergregionen Spaniens, im Kaukasus, auf Hawaii oder in Chile. In der nordchilenischen Atacama Wüste hat auch die Europäische Südsternwarte (European Southern Observatory – ESO) in über 2000 Metern Höhe ihre Riesenteleskope aufgestellt, die von den Mitgliedsländern der Organisation, darunter auch Deutschland, betrieben werden. Viele klare, dunkle Nächte und eine ungewöhnlich saubere und durchsichtige trockene Luft bestimmen hier das „Astroklima" – ganz im Gegensatz zu der bei uns üblichen Licht- und Luftverschmutzung. Das ehrgeizigste Projekt, das hier bislang realisiert wurde, ist das Very Large Telescope (VLT), das aus vier Einzelinstrumenten besteht, deren Spiegeldurchmesser bei über acht Metern liegen.

Das Very Large Telescope (VLT) der Europäischen Südsternwarte (ESO) auf dem Cerro Paranal in Chile besteht aus vier einzelnen Spiegelfernrohren mit je 8,2 Metern Öffnung. In dieser trockenen Wüstenregion sind die Beobachtungsbedingungen besonders günstig.

Das erste der vier Teleskope ist im Sommer 1998 in Betrieb gegangen, das letzte im Jahr 2000; heute sind sie zusammen so leistungsstark wie ein einzelnes 16-Meter-Teleskop.

Im Sommer 2006 wurde in Arizona (USA) mit dem Large Binocular Telescope (LBT) der größte „Feldstecher" der Welt eingeweiht – zwei riesige Teleskope mit Spiegeldurchmessern von je 8,4 Metern auf einer gemeinsamen Montierung. An dem multinationalen Projekt des LBT ist auch Deutschland beteiligt. Die Erfindung der „aktiven Optik" hat dazu geführt, dass Verformungen der Riesenspiegel

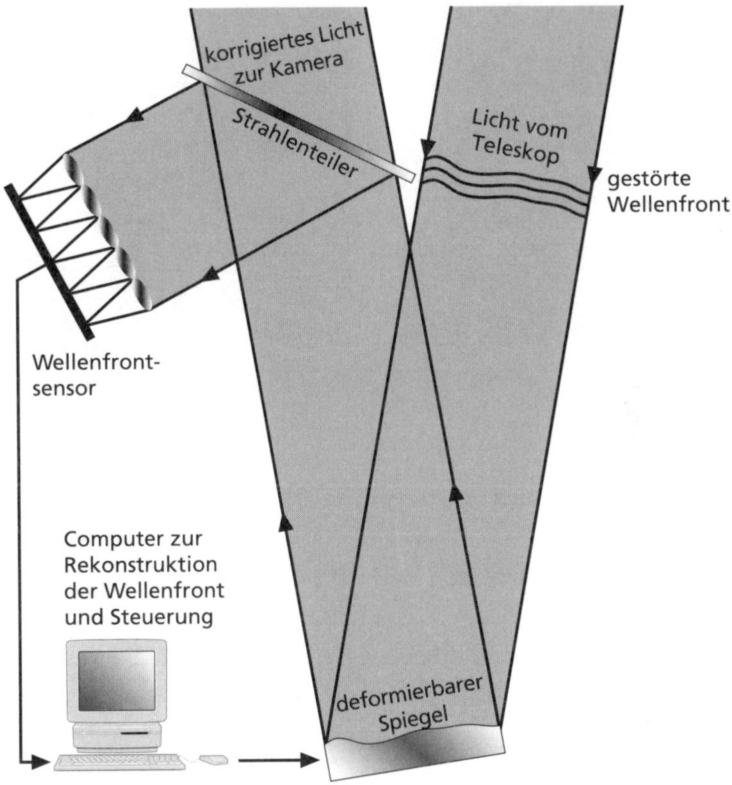

So funktioniert die adaptive Optik: Ein Wellenfrontsensor im Strahlengang analysiert in Echtzeit die wechselnden Störungen und sendet entsprechende Signale an die Aktuatoren des Spiegels, die ihn ständig so deformieren, dass die Störungen ausgeglichen werden.

durch computergesteuerte mechanische Vorrichtungen ausgeglichen werden können. Noch verblüffender arbeiten die sogenannten „adaptiven Optiken“. Sie schalten praktisch weitgehend die störende Wirkung der Erdatmosphäre aus.

Gelangt eine Wellenfront aus dem All in die Erdatmosphäre, kommt es zu diversen Verformungen, die sich zudem im Millisekun-

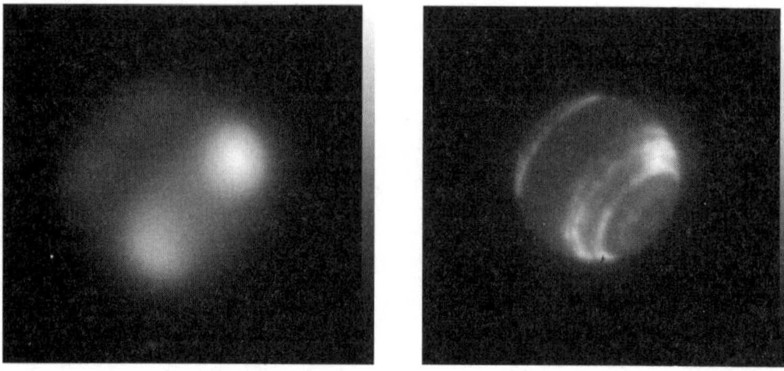

Ein Vergleich, der überzeugt: Planet Neptun ohne (links) und mit (rechts) adaptiver Optik aufgenommen.

denbereich ändern. Aus diesem Grund wird die Wellenfront über einen halbdurchlässigen Spiegel einem Analysator zugeführt, der nun seinerseits in Echtzeit (d. h. bis zu 1000 Mal je Sekunde) Signale an die hinter dem Spiegel angebrachten Aktuatoren sendet. Diese „Stempel" vermögen den dünnen Spiegel ständig so zu verformen, dass die Wellenfront wieder nahezu störungsfrei abgebildet wird.

Alle modernen Teleskope sind heute mit solchen adaptiven Optiken ausgestattet – eine Innovation, die nur durch extrem schnelle Computer und neuartige Materialien für die inzwischen extrem dünnen und leichten Spiegel möglich wurde.

Beliebig groß kann man solche Spiegel dennoch nicht machen. Um noch größere Empfängerflächen zu erreichen, ging man deshalb zu den „Vielflächnern" über. Hier werden sehr große Spiegel durch ein Mosaik aus vielen kleineren Spiegeln zusammengesetzt. Zwei Großteleskope auf Hawaii machten den Anfang: die Öffnung beträgt hier zehn Meter, die durch einzelne Segmente erreicht werden. Diese Bauweise wird auch bei drei geradezu gigantischen Großteleskopen genutzt, die gegenwärtig gebaut werden. Eine Übersicht zu den größten Spiegelteleskopen befindet sich im Anhang auf Seite 308.

So wird das in Vorbereitung befindliche Extremely Large Telescope (ELT) der ESO mit einem Hauptspiegel von 39 Metern Durchmesser aussehen, das als weltgrößtes Fernrohr 2024 in Betrieb gehen soll.

Das Giant Magellan Telescope (USA) wird aus sieben Spiegeln mit je 8,4 Metern Durchmesser bestehen und eine Gesamtempfängerfläche von 21 Metern aufweisen. Ein ebenfalls in den USA geplantes Thirty Meter Telescope (TMT) wird aus knapp 500 Segmenten von je 1,4 Metern Durchmesser bestehen. Doch den Vogel schießt das europäische Projekt Extremely Large Telescope (ELT) ab: Anfang der zwanziger Jahre unseres Jahrhunderts soll außerdem ein knapp 40 Meter messender Spiegel aus fast 800 sechseckigen Einzelspiegeln in unmittelbarerer Nähe zum Very Large Telescope in Chile für einen noch besseren Weitblick sorgen. Und auch Spiegel mit über 100 Metern Durchmesser werden bereits diskutiert. Ob diese aber jemals realisiert werden können, weiß derzeit niemand.

Wenn von der Himmelsforschung unserer Zeit die Rede ist, dann darf auch die Zusatztechnik nicht vergessen werden, ohne die heute kein Teleskop mehr denkbar ist. Dabei ist die einstmals so wichtige fotografische Platte gegenüber elektronenoptischen Bildwandlern mit digitaler Datenerfassung schon fast vollständig in den Hintergrund getreten. Der Astronom, der in einsamen Nächten hinter dem Okular eines Teleskops sitzt und die „Wunder des Himmels" betrachtet, gehört der Vergangenheit an. Realistischer ist da schon der Physiker vor dem Bildschirm der deutschen ESO-Zentrale in Garching bei München, der gerade die Datenflut analysiert, die nach seinen Vorgaben in der vergangenen Nacht im fernen Chile gesammelt wurde, ohne dass er selbst dort anwesend sein musste.

Doch aus dem Universum kommt nicht nur die unseren Augen zugängliche Lichtstrahlung; die Objekte im Weltraum strahlen auch Radiowellen, Röntgenstrahlung, Wärmestrahlung und andere sogenannte elektromagnetische Wellen ab. Deshalb erhalten wir auch wichtige Informationen durch Instrumente, die diese für uns nicht sichtbaren Strahlungsarten zu empfangen vermögen. Der historisch früheste Typ solcher völlig neuartigen Fernrohre war das Radioteleskop. Heute sind die Ergebnisse der Radioastronomie, die sich speziell mit den kosmischen Signalen im mikrowellen- und radiofrequenten Bereich des elektromagnetischen Spektrums beschäftigt, aus dem Bild unseres Wissens über das Weltall nicht mehr wegzudenken. Hinzu kommen spezielle Empfänger im Bereich der Wärmestrahlung (Infrarotstrahlung) sowie der Gamma- und Röntgenstrahlung. Schließlich stammen wichtige Informationen auch aus der Untersuchung von elektrisch geladenen Teilchen aus dem Kosmos. Durch den erstmals 2016 gelungenen Nachweis der schon 100 Jahre zuvor von Einstein postulierten Gravitationswellen entsteht derzeit ein völlig neues Feld der Astronomie – die Gravitationswellenastronomie –, durch das sich ein bisher nur theoretisch bekanntes Fenster in das Universum öffnet.

Das erfolgreiche Hubble Space Telescope (im oberen Bild) und sein Nachfolger, das geplante James Webb Telescope (unten).

Fernrohr im Orbit – das Hubble-Weltraumteleskop

Bereits zu Beginn der praktischen Raumfahrt war man sich darüber im Klaren, dass ein Teleskop außerhalb der Erdatmosphäre höchst wünschenswert wäre, selbst wenn es „nur" im optischen Bereich des Spektrums arbeiten würde.

Einerseits entfallen dort alle atmosphärischen Beeinträchtigungen, andererseits spielt auch der Wechsel von Tag und Nacht keine nennenswerte Rolle mehr. Kurz: Ein solches Teleskop würde nicht nur weitaus bessere, sondern auch viel mehr Daten liefern können als irdische Fernrohre.

Nach etlichen kleineren Vorläufern wurde deshalb 1990 das Hubble-Weltraumteleskop (engl.: Hubble Space Telescope, HST) als gemeinsames Projekt der US-amerikanischen NASA und der europäischen Raumfahrtagentur ESA (European Space Agency) mithilfe eines Space Shuttle auf eine 600 Kilometer hohe kreisförmige Umlaufbahn gebracht. Das eigentliche Teleskop verfügt über einen Spiegel von 2,4 Metern Durchmesser. Außerdem befinden sich zahlreiche Kameras, Spektrografen und andere Zusatzinstrumente an Bord des mit Solarenergie betriebenen Instruments.

Das Hubble-Teleskop hat alle Erwartungen der Wissenschaftler bei weitem übertroffen. In der Zeit seines Einsatzes gelang eine Fülle von Entdeckungen, auch bei Objekten, die man bereits für gut erforscht gehalten hatte. So konnten zum Beispiel sogenannte Delta Cepheï-Sterne in weit entfernten Galaxien beobachtet werden, die exaktere Entfernungsbestimmungen ermöglichten und auf diesem Wege auch die Aussagen über die Expansion des Universums und das Weltalter präzisierten. Dem Hubble-Teleskop gelang auch die bisher am weitesten in die Tiefen des Kosmos hinausreichende Aufnahme eines Himmelsgebietes, die als „Hubble Ultra Deep Field" bekannt geworden ist. Unter den rund 10000 abgebildeten Sternsystemen befinden sich einige der jüngsten jemals beobachteten. Auch die Aufnahmen von Sterngeburten und die Entdeckung von Staubscheiben bei jungen Sternen erregten großes Aufsehen. Selbst im Sonnensystem entdeckte das Hubble-Teleskop zahlreiche neue Planetenmonde und sondierte erstmals die Oberfläche des Zwergplaneten Pluto.

Obwohl das Hubble-Teleskop noch immer in Betrieb ist – weitaus länger als geplant –, sind die Vorbereitungen für einen Nachfolger bereits in vollem Gange. Dieses Next Generation Space Telescope, das nach dem NASA-Administrator James Edwin Webb benannt ist, wird voraussichtlich nach über 20-jähriger Arbeit von NASA, ESA und der kanadischen Weltraumorganisation CSA 2019 in Betrieb gehen. Es wird allerdings in 1,5 Millionen Kilometern Entfernung von der Erde operieren und kann folglich auch nicht – wie das Hubble-Teleskop – von Astronauten gewartet werden. Dafür wird es mit seinem Hauptspiegel von 6,5 Metern Durchmesser, bestehend aus 18 Einzelstücken, dem Hubble-Teleskop an Leistungsfähigkeit aber weit überlegen sein.

Empfang auf allen Kanälen

» Jahrtausende hindurch haben unsere Vorfahren den Himmel nur mit den Augen betrachtet und alle Erkenntnisse über das Weltall daraus abgeleitet. Auch die Erfindung des Fernrohrs hat an dieser Tatsache nichts geändert, denn selbst mit den leistungsfähigsten Teleskopen war den Menschen das Universum nur in jenem Bereich der Strahlung zugänglich, für den das menschliche Auge empfänglich ist.

Seit wir durch die Forschungen der Physiker das gesamte Spektrum der elektromagnetischen Wellen kennen, wissen wir jedoch, dass der sichtbare Bereich nur einen winzigen Ausschnitt daraus darstellt. Die Natur hat es so eingerichtet, dass unser Auge für diesen Teil der Strahlung empfindlich ist. Im Laufe der Evolution haben wir uns an die Strahlung der Sonne angepasst, denn so können wir uns auf unserem Planeten am besten zurechtfinden.

Doch wenn es um die Informationen geht, die kosmische Objekte in das Universum abstrahlen, dann gleicht die Astronomie der Lichtwellen einem Blick durchs Schlüsselloch, der bestenfalls eine Ahnung von der Wirklichkeit ermöglicht. Dass die Natur uns zu einer derart eingeengten Perspektive zwang, wurde erst nach und nach deutlich. Zunächst wurde im 19. Jahrhundert erkannt, dass unmittelbar im Anschluss an den Bereich der sichtbaren (optischen) Strahlung zu kürzeren Wellenlängen hin die ultraviolette und zu längeren Wellenlängen hin die infrarote Strahlung existiert. Erst die weitere physikalische Forschung machte deutlich, dass sich das Spektrum der elektromagnetischen Strahlung auf der einen

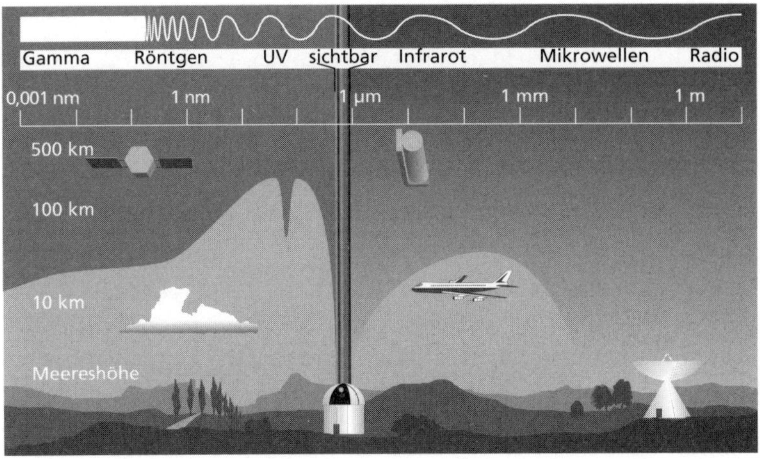

Die Durchlässigkeit der Erdatmosphäre für die Strahlung des elektromagnetischen Spektrums ist sehr unterschiedlich. Auf der Höhe des Meeresspiegels können wir nur das sichtbare Licht („optisches Fenster") und einen Teil der Radiostrahlung („Radiofenster") empfangen.

Seite bis zu extrem langen Radiowellen und auf der anderen Seite bis zu extrem kurzen Gammawellen erstreckt. Der Bereich der vorkommenden Wellenlängen beginnt bei einigen tausend Kilometern und er endet bei ungefähr 10^{-14} Metern. Und tatsächlich senden auch die kosmischen Objekte Strahlung der unterschiedlichsten Wellenlängen ab. Doch diese Erkenntnis bedeutete noch keineswegs, dass die in den verschiedenen Strahlungsarten verborgenen Informationen sowie die zugrundeliegenden Vorgänge für die Astronomie zugänglich waren.

Strahlung verschiedener Wellenlängen

Der größte Teil der elektromagnetischen Strahlung wird von der irdischen Atmosphäre zurückgehalten. Lediglich ein breites „Radiofenster“ lässt langwellige Strahlen bis zum Boden des Luftmeeres durchdringen; daneben existiert nur noch das schon erwähnte „optische Fenster“, dem wir Menschen den Anblick des Sternhimmels verdanken.

Es umfasst den Wellenlängenbereich von 400 bis 800 Nanometer, während durch das Radiofenster elektromagnetische Wellen mit Wellenlängen von wenigen Millimetern (Mikrowellen) bis etwa 15 Metern auf die Erdoberfläche gelangen. Die kurzwellige Strahlung jenseits des blauen Lichts wird durch das Ozon der irdischen Atmosphäre verschluckt, während die Ausbreitung der längeren Wellen jenseits des roten Lichts vor allem durch die Moleküle von Wasserdampf und Kohlendioxid zurückgehalten werden.

Beginnen wir mit der Radioastronomie, dem ersten Zweig der nichtoptischen Sternkunde, der sich erfolgreich entwickelte. Sie begann mit dem erstmaligen Nachweis von Radiostrahlung aus dem Weltall durch Karl Guthe Jansky im Jahr 1932. Heute sind Radioteleskope mit ihren charakteristischen metallischen Parabolspiegeln weltweit verbreitet. Das zweitgrößte bewegliche Radioteleskop mit einem Spiegeldurchmesser von 100 Metern befindet sich in Effelsberg (Eifel) in Deutschland.

Das ehemals größte feststehende Radioteleskop misst 300 Meter Spiegeldurchmesser. Es liegt in einem gewaltigen Talkessel in Puerto Rico. Seit dem Herbst 2016 ist jedoch ein chinesisches Radioteleskop mit 500 Metern Spiegeldurchmesser der Rekordhalter. Wir werden in diesem Buch immer wieder von den Erfolgen der Radioastronomie hören und so die Unentbehrlichkeit dieses Zweiges der modernen Forschung ermessen können.

Auch die Wellenlängenbereiche der kurzwelligen Strahlung werden heute lückenlos erfasst. Dazu waren jedoch besondere technische Voraussetzungen erforderlich. Bevor man nämlich in der Lage war, die Messgeräte (Detektoren) für Röntgen- und Gammastrah-

Das Radioteleskop Effelsberg (Eifel) zählt mit 100 Meter Durchmesser zu den größten beweglichen Radioteleskopen der Welt.

lung in große Höhen der Erdatmosphäre zu transportieren, konnte es keine Röntgen- und Gammaastronomie geben! Die Entwicklung der Raumfahrt war deshalb für die Ausschöpfung der Informationen im Bereich extrem kurzwelliger Strahlung von ausschlaggebender Bedeutung. Erste Anfänge der Röntgenastronomie sind allerdings schon durch hochfliegende Ballone und Raketen vor etwa 70 Jahren gelungen. Doch als das amerikanische Mondlandeprogramm Apollo vorbereitet wurde, stieß die Forschung 1962 rein zufällig auf die große Bedeutung einer künftigen speziellen Röntgen- und Gammaastronomie: Durch Versagen eines Lageregelungssystems streifte der in der Spitze einer Höhenrakete angebrachte Röntgenstrahlendetektor eine Quelle, die offensichtlich intensive Röntgenstrahlung aussendete. Da sie im Sternbild Skorpion lag, erhielt die Quelle die Bezeichnung „Sco X-1". Jahre später gelang der Nachweis eines sehr lichtschwachen Sterns am Ort dieser Quelle. Dabei zeigte sich, dass

Sco X-1 im Bereich der Röntgenstrahlung 1000-mal mehr Energie aussendet als im Bereich des sichtbaren Lichts. Das war eine erstaunliche Erkenntnis. Unsere Sonne sendet nämlich ebenfalls im Röntgenwellenbereich – nur beträgt der Energieanteil bei ihr lediglich ein Millionstel ihrer sonstigen Strahlung. Sco X-1 war offensichtlich der erste Vertreter einer neuen Objektklasse, der sogenannten Röntgensterne. Damit war ein neuer Zweig der nichtoptischen Beobachtung des Weltalls geboren, die Röntgenastronomie.

Zahlreiche Spezialsatelliten mit Nachweisgeräten für Röntgenstrahlung an Bord wurden ab 1970 gestartet. Eine der bisher erfolgreichsten Missionen war zweifellos ROSAT, der deutsch-britisch-amerikanische Satellit, der 1990 gestartet wurde, acht Jahre in Betrieb und mit einem Röntgenteleskop von 83 Zentimetern Öffnung ausgestattet war. Da die kurzwelligen Röntgenstrahlen von herkömmlichen Spiegeln absorbiert würden, wurde bei ROSAT auf einen Trick zurückgegriffen: Das 83-Zentimeter-Teleskop wurde mit den glattesten Spiegeln aller Zeiten ausgestattet und fokussiert die Strahlen durch streifende Reflexion. Der Satellit entdeckte insgesamt 150 000 neue Röntgenquellen im All. Inzwischen sind zahlreiche weitere Röntgensatelliten gestartet worden, u.a. von Indien, Japan, den USA, Italien und Europa. Sie werden meist so konzipiert, dass sie die Entdeckungen ihrer Vorgänger gezielter untersuchen können.

Kleine Ausschnitte des infraroten Teils des Spektrums können auch von der Erde aus beobachtet werden. Dies geschieht mit möglichst hoch gelegenen Instrumenten in extrem trockener Atmosphäre, z. B. in Chile oder auf Hawaii. Für den gesamten Infrarotbereich benötigt man jedoch Teleskope, die außerhalb der Erdatmosphäre operieren. Speziell dafür wurden u.a. das europäische Herschel-Teleskop (2009–2013 im Einsatz) und das Spitzer-Weltraumteleskop geschaffen, das seit 2003 erfolgreich im Erdorbit operiert.

Oben: Das 1999 in Betrieb genommene Chandra-Röntgenteleskop wurde nach dem indischen Astrophysiker Subrahmanyan Chandrasekhar benannt und ist eines der im Erdorbit operierenden Instrumente des „Great Observatory Program“ der NASA. Unten: Das Spitzer-Weltraumteleskop wurde im Jahr 2003 gestartet und dient dem Nachweis von Infrarotstrahlung aus dem Universum. Es wurde nach dem Astrophysiker Lyman Spitzer benannt und ist ebenfalls Bestandteil des „Great Observatory Program“ der NASA. Seine Einsatzzeit nähert sich jedoch jetzt ihrem Ende, nachdem es länger aktiv war als erwartet.

Das Ende der Mission ist allerdings nahe gerückt, weil die Kühlmittel verbraucht sind. Einen bedeutenden Schritt für die künftige Infrarotastronomie wird das James Webb Space Telescope (JWST) der NASA darstellen, das über einen Hauptspiegel mit 6,5 Metern Durchmesser verfügt und – nach mehreren Verzögerungen – im Jahr 2019 gestartet werden soll.

Teilchenstrahlen aus dem All

Seit dem Jahr 1913 wissen wir, dass uns aus dem Weltall auch winzige Teilchen erreichen, die wir unter dem Sammelbegriff „kosmische Höhenstrahlung" zusammenfassen. Der Einsatz von Ballonen, Höhenraketen und Satelliten machte allerdings deutlich, dass die ursprünglichen Korpuskeln aus dem Universum in den Labors auf der Erde nicht nachgewiesen werden können, weil sie bei ihrem Weg durch die Erdatmosphäre mannigfache Veränderungen erfahren. Deshalb empfangen wir am Boden der Lufthülle nur noch die sogenannte Sekundärstrahlung. Die Primärstrahlung hingegen ist der direkte Bote von fernen Welten. Sie kann außerhalb unserer Atmosphäre mit Messapparaturen an Bord von Raketen oder Satelliten erfasst werden. Die Analyse solcher Messungen zeigt, dass es sich bei den gefundenen Teilchen der primären kosmischen Strahlung hauptsächlich um Wasserstoffatomkerne (Protonen) und Heliumatomkerne handelt. Das Verhältnis beider entspricht recht genau der allgemeinen kosmischen Elementhäufigkeit. Nur zwei Prozent der Teilchen sind schwereren Elementen zuzuordnen. Neben diesen Partikeln kommen auch die leichteren elektrisch negativ und positiv geladenen Elektronen bzw. Positronen vor, allerdings wesentlich seltener. Die Teilchen der kosmischen Primärstrahlung verfügen über erstaunliche Geschwindigkeiten. Kein irdischer Teilchenbeschleu-

Überraschung auf dem Eiffelturm

Nach der Entdeckung der natürlichen Radioaktivität im Jahr 1896 untersuchten viele Forscher die Phänomene dieser spontan entstehenden Strahlung bestimmter Elemente. Dazu wurden unter anderem auch Versuche mit Elektroskopen durchgeführt. Durch Aufladung stoßen sich darin zwei Metallplättchen ab und zeigen die Ladung an. Aber diese Elektrometer entluden sich immer wieder von selbst. Man vermutete, dass die Luft leitfähig sei. Doch warum? Schon um 1900 wurde angenommen, dass eine aus dem Kosmos kommende Strahlung dieses Phänomen verursachen könnte. Andere Forscher waren hingegen der Ansicht, die Spuren radioaktiver Elemente der Umgebung, zum Beispiel im Mauerwerk der Labore, könnten den Effekt auslösen. Je weiter man sich von der Erdoberfläche entfernt, umso langsamer müsste dann diese Entladung eintreten. So stiegen die Forscher mit ihren Geräten 1909 auf den 300 Meter hohen Eiffelturm in Paris. Zu ihrer großen Überraschung ging der Ausschlag des Elektroskops fast genauso schnell zurück wie am Erdboden. Später zeigte sich unter Einsatz von Ballonen sogar eine Zunahme mit wachsender Höhe. Ursache war die kosmische Strahlung, die auf diese Weise entdeckt wurde.

niger vermag irgendwelchen Teilchen derartig hohe Energien zu verleihen, wie sie die Partikel der Höhenstrahlung mit sich tragen. Damit erhebt sich die Frage: Woher kommen diese Teilchen und auf welche Weise haben sie ihre hohen Energien erhalten? Welche Botschaften über das Universum vermögen sie uns zu übermitteln? Die kosmische Primärstrahlung ist damit eines der Informationsfenster ins Weltall.

Schwerewellen berichten

Als Albert Einstein im Jahr 1916 seine Allgemeine Relativitätstheorie veröffentlichte, zählte zu den zahlreichen merkwürdigen Kon-

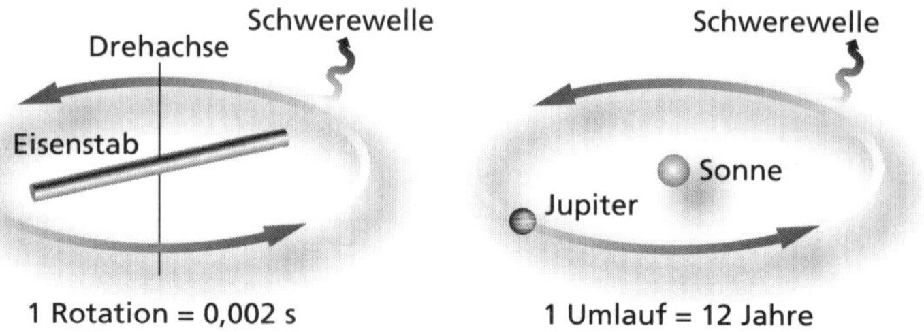

Ein rasch rotierender Eisenstab oder ein massereicher Körper (hier der Planet Jupiter) sind nach Einsteins Theorie Gravitationswellensender.

sequenzen dieser Theorie auch die Existenz einer neuen Art von Wellen, die nichts mit der elektromagnetischen Strahlung zu tun haben: die Schwerewellen (oder Gravitationswellen).

Eine elektromagnetische Welle entsteht, wenn eine elektrische Ladung bewegt wird und dadurch eine Störung des elektrischen Feldes hervorruft. Werden nun jedoch Massen rasch bewegt, so breitet sich eine Störung des Schwerefeldes aus und eilt mit Lichtgeschwindigkeit durch die Raumzeit. Dies ist eine Schwerewelle.

Allerdings sind die abgestrahlten Leistungen extrem klein. Einstein selbst berechnete zum Beispiel die Leistung der Schwerewellenstrahlung, die von einem ein Meter langen und ein Kilogramm schweren Eisenstab ausgeht, der sich 20 Mal je Sekunde um seine Achse dreht. Das Ergebnis: 10^{-42} Watt.

Deshalb war man auch lange davon überzeugt, dass Schwerewellen zwar existieren mögen, aber praktisch unbedeutend und letztlich nicht nachweisbar sind. Doch das hat sich inzwischen geändert. Indirekt sind Gravitationswellen sogar schon 1981 nachgewiesen worden: Bei einem speziellen Doppelsternsystem mit extremer Dichte der beiden einander umlaufenden Sterne konnte man eine Verkleinerung der Umlaufperiode von 1/10 000 Sekunde pro Jahr feststellen. Dieser Betrag erklärt sich exakt aus dem Energieverlust durch Abstrahlung von Gravitationswellen gemäß der Theorie von Albert Einstein. 2016 ist schließlich auch der erste direkte Nachweis von Gravitationswellen bekannt gegeben worden. Mit einem hochpräzisen Spezialdetektor, der natürlich einem herkömmlichen Teleskop schon rein äußerlich nicht ähnelt, konnten in den USA zweifelsfrei Verformungen der Raumzeit nachgewiesen werden, deren Auslöser die Verschmelzung zweier Schwarzer Löcher mit 29 bzw. 36 Sonnenmassen in etwa 1,3 Milliarden Lichtjahren Entfernung gewesen ist. Inzwischen wurden 2016 und 2017 insgesamt drei weitere solcher Ereignisse nachgewiesen. Damit ist gleichsam ein weiteres Fenster ins Universum aufgestoßen worden. Die drei Physiker Rainer Weiss, Kip Thorne und Barry Barish wurden dafür mit dem Physik-Nobelpreis 2017 geehrt, wohl wissend, dass es rund 1000 Wissenschaftler gewesen sind, denen wir die ersten Messungen von Gravitationswellen zu verdanken haben.

Wissen wir jetzt, wie die Astronomen zu den Resultaten ihrer Forschung gelangen? Noch nicht ganz!

Ohne Theorien keine Erkenntnis

» Einstein brauchte für seine bahnbrechenden Entdeckungen nur Bleistift und Papier und Kopernikus hat nie durch ein Fernrohr geschaut, weil es zu seiner Zeit noch gar nicht erfunden war. Auch heute entstehen neue Erkenntnisse nicht allein durch Experimente und Beobachtungen. Die Hälfte aller bedeutenden Entdeckungen der modernen Astronomie geht auf das Konto der Theoretiker!

Bei der Planung einer Beobachtung sind stets geistige Prozesse im Spiel, die einerseits auf dem beruhen, was bereits bekannt ist und dem Ziel dienen, durch zweckmäßige Fragestellungen an die Natur die Grenzen des Bekannten zu überschreiten. Dabei fließen theoretische Konzepte und Vorstellungen mit ein, derer sich der einzelne Forscher nicht einmal immer bewusst sein muss. Der berühmte britische Gelehrte Sir Arthur Eddington (1882–1944) hat dies überzeugend erläutert, indem er darauf hinwies, dass es eigentlich gar keine reinen Beobachtungstatsachen über die Himmelskörper gebe: „Astronomische Messungen sind ausnahmslos Messungen von Erscheinungen, die sich in einer irdischen Sternwarte […] abspielen; nur die Theorie übersetzt sie in Erkenntnisse von einem Universum da draußen."

Interpretation von Beobachtungen

Schon die einfachste Ortsangabe eines Sterns geht unbewusst davon aus, dass sich der Lichtstrahl geradlinig ausbreitet. Wir müssen also die Tatsache akzeptieren, dass die Beobachtungstechnik – wie hoch entwickelt sie auch immer sein mag – selbst noch keine wirklich neuen Fakten liefert, sondern nur neue Möglichkeiten eröffnet. Was die Informationen, die wir mit dieser Technik gewinnen, über die Wirklichkeit aussagen, kann nur im Rahmen einer bestimmten Theorie beantwortet werden. Natürlich muss diese Theorie die Wirklichkeit auch richtig widerspiegeln, sonst interpretieren wir die gewonnenen Beobachtungsergebnisse falsch. Und wie können wir wissen, ob die Theorie in diesem Sinne „brauchbar" ist? Das kann nur im irdischen Laboratorium entschieden werden. Um ein Beispiel zu nennen: Wenn wir durch chemische Analyse im Labor die Gewissheit haben, dass wir Natriumdampf zum Leuchten bringen und nicht irgendeine andere Substanz, erst dann können wir die im Spektrum dieser Quelle auftretenden Linien tatsächlich dem Natrium zuordnen. Finden wir diese Linien im Spektrum ferner Sterne, so schließen wir mit Berechtigung, dass dort ebenfalls Natrium vorhanden ist. Natürlich nur unter einer anderen, keineswegs selbstverständlichen Voraussetzung: dass nämlich die Gesetze, die im irdischen Labor gelten, auch im Universum das Geschehen bestimmen und nicht etwa ganz andere Zusammenhänge, die im Spektrum zufälligerweise ebenfalls Linien am selben Ort erscheinen lassen, aber keinen Schluss auf das Vorkommen von Natrium zulassen würden.

Die Sprache der Theorien ist die Mathematik. Das moderne Hilfsmittel, um mathematische Formulierungen von Theorien auf reale Objekte anzuwenden, ist die Rechentechnik. Insofern wäre es falsch, in den Teleskopen der Astronomie allein schon das Arsenal zu erblicken, mit dem Erkenntnisse gewonnen werden. Die heutzutage hoch komplizierten und oft weitgehend unanschaulichen Theorien gehören ebenso dazu, wie die Computertechnik, die diese Theorien handhabbar macht.

Statt die Nächte am Teleskop zu verbringen, sitzen die Astronomen heutzutage an ihren Rechnern, um Beobachtungen zu planen und neue Gedankengebäude zur Deutung des Beobachtungsmaterials zu entwerfen oder zu überprüfen. Hier ein Panoramablick in den Kontrollraum des VLT (ESO).

Wissenschaft ist menschliche Arbeit zur Erkenntnis der Wahrheit. Die allumfassende, unumstößliche und endgültige Wahrheit über die Realität kann dabei aber wahrscheinlich nie gefunden werden. Es finden immer nur Annäherungen an die Wahrheit statt. Moderne Theorien über das Universum sind in diesem Sinne näher an der Wahrheit als ältere Theorien, die aufgrund neuer Erkenntnisse verworfen werden mussten. So ist zum Beispiel die Newtonsche Physik eine zutreffende (wahre) Beschreibung für himmelsmechanische Vorgänge, wenn Geschwindigkeiten eine Rolle spielen, die klein sind im Vergleich zur Lichtgeschwindigkeit. Kommen aber Geschwindigkeiten ins Spiel, die sehr viel größer sind, dann erweist sich die Newtonsche Physik als „weniger wahr" im Vergleich zur Physik Albert Einsteins. Doch auch diese ist gewiss nicht der

Weisheit letzter Schluss. Das zeigt die Fülle von Theorien über den Makro- und den Mikrokosmos, die heute miteinander wetteifern. Allerdings müssen sie an der Realität überprüfbar sein, d.h. durch Beobachtungen, Messungen oder Experimente bestätigt werden, ehe sie Anspruch auf die zutreffende Beschreibung wenigstens eines Teils der Realität erheben können.

KAPITEL 2

Das Sonnensystem

Die Sonne und ihre Planeten

» Das Sonnensystem ist unsere nähere kosmische Heimat. Zu ihm gehören neben unserer Sonne alle Planeten, die Monde der Planeten, aber auch zahlreiche kleinere Körper wie Zwergplaneten, Kometen, Planetoiden und Meteoroide bis hin zu Mikroteilchen sowie Gas und Staub. Vieles davon können wir mit dem bloßen Auge sehen, besonders die meisten der großen Planeten, anderes nur mit Ferngläsern oder leistungsfähigen Teleskopen. Den überwiegenden Teil unseres heutigen Wissens über das Sonnensystem verdanken wir den Forschungssonden der Raumfahrt.

Entfernungen gibt man in der Astronomie lediglich bei den allernächsten Himmelskörpern in den uns gewohnten Kilometern an. Für weiter entfernte Objekte werden die Zahlen unsinnig groß. Deshalb verwendet man innerhalb des Sonnensystems den mittleren Abstand der Erde von der Sonne als Maß und nennt es die „Astronomische Einheit", kurz AE. Sie beträgt rund 150 Millionen Kilometer. Das Sonnensystem hat einen Durchmesser von etwa 150 000 Astronomischen Einheiten.

Fast die gesamte Masse des Systems ist in der Sonne konzentriert. Sie verfügt etwa über 1000-mal so viel an Masse wie alle Planeten zusammengenommen. Die Planeten bewegen sich alle nahezu in einer Ebene, der sogenannten Ekliptik, in fast kreisförmigen Bahnen um die Sonne.

Dabei benötigen sie für einen Umlauf umso mehr Zeit, je weiter sie von der Sonne entfernt sind. So vollendet zum Beispiel der son-

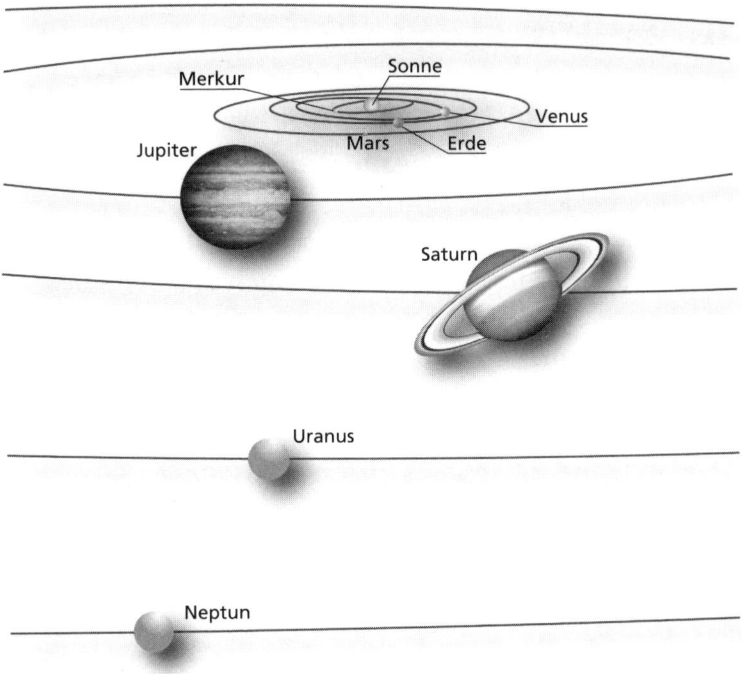

Unser Sonnensystem von außen gesehen. Auf kreisähnlichen Bahnen bewegen sich die acht großen Planeten Merkur, Venus, Erde, Mars, Jupiter, Saturn, Uranus und Neptun annähernd in einer Ebene, der Ekliptik, um das Zentralgestirn Sonne.

nennächste Planet Merkur einen Umlauf in etwa einem Vierteljahr, während der sonnenfernste Planet Neptun dafür rund 165 Jahre benötigt. Die Bewegungen der Planeten vollziehen sich nach den Gesetzen der Himmelsmechanik und können daher genauestens berechnet werden (vgl. Tabelle, Anhang S. 309).

Nun wollen wir nacheinander die Mitglieder des Sonnensystems kennenlernen. Beginnen wir mit dem gewaltigen Zentralgestirn Sonne, das die Planeten und anderen Himmelskörper in ihrem Lauf beherrscht und das Leben auf der Erde überhaupt erst ermöglicht.

Die Sonne

» Die außerordentliche Bedeutung der Sonne ist von alters her bekannt und führte bei fast allen Kulturvölkern zur Verehrung unseres Tagesgestirns. In Regionen mit wechselnden Jahreszeiten befürchteten die Menschen im Winter, dass die Sonne eines Tages ganz verschwinden und damit alles Leben auslöschen könnte. Deshalb wurde der Tag der Wintersonnenwende von zahlreichen Kulthandlungen begleitet, die sich heute noch in unserem christlichen Weihnachtsfest wiederfinden.

Doch woher kommt die Sonne, wie ist sie beschaffen und wie vollzieht sich der Wechsel der Tages- und Jahreszeiten? Darauf wusste man keine Antwort. Aus dem Bedürfnis heraus, die vielen unverständlichen Vorgänge zu erklären, entstanden bei allen alten Kulturvölkern zahlreiche Mythen, in denen zumeist höhere Wesen die Vorgänge in der Natur steuerten und dadurch den Menschen ihren Willen kundtaten. Bei den Ägyptern wurde die Sonnenverehrung unter der Regierung des Königs Echnaton im 2. Jahrtausend v. Chr. sogar zur Staatsreligion.

Für die Ägypter wurde der Himmel vom Leib der Göttin Nut überspannt. Morgens gebar sie die Sonne, die dann das Firmament betrat, um abends von der Göttin wieder verschlungen zu werden. Bei den Griechen lenkte der jugendkräftige Sonnengott Helios täglich ein Viergespann feuriger Sonnenrosse über das Himmelszelt.

Zwar war es mit dem Aufkommen der Himmelsmechanik im 17. Jahrhundert möglich geworden, die Masse der Sonne zu bestimmen, doch erst die Entdeckung der Spektralanalyse im 19. Jahrhun-

Sonnenanbetung im alten Ägypten. Echnaton und seine Frau Nofretete opfern der Sonne, dem einzigen Gott.

dert führte zu ersten wirklich wissenschaftlichen Sonnentheorien. Das durch Prismen zerlegte Licht der Sonne zeigte nämlich zahlreiche dunkle Linien, die einen Beweis dafür darstellten, dass die Sonne in ihrem Inneren wesentlich heißer sein musste als in der äußeren Hülle. Außerdem konnte man aus der Lage der Linien die chemische Zusammensetzung der Sonnenhülle erschließen. Heute

Rätselraten um die Sonnenenergie

Warum leuchtet die Sonne? Und wie lange schon? Diesen Fragen stand man lange hilflos gegenüber. Alle Versuche, die Sonnenenergie auf Verbrennungsprozesse zurückzuführen, scheiterten an den viel zu kurzen Zeitskalen, die sich bei den Berechnungen ergaben. Endlich, im 19. Jahrhundert, fand eine Hypothese allgemeine Anerkennung: Die Sonne schöpft ihre Energie aus ihrer Kontraktion. Indem sie sich immer weiter zusammenzieht, wird Wärme frei. Auf diese Weise war der Energiebedarf für Jahrmillionen gesichert. Doch dann wurde durch die Entdeckung der Radioaktivität bekannt, dass die Erdkruste mindestens eine Milliarde Jahre alt sein musste. So stand man wieder auf dem Trockenen, wenn man nicht annehmen wollte, dass die Erde älter sei als die Sonne. Erst in den 30er-Jahren des 20. Jahrhunderts wurde schließlich die Kernfusion im Sonneninneren als Quelle ihrer Strahlung entdeckt.

wissen wir, dass die Sonne ein riesiger heißer Gasball ist und damit der Prototyp eines Sterns, wie wir sie zu Tausenden mit dem bloßen Auge in einer sternklaren Nacht am Himmel sehen können.

Völlig unerklärlich erschien lange Zeit die Herkunft der Sonnenenergie. Erst in den 30er-Jahren des 20. Jahrhunderts gelang es unter Anwendung von Erkenntnissen der Atomphysik, die Sonne als einen Kernfusionsofen zu identifizieren, in dessen Innerem hauptsächlich Wasserstoff zu Helium verschmilzt, wodurch die gewaltigen Energiemengen freigesetzt werden, die unsere Sonne ständig abstrahlt.

Sonnentöne und -flecken

Die Sonne hat einen Durchmesser von 1,393 Millionen Kilometer (das entspricht dem 109-fachen Erddurchmesser) und die 330 000-fache Masse der Erde. Somit liegt die mittlere Dichte der Sonnenmaterie bei 1,4 g/cm^3 – nur wenig mehr als die Dichte des Wassers (1,0 g/cm^3). Ein Würfel Sonnenmaterie von einem Zentimeter Kantenlänge enthält also nur 1,4 Gramm. Die Oberflächentemperatur der Sonne beträgt knapp 6000 °C, die Temperatur im Sonneninnern etwa 15 000 000 °C. Damit ist die Sonne eine heiß glühende Gaskugel – selbstverständlich ohne feste Oberfläche. Die Sonne rotiert in rund 25 Tagen einmal um ihre Achse (vgl. Tabelle, Anhang S. 310). Da sie kein fester Körper ist, unterscheidet sich die Rotationsdauer, je nachdem ob es sich um ein Gebiet am Äquator oder um andere Gebiete unterschiedlicher Breite handelt.

Das Licht, das wir von der Sonne empfangen, stammt aus einer vergleichsweise dünnen oberflächennahen Schicht, die nur etwa 400 Kilometer dick ist und als Photosphäre bezeichnet wird. Tiefer als 400 Kilometer können wir also nicht in die Sonne hineinblicken. Alle Aussagen über das Innere der Sonne und damit den überwiegenden Teil dieses gewaltigen Gestirns verdanken wir Überlegungen, die sich aus den Gesetzen der Physik ergeben. Seit den 70er-Jahren des 20. Jahrhunderts ist es allerdings gelungen, auch Beobachtungsdaten zu empfangen, die über den inneren Aufbau der Sonne Auskunft geben. Die Sonne weist nämlich innere Schwingungen auf. Diese können mit speziellen Instrumenten, wie sie unter anderem auch an Bord des amerikanisch-europäischen Satelliten SOHO vorhanden sind, nachgewiesen werden. Auf diese Weise verhilft uns die „Helioseismologie" zu Erkenntnissen über das unsichtbare Innere der Sonne, ähnlich wie die Ausbreitung von Erdbebenwellen Rückschlüsse auf das Erdinnere zulässt. Außerdem entstehen in dem relativ kleinen Zentralgebiet der Sonne, in der die Kernfusion abläuft, sogenannte Neutrinos – elektrisch neutrale Elementarteilchen, die ebenfalls mit komplizierten Apparaturen nachgewiesen werden können und somit einen direkten „Blick" ins Innere gestatten.

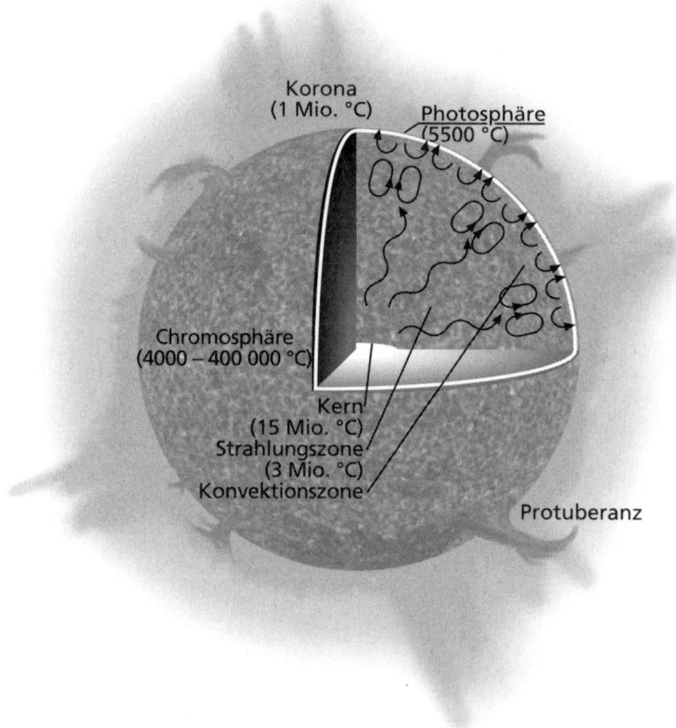

Der Aufbau unserer Sonne. Im Kern finden die Fusionsprozesse statt, aus denen die Sonne ihre Energie bezieht. Die sichtbare Sonnenoberfläche ist die Photosphäre, über der die Chromosphäre und die Korona liegen. Aus der Chromosphäre steigen die Protuberanzen empor.

Wenn wir die Sonne in einem Fernrohr betrachten, können wir einige interessante Phänomene wahrnehmen, die mit den Vorgängen im Sonneninneren zu tun haben.

Allerdings darf man die Sonne nie ohne besondere Schutzfilter beobachten, die man zum Beispiel als Spezialfolien oder -brillen erwerben kann. Für Fernrohre werden wirksame Filter angeboten, die vor dem Objektiv angebracht werden. So können zum Beispiel dunkle, mehr oder weniger ausgedehnte strukturierte Gebiete beobachtet werden, die wir als Sonnenflecke bezeichnen. Sie sind aber nicht jederzeit in gleicher Häufigkeit anzutreffen. Es kann geschehen, dass die Sonnenoberfläche extrem viele solcher Gebilde erkennen lässt. Ebenso ist es aber auch möglich, dass wir vergebens selbst nach dem winzigsten Sonnenfleck Ausschau halten. Die Sonnenflecke zeigen ein ausgeprägt periodisches Auftreten. Jeweils elf Jahre liegen zwischen zwei Maxima der Sonnenfleckenanzahl und ebenso jeweils elf Jahre zwischen zwei Minima. Die Sonnenflecken sind Erscheinungen der Photosphäre und zeichnen sich durch deutlich geringere Temperaturen gegenüber ihrer Umgebung aus, weshalb sie auch als dunkle Gebilde auffallen. Die typischen Dimensionen der Flecke liegen zwischen 1000 und 10 000 Kilometern. Der größte jemals beobachtete Sonnenfleck hatte allerdings den 18-fachen Erddurchmesser! Solche riesigen Gebilde sind bei Sonnenauf- oder -untergang sogar mit bloßem Auge zu sehen. Bei den Sonnenflecken handelt es sich um magnetische Wirbelgebiete der oberflächennahen Schichten. Die Sonne besitzt ein beträchtliches Magnetfeld, das jedoch mehrfach gestört wird. Diese Störungen finden ihren Ausdruck in den Sonnenflecken.

Die Sonne nimmt ab

Die gewaltigen Energiemengen, die unsere Sonne abstrahlt, werden tief in ihrem Inneren freigesetzt. Von dort gelangt die Energie durch Strahlungstransport und einfache Durchmischung (Konvektion) an die sichtbare, gekörnte Oberfläche. Die Energie stammt im Wesentlichen aus der Verschmelzung von Wasserstoff- zu Heliumatomen. Diesen Vorgang bezeichnet man als Kernfusion. Dabei werden enorme Energiemengen frei. Im Ergebnis dieser Fusionsvorgänge verliert die Sonne in jeder Sekunde etwa 4,5 Millionen

Tonnen an Masse. Dies ist jedoch ein verschwindend geringer Betrag im Verhältnis zu ihrer Gesamtmasse. Der Massenverlust durch Kernfusion vermindert die Gesamtmasse der Sonne nur um rund 0,1 Prozent in zehn Milliarden Jahren. Somit ist der extrem effiziente Vorgang der Kernfusion praktisch mit keinerlei nennenswerten Masseneinbußen der Sonne verbunden.

Dennoch wäre es falsch, daraus auf ein „ewiges Leben" der Sonne zu schließen. Da die Sonne ständig Energie freisetzt und in den Weltraum abstrahlt, andererseits aber nur eine endliche Masse besitzt, muss der Fusionsofen zwangsläufig eines Tages verlöschen. Dies geschieht aber nicht erst dann, wenn der gesamte Wasserstoff aufgebraucht und in Helium umgewandelt ist. Die Lebensdauer der Sonne beträgt „nur" rund zehn Milliarden Jahre, obwohl der Wasserstoffvorrat für eine viel längere Zeit ausreichen würde. Von dieser nahezu unvorstellbar großen Zeitspanne ist allerdings etwa die Hälfte bereits vergangen. In dem Kapitel *Lebensgeschichten* (vgl. S. 187), in dem über das Entstehen und Vergehen der Sterne berichtet wird, kommen wir auf diese Frage noch ausführlich zurück.

Die Aktivitäten der Sonne beschränken sich keineswegs nur auf die Sonnenflecken. Vielmehr können wir in der Nähe von Flecken auch sogenannte Sonnenfackeln beobachten – verdichtete Materiewolken höherer Temperatur. Ein besonders interessantes Phänomen sind die Sonnenprotuberanzen. Sie entstehen in der Sonnenschicht, die über der Photosphäre liegt und normalerweise von dieser überstrahlt wird: der Chromosphäre (Farbschicht). Die Chromosphäre ist mit bloßem Auge nur bei einer totalen Sonnenfinsternis am Rand der Sonnenscheibe kurzzeitig als rosafarbener Saum zu sehen, bevor oder nachdem der Mond die gleißend helle Sonne ganz verdeckt.

Protuberanzen bestehen aus heißem Gas (Plasma), das entweder durch Magnetfelder in die Form großer Bögen gezwungen (sogenannte Loops) oder explosionsartig nach außen geschleudert wird.

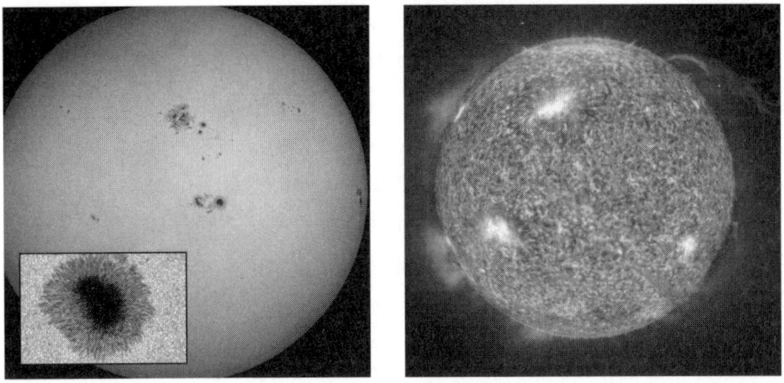

Links: Der Anblick der Sonne im Fernrohr mit zahlreichen Flecken, die im Detail eine reiche Struktur aufweisen (kleines Bild links). Rechts: Die Chromosphäre der Sonne mit den feurigen Protuberanzen, die weit über den Sonnenrand hinausschießen.

Solche Protuberanzen können mehrere hunderttausend Kilometer Länge erreichen. Beobachten lassen sie sich wie die Chromosphäre allerdings nur mit speziellen Instrumenten oder anlässlich einer totalen Sonnenfinsternis. Dann kann man auch die Sonnenkorona erkennen, eine Schicht extrem dünnen heißen Gases, das sich viele Millionen Kilometer über die Chromosphäre hinaus in den Raum erstreckt. Von der Korona aus gelangen ständig Gasmassen in den Raum zwischen den Planeten und bilden dort das interplanetare Gas.

Im Zusammenhang mit den Aktivitäten der Sonne kommt es auch zu spontanen Materieauswürfen in Gestalt von Eruptionen und gewaltigen Strahlungsausbrüchen, den sogenannten Flares. Eine Reihe von Erscheinungen in der irdischen Atmosphäre sind die unmittelbare Folge: Veränderungen in der Ionosphäre führen zu Störungen der Ausbreitung von Rundfunkwellen im Kurzwellenbereich. In der Hochatmosphäre bewirken von der Sonne kommende Teilchen das Auftreten von Polarlichtern – besonders in der Umgebung der beiden Pole der Erde. Wolken elektrisch geladener energiereicher Partikel, die bei solaren Massenauswürfen die Erde erreichen, können technische Systeme wie Satelliten, Bordcomputer von Flugzeugen, aber auch elektrische Überlandleitungen in ihrer Funktion stark beeinträchtigen. Diese Wolken bilden einen Teil des „Weltraumwetters", einer neuen wissenschaftlichen Disziplin, die diese komplexen Zusammenhänge erforscht. Das Ziel besteht letztlich in möglichst zuverlässigen Prognosen, die helfen sollen, geeignete Vorkehrungen auf der Erde zu treffen, um Schäden zu vermeiden oder gering zu halten. Weitere Auswirkungen der periodischen Sonnenaktivität auf meteorologische Erscheinungen und das irdische Leben werden behauptet, sind aber nicht bewiesen.

Sonnenfinsternisse

Eine Laune der Natur hat es so gefügt, dass Sonne und Mond am Himmel denselben scheinbaren Durchmesser haben. Zufällig steht die Sonne etwa 400-mal so weit von der Erde entfernt wie der Mond, während sie gleichzeitig etwa den 400-fachen Durchmesser des Mondes aufweist. Dadurch kann es geschehen, dass der Mond – wenn er am Himmel von der Erde aus gesehen an derselben Stelle steht wie die Sonne – diese genau abdeckt.

Dann beobachtet man längs eines winzigen Streifens auf der Erdoberfläche eine totale Sonnenfinsternis – eines der schönsten Naturschauspiele überhaupt! Der Mond befindet sich dabei in der Neumondphase und hinterlässt auf der Erde einen Schatten, genauer: einen Kern- und einen Halbschatten. Im Kernschattengebiet ist die Finsternis total, das heißt, die Sonne wird vom Mond für mehr oder weniger lange Zeit vollständig verdeckt. Dieser Vorgang kann maximal 7,6 Minuten dauern; das Kernschattengebiet ist nämlich nur rund 300 Kilometer breit.

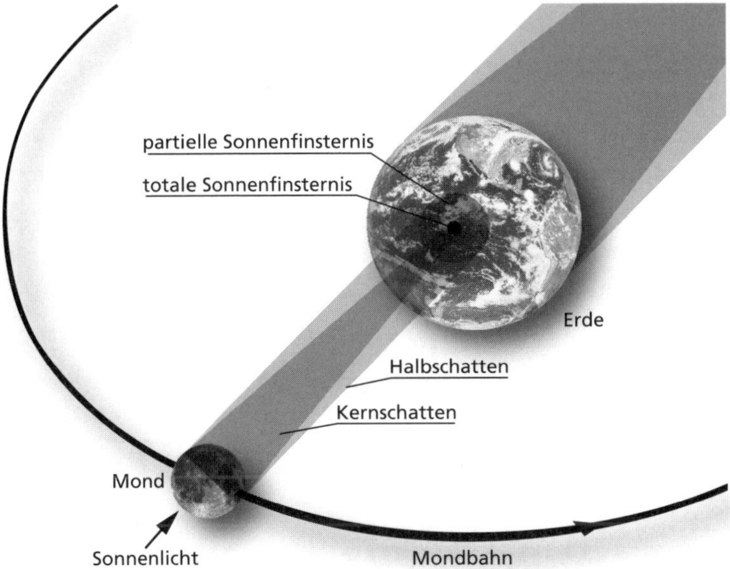

Im Kernschattengebiet des Mondes beobachtet man eine totale Sonnenfinsternis, im Halbschatten hingegen eine partielle.

Ein besonderes Finsternisphänomen ergibt sich, wenn der scheinbare Durchmesser des Mondes während der Totalität geringer ist als jener der Sonne: Dann erleben wir eine ringförmige Sonnenfinsternis. Der kreisförmige Rand der Sonne bleibt unverdeckt und leuchtet gleißend hell. Die Korona kann man dann nicht sehen.

Das Sichtbarwerden der Sonnenkorona zählt hingegen zu den bewegendsten Eindrücken während einer totalen Sonnenfinsternis. Wie ein leuchtender Strahlenkranz erscheint diese dünne, leuchtende äußerste Gasschicht der Sonne am Firmament, während auf der Erde völlige Dunkelheit eintritt und die Sterne sichtbar werden. Die Form der Korona ist von Mal zu Mal verschieden, denn sie hängt von den Magnetfeldern ab, die zur Zeit der Finsternis auf der

Sonne herrschen und die wiederum stark von den Sonnenflecken bestimmt werden.

Im Gebiet des Halbschattens erlebt man eine partielle (teilweise) Finsternis. Partielle Finsternisse sind wesentlich häufiger als totale Verfinsterungen der Sonne. In 1000 Jahren ereignen sich durchschnittlich 2375 Sonnenfinsternisse, von denen jedoch nur 659 total sind. Auf einen bestimmten Ort der Erde bezogen, sind totale Sonnenfinsternisse somit extrem selten. Im gesamten 20. Jahrhundert ereignete sich in Deutschland nur eine einzige totale Verfinsterung der Sonne: am 11. August 1999. In der ersten Hälfte des 21. Jahrhunderts können wir ein solches Ereignis nur zu Gesicht bekommen, wenn wir mehr oder weniger weit reisen. Erst im Jahr 2081 wird es im deutschsprachigen Raum wieder eine totale Sonnenfinsternis geben.

Der Merkur

» Der Planet Merkur ist schwer zu beobachten, obwohl er eine beträchtliche Helligkeit erreicht. Als sonnennächster aller Planeten bewegt er sich innerhalb der Erdbahn und gelangt zu dem für den irdischen Beobachter größten Abstand von 28 ° nach Osten oder Westen von der Sonne. Daher ist er nur unter besonderen Bedingungen für kurze Zeit in der Morgen- oder Abenddämmerung zu sehen. Selbst der große Kopernikus soll Merkur angeblich in seinem ganzen Leben nie gesehen haben.

Schon früh war die rasche Bewegung des Merkur bekannt. Deshalb wird er in der römischen Mythologie auch mit dem Gott des Handels identifiziert, während die Griechen in ihm den schnellen Götterboten Hermes sahen.

Über die physische Natur des Planeten gab es lange Zeit keinerlei Vorstellungen. Auch nach der Erfindung des Fernrohrs änderte sich dies zunächst nicht, da außer einem Wechsel seiner Phasen – wie vom Mond unserer Erde bekannt – nichts zu erkennen war.

Alle Versuche, die Oberflächenbeschaffenheit des Planeten zeichnerisch zu erfassen, blieben Stückwerk und die Forscher wurden häufig das Opfer von Täuschungen. Selbst die Massenbestimmung des Merkur bereitete Schwierigkeiten, da er keinen Mond besitzt. Massen können aber nur dann bestimmt werden, wenn man Gelegenheit hat, ihre Auswirkungen auf andere Massen zu studieren. Erst gegen Ende des 19. Jahrhunderts gelang es dem deutschen Astrophysiker Karl Friedrich Zöllner, aus dem Rückstrahlvermögen des Merkur gegenüber dem Licht der Sonne erste interessante

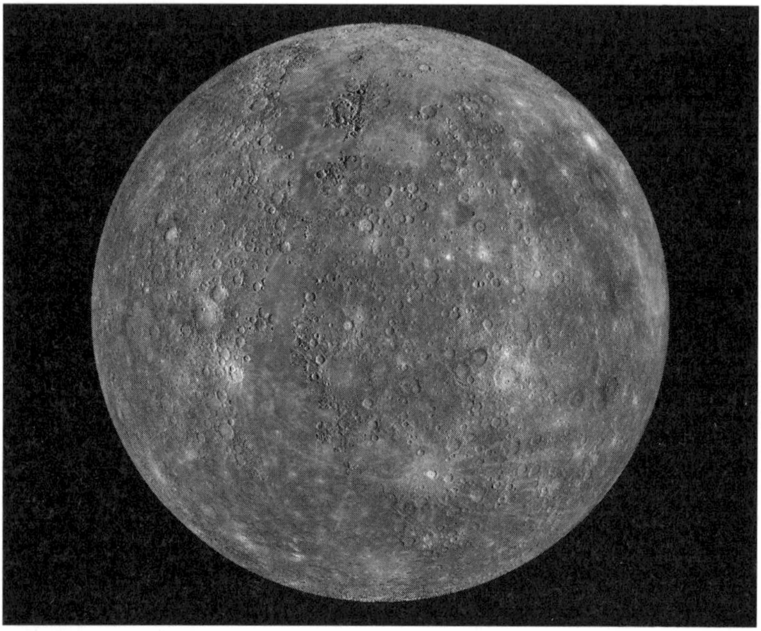

Das mondähnliche Antlitz des Planeten Merkur, fotografiert von der amerikanischen Raumsonde MESSENGER.

Schlüsse zu ziehen. Der Forscher stellte eine große Ähnlichkeit der Oberflächenbeschaffenheit mit der des Erdmondes fest und kam außerdem zu dem Ergebnis, dass der Planet keine Atmosphäre besitzt. Ein wirklichkeitsgetreues Bild des Planeten zeichnete jedoch erst die amerikanische Sonde Mariner 10, die sich dem Planeten in den Jahren 1974/75 bis auf 327 Kilometer annäherte und Tausende gestochen scharfer Fotos lieferte. Mit der MESSENGER-Raumsonde der NASA (**ME**rcury **S**urface, **S**pace **EN**vironment, **GE**ochemistry and **R**anging) lief schließlich von August 2004 bis März 2015 die zweite und aktuellste Mission zur Erkundung Merkurs. Hauptziel der Mission war die vollständige Kartierung des Planeten sowie die Untersuchung seiner geologischen Geschichte.

Der kleine Nachbar der Sonne

Merkur ist der sonnennächste aller Planeten. Seine mittlere Distanz zur Sonne beträgt nur 0,39 Astronomische Einheiten (58 Millionen Kilometer). Einen Umlauf um die Sonne bewältigt der Planet in knapp 88 Tagen – ein kurzes Merkurjahr im Verhältnis zu dem der Erde.

Merkur zählt zu den kleinsten Planeten des Sonnensystems. Sein Äquatordurchmesser beträgt nur 4878 Kilometer, während die Masse des Planeten bei knapp sechs Prozent der Erdmasse liegt. Die mittlere Dichte ergibt sich zu 5,43 g/cm^3. Der Tag, das heißt eine Rotation um die eigene Achse, dauert auf dem Merkur 58,6 Tage – nur unwesentlich kürzer als ein Merkurjahr (vgl. Tabelle, Anhang S. 310).

Merkur verfügt über keine nennenswerte Atmosphäre. Eine extrem dünne Hülle aus Wasserstoff, Helium und einigen anderen Gasen ist lediglich dank raffiniertester Messtechnik nachweisbar. Die Masse der gesamten „Atmosphäre" beträgt wahrscheinlich nur etwa 1000 Kilogramm. Die lange Dauer der Tage und Nächte ebenso wie die stark schwankenden Distanzen des Planeten von der Sonne (zwischen 46 und 70 Millionen Kilometer) führen zu extremen Temperaturunterschieden: Steht die Sonne senkrecht über einem Punkt der Merkuroberfläche und befindet sich der Planet im sonnennächsten Punkt seiner Bahn, so herrschen dort +430 °C. Auf der Nachtseite des Planeten sinkt die Temperatur auf rund –150 °C. Zur größten Überraschung der Forscher wurden unlängst auf dem Merkur Spuren von Wasser und einfachen organischen Molekülen nachgewiesen. Wassereis – nach neuesten Erkenntnissen sogar weitaus mehr als erwartet – fand man in polnahen Kratern des Planeten, deren Inneres im ewigen Schatten liegt. Wahrscheinlich wurden sowohl das Wasser als auch die organischen Moleküle durch Kometeneinschläge auf den Merkur gebracht.

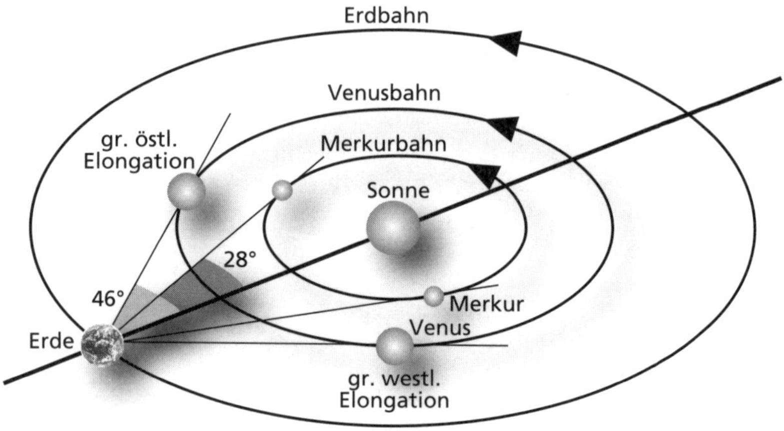

Merkur und Venus können sich nur maximal 28 ° bzw. 46 ° am Himmel von der Sonne entfernen (größte Elongationen).

Ähnlichkeiten mit dem Mond

Auf den ersten Blick könnte man eine Sonden-Aufnahme des Planeten Merkur mit einem Foto der Oberfläche des Erdmondes verwechseln. Vor allem die zahlreichen Krater auf dem Planeten Merkur erinnern an den Erdtrabanten, zumal sie sowohl in der Form als auch in ihren Abmessungen den Mondkratern stark ähneln.

Riesenkrater mit über 100 Kilometern Durchmesser kommen ebenso vor wie winzigste Einschlaglöcher, ganze Kraterketten und Rillen. Aber auch andere Gebilde der Merkuroberfläche sind uns vom Erdmond vertraut, wie zum Beispiel glatte Ebenen und ein ausgedehntes Becken.

Es gibt aber auf Merkur auch Strukturen, die wir von anderen Körpern des Sonnensystems nicht kennen. Dazu gehören 3000 Meter hohe Böschungen, die sich über Hunderte Kilometer hinziehen.

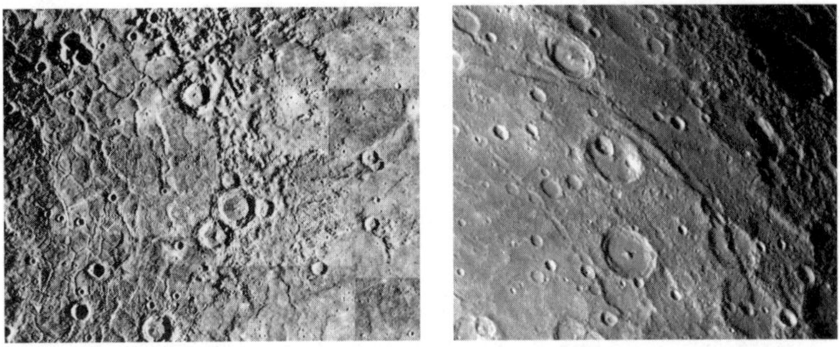

Details der kraterübersäten Oberfläche des Planeten Merkur. Links: Rand eines großen Einschlagbeckens (Caloris-Becken). Rechts: Eine 300 Kilometer lange Böschung, die diagonal durch das Bild verläuft.

Sie sind möglicherweise das Ergebnis von Schrumpfungsvorgängen des Merkur als Ganzes – vielleicht als Folge einer früheren Kollision mit einem anderen großen Körper. Neuere Sondenmessungen deuten auf eine mögliche Schrumpfung von etwa 7000 Metern hin. Aus der hohen mittleren Dichte schließt man auf einen beträchtlichen Eisen-Nickel-Kern, der wahrscheinlich auch für das schwache Magnetfeld des Planeten verantwortlich ist. Merkur ist ein mondloser Planet.

Die Venus

» Die Venus ist nach Sonne und Mond das hellste Gestirn am Himmel. Sie gilt als klassischer Morgen- und Abendstern, je nachdem, ob sie sich östlich oder westlich der Sonne befindet. Ihr Winkelabstand von der Sonne kann bis zu 46° betragen, sodass sie unter Umständen noch Stunden nach dem Sonnenuntergang oder vor dem Sonnenaufgang als gleißend helles Gestirn zu beobachten ist.

Venus ist nach der römischen Göttin der Liebe und Fruchtbarkeit benannt, die der griechischen Aphrodite entspricht. Auch nach der Erfindung des Fernrohrs blieb die Venus lange Zeit geheimnisvoll. Zwar entdeckte schon Galileo Galilei bei seinen Beobachtungen mit dem damals gerade erfundenen Fernrohr die Phasen (Lichtgestalten) des Planeten, die denen des Mondes ähneln („Halbvenus"; „Vollvenus"), doch Oberflächeneinzelheiten waren auch später mit größeren Teleskopen nicht festzustellen. Als die Venus im Jahr 1761 vor der Sonnenscheibe entlang zog, entdeckte der Russe Michail Wassiljewitsch Lomonossow einen hellen Lichtsaum um die dunkle Planetenscheibe.

Er nahm an, dass es sich dabei um eine Atmosphäre des Planeten handelt. Diese Atmosphäre – so wissen wir heute – verhindert den Durchblick auf die Oberfläche der Venus und macht damit zugleich auch die Bestimmung ihrer Rotationsdauer unmöglich. Alle älteren Angaben über die Oberflächenbeschaffenheit beruhten auf optischen Täuschungen. Erst mit dem Aufkommen der Spektralanalyse gelang es, in der Venusatmosphäre Kohlendioxid festzustel-

Der Venustransit am 6. Juni 2012, bei dem sich die Venus (dunkle Scheibe) vor der Sonnenscheibe entlang bewegte.

len. Da sich der Planet in viel geringerem Abstand um die Sonne bewegt als die Erde, konnte man mutmaßen, dass die Venusoberfläche stark aufgeheizt ist und die Wärme wegen eines starken Treibhauseffektes nicht wieder in den Weltraum entweichen kann. Die erste Bestimmung der Rotationsdauer des Planeten wurde erst durch den Einsatz der Radartechnik im 20. Jahrhundert möglich. Die heutigen wissenschaftlichen Vorstellungen über die Venus sind fast ausnahmslos das Ergebnis der Raumfahrt, die den inneren Erdnachbarplaneten seit dem Jahr 1961 im Visier hat. Mehr als 40 Raumfahrtunternehmungen galten dem Abend- und Morgenstern, zum Teil mit geradezu sensationellen Erfolgen. Erinnert sei zum Beispiel an die ersten weichen Landungen der sowjetischen Venera-Sonden (ab 1966), die allerdings anfangs keine Daten übertrugen, dann aber den extremen Bedingungen auf der Oberfläche des Planeten für kurze Zeit standhielten und uns Kunde von den hohen Temperaturen und dem enormen atmosphärischen Druck brachten. Bedeutungsvoll waren auch die amerikanischen Unternehmungen Pioneer Venus (1978) und Magellan (1990), denen wir die

Die Strukturen der Venusoberfläche in einer Radarkarte der Raumsonde Magellan.

vollständige Kartografie der Venus-Oberfläche verdanken. Von 2006 bis 2014 umkreiste die erste europäische Raumsonde Venus Express den Planeten, ehe sie in der heißen Atmosphäre der Venus verglühte. Weitere Forschungssonden der USA und Russlands sind für die nähere Zukunft zu erwarten.

Erdähnlich und doch ganz anders

Venus ist der erdnächste Planet innerhalb der Erdbahn. Auch sie besitzt – wie Merkur – keinen natürlichen Mond. Die mittlere Entfernung der Venus von der Sonne beträgt 0,7 Astronomische Einheiten (108 Millionen Kilometer). Der Erde kann sich die Venus bis auf 0,26 AE (39 Millionen Kilometer) annähern, die maximale Distanz liegt bei 1,74 AE (261 Millionen Kilometer). Der Äquatordurchmesser der Venus beträgt 12 104 Kilometer – nur geringfügig weniger als der Äquatordurchmesser der Erde. Auch die Masse ist mit 0,8 Erdmassen derjenigen unseres Heimatplaneten vergleichbar. Für die mittlere Dichte folgt daraus ein Wert von 5,25 g/cm^3 – etwas weniger als für Merkur und Erde. Der innere Aufbau des Planeten dürfte deshalb ebenfalls durch einen Eisen-Nickel-Kern geprägt sein, der etwa 6000 Kilometer Durchmesser aufweist.

Ein Venusjahr, das heißt die Dauer eines vollständigen Umlaufs der Venus um die Sonne, umfasst knapp 225 Tage, während der Venustag, die Rotation des Planeten um seine eigene Achse, 243 Tage in Anspruch nimmt. Die Rotation des Planeten erfolgt übrigens rückläufig (retrograd) zur Bewegungsrichtung der Venus auf ihrer Bahn. Die Atmosphäre der Venus setzt mit einer oberen Dunstschicht in etwa 100 Kilometern Höhe über der Oberfläche ein. Ihr folgt eine dichte Wolkenschicht in 70–50 Kilometern Höhe, die bewirkt, dass wir die Oberfläche des Planeten nicht beobachten können. Den Wolken folgt schließlich eine untere Dunstschicht. Die Bestandteile der Venusatmosphäre ähneln denen unserer Erde, jedoch in völlig anderer prozentualer Verteilung. Hauptbestandteil ist Kohlenstoffdioxid (95 Prozent), gefolgt von knapp fünf Prozent Stickstoff, Wasserdampf, Schwefeldioxid und Sauerstoff. Andere Gase sind in nur sehr geringen Anteilen vorhanden (vgl. Tabelle, Anhang S. 310).

Die dichte Wolkenhülle um den Planeten verhindert einerseits zu einem beträchtlichen Teil das Eindringen der Sonnenstrahlung, andererseits aber auch das Entweichen der Wärme in den Weltraum. Dadurch kommt es zu einem ausgeprägten Treibhauseffekt mit dem Ergebnis, dass an der Oberfläche des Planeten Temperaturen von rund 500 °C herrschen. Weder der Wechsel der Tageszeiten noch jahreszeitliche Veränderungen vermögen diesen Wert wesentlich zu beeinflussen. Der atmosphärische Druck an der Venusoberfläche liegt etwa beim 90-Fachen des irdischen Luftdrucks auf dem Niveau des Meeresspiegels. Das Licht der Sonne gelangt nur zu rund zwei Prozent bis an die Venusoberfläche, sodass dort ein ewiger Dämmerzustand die Szene bestimmt. Strukturen der hoch liegenden Wolkenschichten sind erst durch den Einsatz spezieller Kameras entdeckt worden, die im Bereich des ultravioletten Lichtes arbeiten. Dabei zeigte sich, dass die Wolken mit hohen Geschwindigkeiten von bis zu 100 Metern pro Sekunde um den Planeten rasen und diesen in vier Tagen umrunden.

Hochländer, Krater und Lavaströme

Zu den bedeutendsten Leistungen der Venusforschung zählt die inzwischen fast vollständig gelungene Kartografie der Planetenoberfläche durch Pioneer Venus 1 und Venus 15/16 (1978 bzw. 1983) sowie insbesondere durch die amerikanische Sonde Magellan (1990), die eine Bestandsaufnahme der gesamten Oberfläche mit einem Auflösungsvermögen bis zu 120 Metern erreichte. Insgesamt ist die Venusoberfläche viel ebener als die der Erde und weist nur zwei ausgedehnte Hochländer auf: Aphrodite Terra und Ischtar Terra – das eine etwa so groß wie der afrikanische Kontinent, das andere ungefähr mit der Fläche Australiens vergleichbar. Auch die bekannten Einsturzkrater, verursacht durch größere und kleinere Meteorite, kommen vor, jedoch weniger zahlreich als auf dem Merkur und dem Mond, häufiger hingegen als auf der Erde. Bemerkenswert sind die Dimensionen der Einschlagkrater. Winzige Krater unter drei Kilometern Durchmesser fehlen völlig. Die meisten sind größer als 25 Kilometer. Der mächtigste Einschlagkrater misst 275 Kilometer Durchmesser. Höchstwahrscheinlich hängt dieser Umstand mit der dichten und ausgedehnten Venusatmosphäre zusammen, in der die kleineren „Geschosse“ keine Chance haben, die Oberfläche überhaupt zu erreichen.

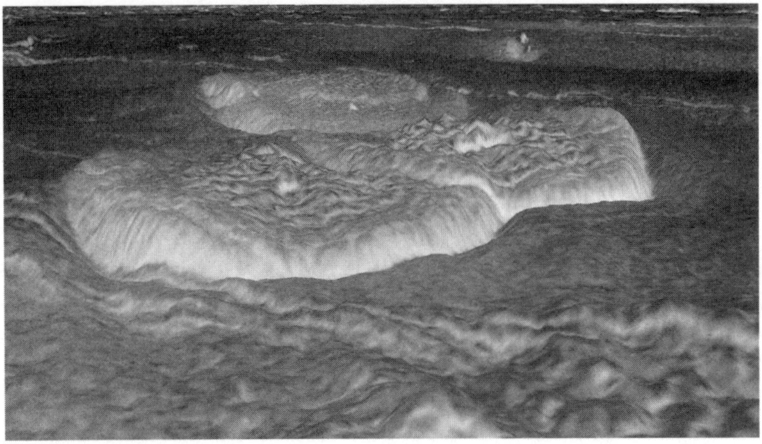

Wie Inseln ragen die domartigen Wölbungen der terrassenförmig strukturierten Landschaft Alpha Regio in der Äquatorzone der Venus aus dem umgebenden Tiefland empor.

Große Meteorite haben bewirkt, dass Lavamaterial aus dem Inneren der Venus emporquoll. Doch auch der natürlich vorkommende Vulkanismus hat die Oberfläche des Planeten entscheidend geprägt und fast das gesamte Gesteinsmaterial auf dem Planeten ist vulkanischer Herkunft. Annähernd 100 000 kleine vulkanische Schilde und domartige Wölbungen zeugen ebenso vom starken Vulkanismus wie die teils ausgedehnten Lavaflüsse, deren längster sich über 800 Kilometer erstreckt. Der gewaltigste Vulkan auf der Venus (Maat Mons) ist 8000 Meter hoch. Wahrscheinlich gibt es heute keinen nennenswerten Vulkanismus mehr. Flüssiges Wasser fehlt ebenfalls völlig.

Die Erscheinungen der Venusoberfläche – Krater oder Gebirgszüge, Hochebenen oder Vulkane – sind ausnahmslos mit weiblichen Namen bedacht worden. In Anlehnung an die Antike hat die Internationale Astronomische Union (IAU) den Morgen- und Abendstern so zu einem „Wandelstern der Frauen“ gemacht.

Die Erde

» Die Erde ist natürlich der mit Abstand am besten bekannte aller Planeten. Dennoch wollen wir unseren Heimatplaneten hier völlig gleichberechtigt neben die anderen Planeten stellen und auf die vielen zusätzlichen Kenntnisse, die wir über ihn besitzen, verzichten. Bei Messungen von Längen oder Zeiten irgendwo im Planetensystem oder sogar weit draußen im Weltall beziehen wir uns jedoch immer wieder auf Maße, die aus der Natur der Erde abgeleitet wurden.

Aufgrund des Augenscheins hielt man die Erde in alten Zeiten für die scheibenförmige Mitte der Welt. Von der heute bekannten annähernden Kugelgestalt der Erde bemerkt man zunächst nichts und die Mittelpunktsstellung scheint sich folgerichtig aus den Bewegungen der Himmelskörper zu ergeben. Dennoch kamen schon die griechischen Naturforscher zu dem Ergebnis, dass die Erde eine Kugel sein musste. Sie beriefen sich auf das Herannahen ferner Schiffe, von denen man stets zuerst die Takelage und erst dann den vollen Schiffskörper erblickt. Auch bei der Beobachtung von Mondfinsternissen zeigte sich, dass der Schatten der Erde immer kreisrund war – er konnte also nur von einer Kugel stammen.

Obschon es vor 2000 Jahren noch niemandem gelungen war, diese Kugel zu umrunden, datiert doch die erste exakte Messung des Erdumfanges schon aus dem 3. Jahrhundert v. Chr. Damals hat der Gelehrte Eratosthenes in Syene, dem heutigen Assuan, durch eine geistreiche Idee den Umfang der Erdkugel zu 250 000 „Stadien" bestimmt. Obwohl wir bis heute nicht ganz genau wissen, wel-

*Blick aus dem Weltraum auf unseren blauen Heimatplaneten Erde, aufgenommen vom Satelliten DSCOVR (**D**eep **S**pace **C**limate **O**bser**V**ato**R**y).*

che Länge einem griechischen Stadium damals zugeordnet wurde, dürfte die Messung zumindest eine annähernd richtige Vorstellung von der Dimension der Erdkugel vermittelt haben. Jedenfalls galt der von Eratosthenes bestimmte Wert bis in das 18. Jahrhundert als zutreffend.

Eratosthenes, der bereits den modernen Begriff „Geografie" einführte, bezeichnete es als deren Hauptaufgabe, Karten über die Lage von Gebirgen und Flüssen, von Küsten und Städten anzufertigen, während der Astronom Hipparch schon die Forderung erhob, die genaue Lage der Orte aus astronomischen Beobachtungen zu bestimmen. Die antike Geografie konnte natürlich nur auf diejenigen Kenntnisse zurückgreifen, die durch die griechischen Händler und Seefahrer gewonnen wurden. Immerhin umfassten die damaligen Karten bereits Gebiete bis zur Südspitze Afrikas, Zentralasiens, Indiens, andererseits aber auch Irlands, Skandinaviens und Spaniens.

Die Erforschung der Erde wurde später ein äußerst komplexes Unterfangen, in dem es um die Erdbeschreibung, die Entstehung und Entwicklung der Erde, ihre genaue Vermessung und die Bestimmung ihrer Gestalt ging. Zahlreiche Wissenschaftsdisziplinen, die vor allem im 18. und 19. Jahrhundert ihre heutige Gestalt annahmen, dienten diesen Zielen: Geografie, Geologie, Geodäsie, Geomorphologie und viele andere.

Heute ist kein Planet des Sonnensystems so gründlich erforscht wie unsere Erde. Dennoch gibt es auch bezüglich unseres Heimatplaneten noch zahlreiche ungeklärte Fragen.

Die Erde als Planet

In der Reihenfolge des Abstandes von der Sonne umrundet die Erde als dritter Planet das Zentralgestirn. Streng genommen ist ihre Bahn – wie die der anderen Planeten auch – elliptisch. Dadurch kommt es zu Veränderungen des Abstandes zwischen Erde und Sonne im Laufe eines Jahres, die rund fünf Millionen Kilometer betragen. Der mittlere Abstand Erde–Sonne, die Astronomische Einheit (AE), beträgt 149,598 Millionen Kilometer. Der sonnennächste Punkt der elliptischen Bahn wird Anfang Januar erreicht; die Distanz zur Sonne beträgt dann nur 147 Millionen Kilometer. Den sonnenfernsten Punkt ihrer Bahn durchläuft die Erde Anfang Juli mit einem Abstand zur Sonne von rund 152 Millionen Kilome-

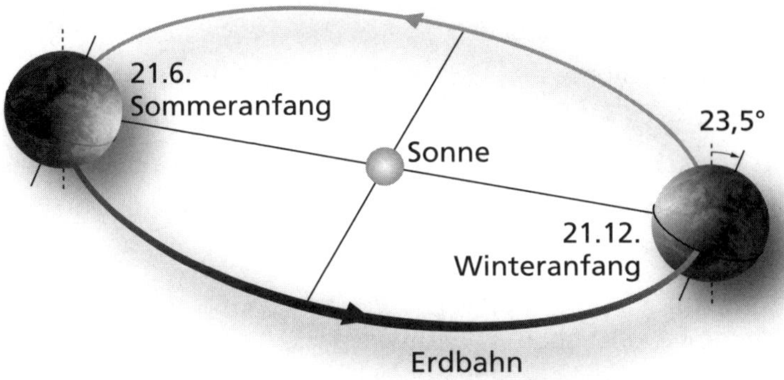

Die Entstehung der Jahreszeiten. Im Sommer weist die Nordhalbkugel unseres Planeten zur Sonne hin, im Winter von der Sonne weg.

tern. Im Alltag bemerken wir von den unterschiedlichen Abständen allerdings nichts. Obwohl die Einstrahlung der Sonnenenergie in Erdferne etwas geringer ist und auch der scheinbare Durchmesser der Sonne ein wenig hinter dem Mittelwert zurückbleibt, benötigt man bereits spezielle Instrumente, um diese Unterschiede festzustellen. Vor allem haben sie nichts mit den Jahreszeiten zu tun, denn diese werden durch die Neigung der Erdachse um 23,5 Grad gegenüber der Senkrechten auf ihrer Bahnebene hervorgerufen. Dies bewirkt, dass mal die Nord- und mal die Südhalbkugel der Sonne zugeneigt ist und dann jeweils höhere Temperaturen aufweist und somit Sommer hat. Die natürliche Zeiteinheit des Menschen ergibt sich aus der Rotation der Erde um ihre eigene Achse. Wir nennen die Zeitspanne für einen vollen Umlauf der Erde um ihre Achse einen Tag und messen sie von einem Sonnenhöchststand bis zum folgenden – von Mittag zu Mittag. Dies ist der Sonnentag. Beziehen wir uns jedoch bei der Messung der Dauer eines Tages auf die Sterne, so ergibt sich ein geringfügig kleinerer Wert. Der Unterschied beträgt rund vier Minuten. Die Ursache liegt in der Fortbewegung der Erde um die Sonne. Da sich nämlich die Erde im Laufe eines Jahres um die Sonne bewegt, scheint die Sonne in derselben Zeit einen Umlauf um den ganzen Himmel zu vollführen. Deshalb wandert sie – scheinbar – von Tag zu Tag um den Betrag von etwa einem Winkelgrad von West nach Ost. Aus diesem Grund dauert es vier Minuten länger vom Höchststand eines Sterns bis zum entsprechenden Höchststand der Sonne.

Die Dauer des Jahres beträgt rund 365,25 Tage. Genau genommen kommt es aber auch bei der Bestimmung der Jahreslänge wieder darauf an, auf welchen Punkt des Himmels man sich bezieht. Doch wir wollen es hier zunächst dabei belassen, dass die Erde sich rund 365 und ein Viertel Mal um sich selbst gedreht hat, wenn sie einen vollen Umlauf um die Sonne vollendet hat.

Jahr und Tag sind *die* Zeiteinheiten des Menschen schlechthin. Diese naturgegebenen Maße dienen uns auch zum Vergleich mit allen anderen Zeitabläufen, zum Beispiel auf anderen Planeten. Der Tag ist auch die Basis aller kleineren Zeiteinheiten. Wenn der Zeiger unserer Uhr von Sekunde zu Sekunde weiter springt, dann basiert die kurze Dauer einer Sekunde auf der Teilung des Tages in 24 Stunden, die wiederum in jeweils 60 Minuten geteilt sind, von denen jede 60 Sekunden umfasst. Demnach dauert eine Sekunde den 86 400sten Teil eines Tages. Die Entwicklung der Technik hat es allerdings mit sich gebracht, dass unser heutiges Zeitsystem nur noch bedingt mit der Bewegung der Erde und daraus abgeleiteten Größen zu tun hat. Die Einführung von Quarz- und Atomuhren brachte nämlich eine derart hohe Genauigkeit mit sich, dass sich damit sogar Schwankungen der Länge des natürlichen Tages erkennen ließen. Somit konnten die historisch gewachsenen Definitionen nicht mehr länger verwendet werden. Seit 1968 benutzen wir daher die sogenannte Atomsekunde. Allerdings dürfen durch diese mit höchster Präzision definierte Zeiteinheit die natürlichen Zeiteinheiten Tag und Jahr nicht in Gefahr gebracht werden. Deshalb wird durch sorgfältige astronomische Messungen ständig festgestellt, wie weit die astronomische Zeit eventuell von der Atomzeit abweicht. Wächst diese Differenz auf mehr als 0,7 Sekunden an, so wird entweder zum Jahresanfang oder zur Jahresmitte eine Schaltsekunde eingefügt oder weggelassen. So bleibt stets gesichert, dass unsere Zeit mit den natürlichen astronomischen Tatsachen und somit letztlich mit dem Himmelsanblick in Übereinstimmung bleibt.

Der Äquatordurchmesser der Erde beträgt 12756 Kilometer. Aus Masse und Volumen des Erdkörpers ergibt sich eine mittlere Dichte von 5,52 g/cm^3. Ein Eisen-Nickel-Kern im Zentrum unseres Heimatplaneten dürfte etwa 3500 Kilometer Radius aufweisen, die äußeren rund 2000 Kilometer davon sind vermutlich flüssig. Rund 70 Prozent der Erdoberfläche sind von Wasser bedeckt, nur 30 Prozent entfallen auf die Landmassen. Vor allem die großen Ozeane sorgen dafür, dass die Erde aus größerer Entfernung als bläulicher Körper schimmern würde, weshalb der Begriff „Blauer Planet" zum Synonym unserer kosmischen Heimat im Raumfahrtzeitalter geworden ist (vgl. Tabelle, Anhang S. 311).

Die Erde innen und außen

Die Kruste der Erde (Silikatkruste), die unter den Kontinenten bis zu 60 Kilometer Mächtigkeit erreicht, setzt sich aus sechs großen und mehreren kleinen Platten zusammen. Diese verschieben sich gegeneinander und sorgen sowohl für die Drift der Kontinente als auch für Erdbebenaktivität und Vulkanismus an den Plattengrenzen. Aus dem Studium der Ausbreitung von Erdbebenwellen wissen wir, dass der Erdkörper aus einzelnen Schichten besteht: Der Erdkruste folgt der Erdmantel, der bis in eine Tiefe von etwa 3000 Kilometern reicht. An diesen schließt sich der schon genannte Kern

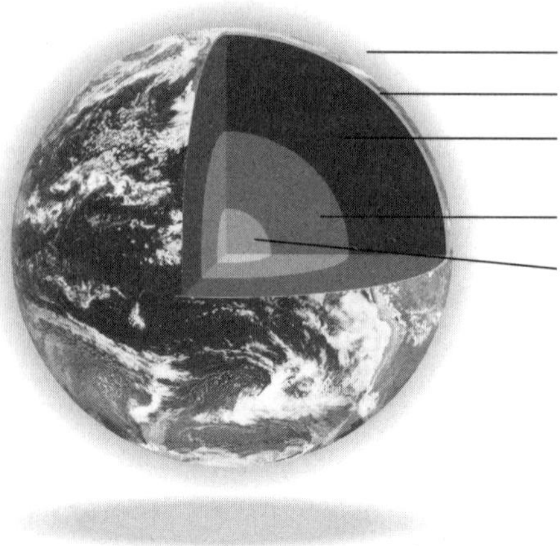

aus Eisen und Nickel an. Die Erde hat ein Magnetfeld, das vor allem durch riesige elektrische Ströme im Erdinnern verursacht wird.

Die Erde ist von einer Gashülle umgeben, die wir als Atmosphäre bezeichnen und die sich von der Erdoberfläche bis in eine Höhe von über 500 Kilometern erstreckt. Die Atmosphäre setzt sich überwiegend aus Stickstoff (78 Prozent) und Sauerstoff (21 Prozent) zusammen; andere Gase wie Kohlenstoffdioxid, Neon, Helium, Ozon kommen nur in geringen Spuren vor. Die uns bekannten Wettererscheinungen, darunter auch die Wolkenbildung, spielen sich in der untersten Schicht der Atmosphäre, der sogenannten Troposphäre, ab. Sie reicht bis in etwa zwölf Kilometer Höhe. Daran schließt sich die Stratosphäre an, der dann die Mesosphäre folgt. Die Grenzen liegen bei 50 bzw. 80 Kilometern. Darüber erstreckt sich die Thermosphäre, in der sich unter anderem in 80–500 Kilometern Höhe die wichtige Ionosphäre befindet. Durch energiereiche Strahlung der Sonne werden in dieser Schicht elektrisch geladene Teilchen gebildet, sogenannte Ionen. Für die Ausbreitung von Kurzwellen stellt die Ionosphäre wegen dieser Eigenschaften eine Art Reflektor dar.

Eine andere für das Leben auf der Erde bedeutungsvolle Schicht der Atmosphäre befindet sich in einer Höhe zwischen zwölf und 50

Kilometern: die Ozonosphäre. Hier herrscht eine extrem niedrige Konzentration an Sauerstoffmolekülen vor, die, entgegen dem üblichen, für das irdische Leben wichtige Gas, aus drei Sauerstoffatomen bestehen und als Ozon bekannt sind. Die vergleichsweise geringe Zahl von Ozonmolekülen erfüllt jedoch eine außerordentlich wichtige Funktion: Sie „verschluckt" wesentliche Teile der extrem energiereichen und lebensfeindlichen Ultraviolettstrahlung der Sonne.

Die sogenannten Treibgase jedoch (unter anderem Fluorchlorkohlenwasserstoffe, kurz FCKW), die in großem Umfang in die hohen Schichten der Erdatmosphäre gelangen, verringern den Ozonanteil in erheblichem Umfang. Die Folge ist eine erhöhte Durchlässigkeit der Atmosphäre für die Ultraviolettstrahlung der Sonne und damit eine Gefährdung des Lebens auf der Erde. Eine weitere Einwirkung des Menschen auf das Ökosystem der Erde geschieht zum Beispiel durch den mit der Industrialisierung verbundenen hohen Ausstoß von Kohlenstoffdioxid. Er bewirkt möglicherweise einen Treibhauseffekt, wie er naturgegeben auf der Venus herrscht. Die Folge ist eine ständig zunehmende Erwärmung der unteren Schichten der Atmosphäre und der Erdoberfläche mit schwerwiegenden langfristigen Auswirkungen auf das Klima. Obschon es schwierig ist, den von uns Menschen herbeigeführten Anteil an der Klimaerwärmung von natürlichen Prozessen zu trennen, die ähnliche Auswirkungen haben, geht das Bemühen doch dahin, die industriell ausgelösten Effekte soweit wie irgend möglich zu beschränken. Die regelmäßig stattfindenden internationalen Klimakonferenzen zeigen jedoch, dass dieses Ziel im Widerspruch zu den Interessen der verschiedenen Staaten steht und nicht einfach zu erreichen ist.

Der Mond

» Der Mond ist der einzige natürliche Himmelskörper, der sich um die Erde bewegt und auf dessen Oberfläche wir wegen seines geringen Abstandes ohne optische Hilfsmittel Einzelheiten erkennen können. Durch das Wechselspiel seiner Phasen und aufgrund seiner außerordentlichen Helligkeit und Fläche stellt er für uns Menschen das spektakulärste Objekt am Firmament nach der Sonne dar.

Schon von alters her beflügelte der Mond die Fantasie der Menschen. Durch seine regelmäßig wiederkehrenden Phasen bot er aber auch neben dem vergleichsweise kurzen irdischen Tag und dem vor allem für die Landwirtschaft wichtigen Jahr eine Möglichkeit, die kleinere Zeiteinheit des Monats am Himmel abzulesen. Bei vielen Kulturvölkern der Vergangenheit bildete der Mond daher die Grundlage ihres Kalendersystems. Noch unser heutiger Kalender geht mit seiner Einteilung des Jahres in zwölf Monate (zwölf Mondumläufe um die Erde) darauf zurück. Da allerdings ein Jahr rund 365,25 Tage lang ist und zwölf Mondumläufe um die Erde bereits nach 354 Tagen erreicht sind, erwiesen sich reine Mondkalender schließlich als unbrauchbar. Bei den Griechen hatte bereits Plutarch um 100 n. Chr. über den Zweck des Mondes spekuliert und die Frage aufgeworfen, ob hier vielleicht die Seelen der Toten ruhen. Lukian hingegen schilderte wenig später schon die ersten fantastischen Reisen zum Mond, den er für belebt hielt.

Die wissenschaftliche Erforschung des Mondes setzte erst nach der Erfindung des Fernrohrs zu Beginn des 17. Jahrhunderts ein.

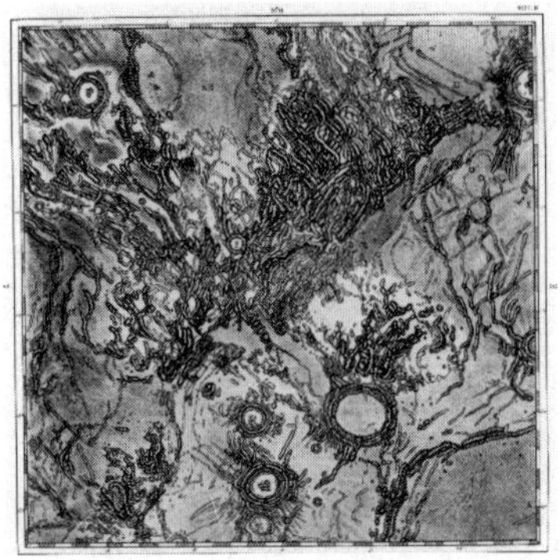

Links: Der Mond mit seinen Hochländern und Tiefebenen (dunkle Gebiete). Rechts: Erstaunlich viele Details zeigt bereits die am Fernrohr gezeichnete Mondkarte von Johann Friedrich Julius Schmidt (1878).

Bereits im Jahr 1661 schuf der Astronom Johannes Hevelius eine erste detaillierte Mondkarte. Der italienische Astronom Giovanni Riccioli benannte einzelne Oberflächenformationen nach bekannten Astronomen und machte damit den Mond zum symbolischen Astronomenfriedhof.

Dank immer besserer Fernrohre sowie Beobachtungs- und Zeichenverfahren entstanden auch immer detailreichere Mondkarten. So legte zum Beispiel Tobias Mayer um 1750 seinen Zeichnungen mikrometrische Messungen zugrunde, während Johann Hieronymus Schröter gegen Ende des 18. Jahrhunderts genaue Beschreibungen der verschiedenen Mondformationen vornahm. Rund 100 Jahre später erschien die Mondkarte des Dresdners Wilhelm Gotthelf Lohrmann mit einem Durchmesser von knapp einem Meter. Zu den berühmtesten zeichnerischen Darstellungen des Mondes gehört die Karte, die von Willhelm Beer und Johann Heinrich Mädler 1837 herausgegeben wurde. Ihr folgte in siebenjähriger Arbeit die *Charte der Gebirge des Mondes* von Johann Friedrich Julius Schmidt, die

Werden bei Vollmond mehr Menschen geboren?

Unserem Mond werden die wunderlichsten Wirkungen zugeschrieben. In einer Fülle von Büchern wird empfohlen, man solle sein Leben nach dem Mond einrichten. Die Mondphase soll uns verraten, wann wir am besten einen Zahnarzt oder Friseur besuchen, wann wir den Garten pflegen oder unser Auto besser nicht benutzen. Eine immer wiederholte Behauptung lautet: Bei Vollmond werden mehr Kinder geboren als zu jeder anderen Mondphase. Doch die statistische Analyse der Tatsachen zeigt ein anderes Bild: Bei Vollmond gibt es keinerlei auffällige Häufung von Geburten. Auch alle anderen Behauptungen über den Einfluss des Mondes lassen sich wissenschaftlich nicht belegen. Lediglich das Phänomen der Gezeiten, also Ebbe und Flut, hängt nachweislich mit dem Mond zusammen. Durch die Anziehungskraft des Mondes (und in geringerem Maße auch der Sonne) bilden sich im Wasser der Ozeane Gezeitenwellen heraus.

einen Durchmesser von fast zwei Metern aufweist. Den Gipfel bildete schließlich die in unzähligen Nächten erarbeitete Karte von Philipp Fauth. Sie wurde erst im Jahr 1964 veröffentlicht und zeigt unseren Trabanten mit einem Durchmesser von 350 Zentimetern.

Der Anblick des Mondes

Die Mondkartografie ist natürlich nur ein Teilgebiet der Mondforschung. Theorien über die Herkunft des Mondes, seine Oberflächenstruktur sowie das Studium seiner recht komplizierten Bewegungen waren andere Schwerpunkte der Erforschung unseres Trabanten. Man geht heute davon aus, dass sich der Mond nach dem Einschlag eines etwa marsgroßen Körpers auf der jungen Erde aus dabei ausgeworfenem Material gebildet hat. Das Bild vom Mond wurde grundlegend erweitert und vertieft, als die ersten Raumsonden ihn

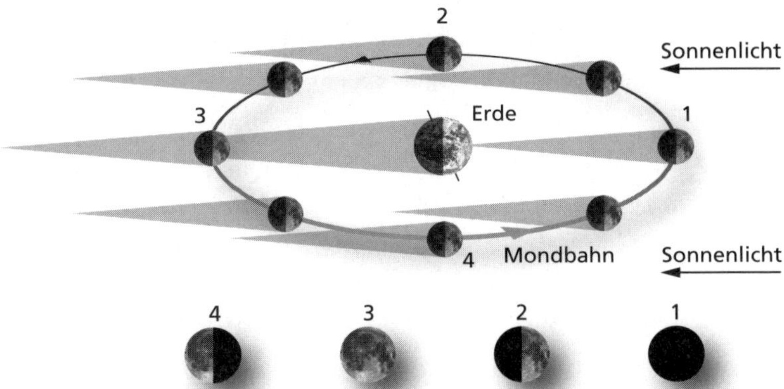

Die Entstehung der Mondphasen. Der Mond wird zwar stets zur Hälfte von der Sonne beleuchtet, wir betrachten ihn jedoch von der Erde jeweils unter verschiedenen Blickwinkeln. So erscheint er mal voll (3), mal zunehmend (2) oder abnehmend (4) und mal ist er unsichtbar (Neumond, 1).

erkundeten. Das Ergebnis waren zunächst gestochen scharfe Fotos der Oberfläche und schließlich sogar Materialproben, die von unbemannten sowjetischen Sonden mit Rückkehrapparaten gewonnen wurden. Den bisherigen Höhepunkt der Direkterkundung des Mondes bildete die US-amerikanische Apollo-Mission in den Jahren 1969–1972, die insgesamt zwölf Astronauten auf den Mond brachte. Nach insgesamt 80 Stunden auf der von Staub und Geröll überzogenen Mondoberfläche brachten sie fast 400 Kilogramm Mondgestein zur Erde zurück.

Der Mond ist mit einem mittleren Abstand von rund 384 000 Kilometern der uns am nächsten stehende Himmelskörper. Durch die elliptische Bahnform des Mondes schwankt seine Entfernung zur Erde zwischen 407 000 und 356 000 Kilometern.

Das auffälligste Phänomen des Mondes sind die unterschiedlichen Phasen. Sie entstehen dadurch, dass zwar stets eine Hälfte des Mondes von der Sonne beleuchtet wird, wir aber von der Erde aus den Mond unter verschiedenen Blickwinkeln betrachten. Befindet sich der Mond auf derselben Seite des Himmels wie die Sonne, schauen wir auf seine unbeleuchtete Seite. Diese Phase nennen wir Neumond. Steht der Mond der Sonne am Himmel genau gegenüber, beobachten wir den Vollmond. Nach der Neumondphase sehen wir einen zunehmend größeren Teil der beleuchteten Mondoberfläche (zunehmender Mond), während wir nach einer Vollmondphase auf einen ständig geringer werdenden Teil der beleuchteten Fläche des Mondes blicken (abnehmender Mond). Von einem Vollmond zum nächsten vergehen ungefähr 29,5 Tage. Diese Zeitspanne nennen wir einen (synodischen) Monat. Davon zu unterscheiden ist die Dauer eines vollen Mondumlaufes bezogen auf die Sterne. Er dauert nur 27,3 Tage (siderischer Monat), spielt jedoch für unseren Kalender keine Rolle. Der Mond rotiert auch um seine eigene Achse, jedoch dauert ein „Mondtag“ ebenso lange wie der Mondumlauf

Abstandsbestimmungen in der Antike

Schon in den frühesten Zeiten der Astronomie war man bestrebt, die Entfernungen der Gestirne in Erfahrung zu bringen. Doch es gab kaum Hilfsmittel, um dieses Ziel zu erreichen. So ging Aristoteles von der Annahme aus, dass langsamere Bewegungen der Planeten die Folge ihrer größeren Abstände seien. Mithilfe dieses „Gesetzes der Reihenfolge“ fand er zum Beispiel heraus, dass Jupiter weiter als Mars und Saturn weiter als Jupiter von der Erde entfernt stehen müsse. Aristarch von Samos hatte im 3. Jahrhundert v. Chr. eine geistreiche Idee: Er beobachtete den Mond in den Phasen zunehmender und abnehmender Halbmond und bestimmte zu diesem Zeitpunkt jeweils den Winkel zwischen Mond und Sonne. Mithilfe der Dreiecksberechnung gelang es ihm dann, das Verhältnis der Entfernung Erde–Mond zu dem von Erde–Sonne zu bestimmen. Der Wert lag allerdings mit 1:19 vom wirklichen Wert (1:370) noch weit entfernt. Die schwierige Winkelmessung war einfach zu ungenau, um ein besseres Resultat zu erhalten.

um die Erde – der Mond bewegt sich in gebundener Rotation. Die wichtigste Folge für uns irdische Beobachter besteht darin, dass wir stets dieselbe Seite des Mondes sehen und die Rückseite des Erdtrabanten folglich bis in das Raumfahrtzeitalter unbekannt blieb.

Krater, Meere und Gebirge

Der Mond besitzt einen Äquatordurchmesser von knapp 3500 Kilometern (vgl. Tabelle, Anhang S. 311). Seine Masse beträgt nur 1/81 der Erdmasse. Dadurch herrscht auf der Mondoberfläche eine wesentlich geringere Schwerkraft als auf der Erde. Eine Rakete benötigt eine Geschwindigkeit von nur 2,4 Kilometern pro Sekunde, um dem Schwerefeld des Mondes zu entkommen; auf der Erde sind es 11,2 Kilometer pro Sekunde. Der Mond verfügt praktisch über keine Atmosphäre. Die Temperaturen schwanken zwischen +130 °C und –160 °C. Das Fehlen einer Atmosphäre hat dazu geführt, dass kosmische Kleinkörper ungehindert seine Oberfläche prägen konnten. Schon in kleinen Fernrohren kann man die typischen Formationen wahrnehmen: vor allem Krater und Rundwälle, die hauptsächlich das Ergebnis von Meteoriteneinschlägen sind. Bei den großen dunklen Feldern, die auf den ersten Blick wie Meere anmuten, handelt es sich um Tiefebenen, die im Zusammenhang mit früherem Vulkanismus entstanden sind. Die großen Gebirgszüge, die nach den Bergwelten unserer Erde benannt sind (Kaukasus, Alpen, Karpaten usw.), ragen bis zu 10 000 Meter über den Mondboden empor.

Durch die Raumfahrt ist der Mond inzwischen auch zu einem Forschungsgegenstand von Geologen und Mineralogen geworden. Gegenwärtig entwickelt sich der Mond wieder zum Ziel zahlreicher Raumfahrtaktivitäten verschiedener Nationen. Die Entdeckung von Wasser in gebundener Form lässt die Raumfahrtexperten bereits

Links: Das „Meer der Feuchtigkeit" (Mare Humorum), eine Tiefebene auf der Mondoberfläche mit Krater Gassendi (oben) mit 110 Kilometern Durchmesser. Rechts: Apollo 15-Astronaut James Irwin lenkt das Mondauto. Links sind Teile der Landefähre zu erkennen.

heute darüber spekulieren, wie man dieses Vorkommen für die geplanten Aktivitäten des Menschen auf der Oberfläche des Mondes nutzbar machen kann.

Mondfinsternisse

Beim Umlauf des Mondes um die Erde kommt es vor, dass er während seiner Vollmondphase genau in der verlängerten Verbindungslinie Sonne–Erde steht und dabei in den Kernschatten der Erde eintaucht.

Dann erleben alle Beobachter der Erde, für die sich der Mond gerade über dem Horizont befindet, eine totale Mondfinsternis. Wenn der Mond nur teilweise durch den Kernschatten abgedunkelt wird, spricht man von einer partiellen (teilweisen) Mondfinsternis. Besonders eindrucksvoll ist die Verfärbung des Mondes während seines Aufenthalts im Kernschatten der Erde. Durch die irdische

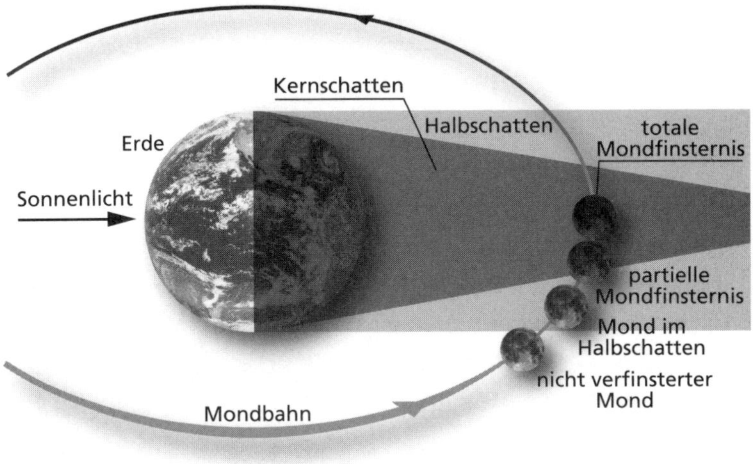

Wenn der Mond bei seinem Umlauf um die Erde vollständig in den Kernschatten der Erde tritt, beobachten wir eine totale Mondfinsternis. Taucht er nur zum Teil ein, so ist die Finsternis partiell. Eine Halbschattenfinsternis ist meist kaum wahrnehmbar.

Atmosphäre gelangt nämlich der rote Anteil des Sonnenlichts in das Innere des Kernschattengebiets. Dadurch erstrahlt der Mond auch bei seinem Aufenthalt im Zentrum des Kernschattens in tiefem Kupferrot. Früher spielten solche Verfärbungsbeobachtungen auch für die wissenschaftliche Forschung eine Rolle, da sie Rückschlüsse auf die Atmosphäre der Erde zulassen.

Da der Kernschatten der Erde von einem viel größeren Halbschatten umgeben ist, kommt es auch vor, dass der Mond lediglich durch den Halbschatten läuft. Der Verdunklungseffekt ist dann meist so unbedeutend, dass er kaum wahrzunehmen ist.

Mondfinsternisse ereignen sich seltener als Sonnenfinsternisse. In 1000 Jahren finden 716 totale und 827 partielle Mondfinsternisse statt. Da sie jedoch gegenüber Sonnenfinsternissen einen viel größeren Sichtbarkeitsbereich aufweisen, treten sie für einen bestimmten Ort der Erde dennoch erheblich häufiger ein als Sonnenfinsternisse.

Der Mars

» Mars ist ein auffälliger Lichtpunkt unter den leuchtenden Objekten des Nachthimmels. Einerseits besticht er durch seine deutlich rötliche Färbung, andererseits durch seine Helligkeit, die jedoch extrem stark schwankt. Zur Zeit seiner größten Helligkeit strahlt der Mars wesentlich intensiver als der hellste Fixstern des Himmels, Sirius, im Sternbild Großer Hund.

Schon in der Zeit der babylonischen Astronomie, als man in den Planeten noch Verkünder göttlichen Willens erblickte, wurde Mars sorgfältig beobachtet. Der Planet mit der Feuerfarbe wurde für die Sterndeuter zum Symbol für Blut, Feuer und Krieg. Sein Name erinnert uns bis heute daran, denn Mars ist der römische Gott des Krieges, der dem griechischen Ares entspricht. In der Geschichte der Astronomie machte der rote Planet schon mehrfach von sich reden: Johannes Kepler entdeckte durch die Analyse der von Tycho Brahe beobachteten Positionen des Mars zu Beginn des 17. Jahrhunderts die elliptische Form der Planetenbahnen. Kopernikus hatte für die Bahnform aller Planeten noch den Kreis angenommen. Als Mars der Erde im Jahr 1877 besonders nahe kam, fand der italienische Astronom Giovanni Schiaparelli auf der Oberfläche des Planeten geometrisch anmutende Gebilde, die er „canali" (Kanäle) nannte. Diese Kanäle beflügelten die Fantasie der Menschen derart, dass man den Mars fortan für einen bewohnten Planeten hielt, denn welchem anderen Zweck konnten die Kanäle wohl dienen, als die Wassermassen des Planeten von Kontinent zu Kontinent zu leiten? Spätere Forschungen brachten jedoch die Ernüchterung: Die

Kanäle erwiesen sich als optische Täuschungen. Aber das Thema „Leben auf dem Mars“ zumindest in Form einfachster biologischer Formen ist bis heute aktuell geblieben.

1877 wurden auch die beiden unregelmäßig geformten Marsmonde entdeckt, die auf die Namen Phobos und Deimos getauft wurden – Furcht und Schrecken –, passend zum Kriegsgott.

Mars in Opposition

Mars ist der erdnächste Wandelstern, der sich außerhalb der Bahn unseres Heimatplaneten um die Sonne bewegt. Die Abweichung seiner Bahnform vom idealen Kreis (Exzentrizität) ist stärker als bei anderen Planeten, sodass die Entfernung des Mars von der Sonne minimal 1,38 und maximal 1,67 Astronomische Einheiten beträgt.

Die Entfernung des Planeten von der Erde unterliegt dadurch enormen Schwankungen: Im günstigsten Fall beträgt der Abstand zwischen Erde und Mars nur 55,7 Millionen Kilometer, im ungünstigsten hingegen 399,9 Millionen Kilometer. Dies ist auch der entscheidende Grund für die sehr starken Helligkeitsschwankungen des Planeten. Je nach Entfernung zur Erde verändert sich natürlich auch der Durchmesser des für uns sichtbaren Planetenscheibchens, sodass wir bei geringen Abständen schon mit relativ kleinen Fernrohren recht viele Einzelheiten erkennen können, während bei großen Distanzen eine Beobachtung kaum lohnt. Der Abstand zwischen Mars und Erde ist stets dann am kleinsten, wenn der Planet von der Erde aus gesehen der Sonne genau gegenübersteht, das heißt, sich in Oppositionsstellung befindet. Der Abstand von einer Opposition zur nächsten beträgt zwei Jahre und 50 Tage. Findet eine Opposition gerade statt, während Mars den sonnennächsten Punkt seiner elliptischen Bahn durchläuft, schrumpft die Entfer-

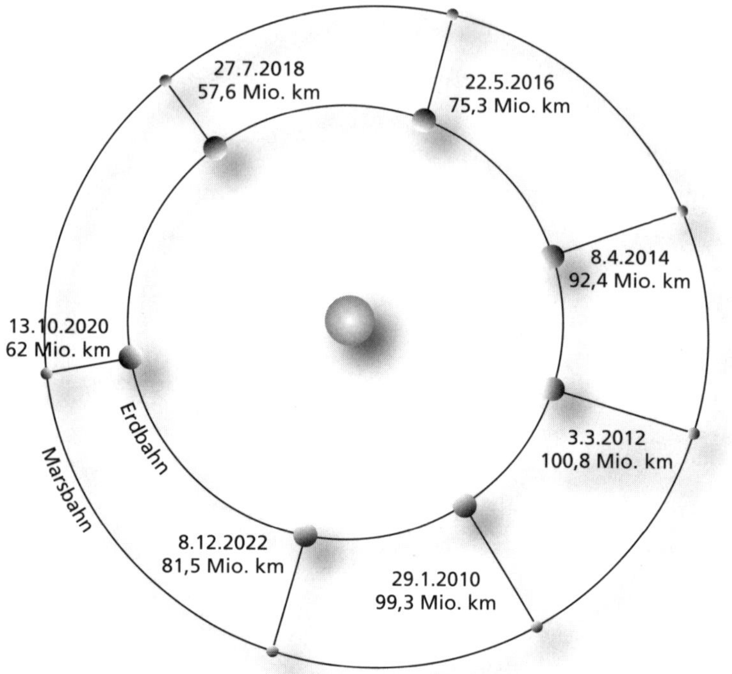

Marsoppositionen: Eine besonders nahe Opposition vom Mars zur Erde tritt im Jahr 2018 ein, wenn er zusätzlich auch das Perihel seiner Bahn passiert.

nung zwischen Erde und Mars auf den geringstmöglichen Wert. Solche besonders günstigen Annäherungen ergeben sich im Schnitt allerdings nur alle 16 Jahre. Die nächste dieser sogenannten Periheloppositionen findet im Juli 2018 statt.

Wasser auf Mars?

Der Planet Mars besitzt einen Äquatordurchmesser von 6794 Kilometern und eine Masse von nur rund einem Zehntel (0,107) der Erdmasse. Daraus ergibt sich eine mittlere Dichte von 3,93 g/cm^3

Über den Mars tobte gerade ein Sandsturm (helle Bildregion), als das Hubble-Weltraumteleskop diese Aufnahme machte.

(vgl. Tabelle, Anhang S. 311). Ein Körper wiegt auf dem Mars infolge der geringeren Schwerebeschleunigung nur das 0,38-Fache des Wertes auf der Erde. Ein Marsjahr dauert 687 Erdentage während ein Marstag mit 24 Stunden, 37 Minuten und 22,6 Sekunden fast der Dauer eines Erdentages entspricht. Auch die Neigung der Rotationsachse des Planeten gegen eine Senkrechte zur Marsbahn ist mit 23°59′ jener der Erde sehr ähnlich. Dadurch ergeben sich jahreszeitliche Phänomene, die ebenfalls denen der Erde in vielerlei Hinsicht entsprechen, wenn auch das Marsjahr fast doppelt so lange dauert wie ein Erdenjahr. Schon von der Erde aus lassen sich jahreszeitlich bedingte Veränderungen auf der Oberfläche des Mars erkennen. So findet man zum Beispiel an den beiden Polen des Planeten kreisähnliche helle Kappen, die im Marswinter eine wesentlich größere Fläche bedecken als im Sommer. Sie bestehen sowohl aus Wassereis als auch aus Kohlenstoffdioxidschnee, der aus der Mars-

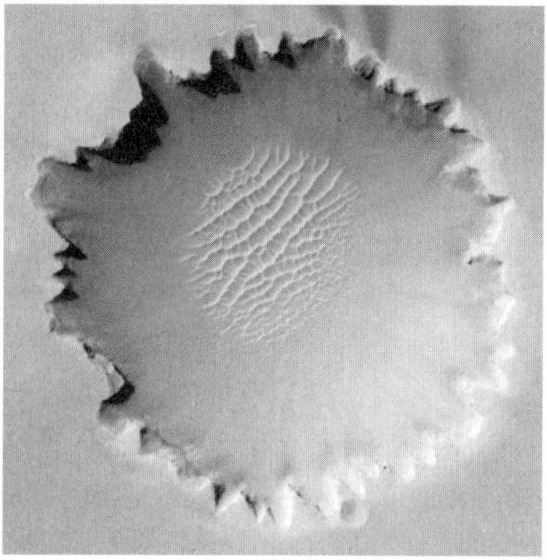

Links: Vogelperspektive in den Marskrater Victoria, aufgenommen vom amerikanischen Mars Reconnaissance Orbiter. Oben: Derselbe Krater im Panoramaformat, aufgenommen vom Mars-Rover Opportunity.

atmosphäre auskondensiert. Die Marsatmosphäre besteht an der Oberfläche zu 95 Prozent aus Kohlenstoffdioxid, zu knapp drei Prozent aus Stickstoff und zu knapp zwei Prozent aus Argon. Die Atmosphäre ist jedoch außerordentlich dünn. Der atmosphärische Druck beträgt an der Marsoberfläche nur rund ein Hundertstel des mittleren irdischen Drucks auf dem Niveau des Meeresspiegels. Während die Venusatmosphäre für einen ausgeprägten Treibhauseffekt sorgt und die Erdatmosphäre einen spürbaren Schutz gegen Wärmeabstrahlung bietet, führt die extrem dünne Marsatmosphäre zu starken Schwankungen der Temperaturen an der Marsoberfläche: Die täglichen Temperaturdifferenzen können im Sommer bis zu 60 Grad betragen. Noch stärker sind die Unterschiede zwischen den Wintertemperaturen an den Polen, die bei –140 °C liegen und den Sommertemperaturen am Äquator, die sich um +20 °C bewegen. Unsere Kenntnisse über die Oberfläche des Planeten beruhen im Wesentlichen auf den Erkundungen der Raumfahrt, vor allem der amerikanischen Mariner- und Viking-Sonden sowie der Pathfinder-Mission in Verbindung mit dem Mars Global Surveyor (MGS). In geringem Umfang trugen auch die oft vom Pech verfolgten sowjetischen Mars-Sonden zu unserem heutigen Bild vom Mars bei. Seit Anfang der 1960er-Jahre sind insgesamt über 50 Raumsonden zur Erforschung unseres roten Nachbarplaneten gestartet worden. Obschon nur 18 von ihnen erfolgreich waren, haben wir durch sie insgesamt ein völlig neues Bild vom Mars gewinnen können, weshalb die früheren erdgebundenen Forschungsresultate heute als weitgehend überholt gelten. In jüngster Vergangenheit brachten die beiden amerikanischen Mars-Rover Spirit und Opportunity fantastische Panoramaaufnahmen des roten Planeten und die Stereokamera der europäischen Sonde Mars Express (seit 2003 aktiv) sendete sensationelle 3D-Bilder zahlreicher Gebiete der Marsoberfläche, aus denen das frühere Vorkommen von fließendem Wasser auf dem Mars klar ersichtlich ist. Der US-amerikanische Mars Reconnaissance Orbiter, der seit 2006 aktiv ist, hat inzwischen die genaueste Marskartierung vorgenommen, die es jemals gegeben hat. Diese Arbeiten dienen unter anderem der Vorbereitung bemannter Expedition zum roten Planeten. Weitere US-amerikanische, europäisch-russische und chinesische Missionen zum Mars befinden sich in Vorbereitung.

Der Mars ist ein trockener und kalter Wüstenplanet, der – ähnlich wie der Erdmond – von großen Kraterlandschaften geprägt wird, die das Ergebnis von Einschlägen großer und kleinerer Meteorite darstellen. Die Kraterdichte ist jedoch deutlich geringer als jene des Mondes. Auch zeigen die Marskrater starke Verwitterungserscheinungen. Andere Phänomene der Marsoberfläche deuten darauf hin, dass in ferner Vergangenheit große Mengen Wasser auf dem Mars vorhanden gewesen sein müssen. So findet man einerseits zahlreiche ausgetrocknete Flussbetten in Gestalt gewundener und verästelter Täler, andererseits auch große Gebiete, die dereinst riesige Seen, vielleicht sogar einen gigantischen Ozean gebildet haben. Möglicherweise haben sich wärmere und kältere Perioden abgewechselt, sodass gefrorenes Wasser aus dem Marsboden zeitweise abtauen und Seen, Flüsse und Meere bilden konnte. Auch heute gibt es noch fließendes Wasser auf dem Mars, allerdings nur in geringeren Mengen. Hingegen fand die Sonde Mars Express (MEX) große Mengen Wassers in gefrorenem Zustand in der Südpolarregion. Die Fläche der Eiseinlagerungen entspricht etwa der Fläche des europäischen Kontinents auf der Erde und ihre Menge wird auf insgesamt 1,6 Millionen Kubikmeter geschätzt – vergleichbar mit dem Wassergehalt des irdischen Grönlandeispanzers.

Ein Planet der Superlative

Auch die heute wahrscheinlich nicht mehr aktiven Vulkane dürften als Quelle von Wasser infrage kommen. Der größte dieser zahlreichen Vulkane, Olympus Mons, übertrifft an Dimension alles sonst Bekannte im Sonnensystem: Sein Durchmesser beträgt 600 Kilometer und er überragt seine Umgebung um 26 000 Meter! Sogar von der Erde aus ist diese mächtige Formation mit Fernrohren zu erkennen. Neben diesem und anderen Vulkanen, die entsprechenden irdischen Gebilden wie den Hawaiianischen Schildvulkanen

Auf dem Mars befindet sich der gewaltigste Berg des ganzen Sonnensystems, Olympus Mons. Mit seinem riesigen Durchmesser von 600 Kilometern und der unglaublichen Höhe von 26 Kilometern lässt er alle Berge der Erde weit hinter sich.

durchaus ähneln, finden sich auch noch andere vergleichbare Strukturen. So gibt es zum Beispiel gewaltige Verwerfungen, die an den Grand Canyon in Arizona (USA) erinnern. Unweit des Marsäquators liegt das Valles Marineris – ein gewaltiger Grabenbruch von 4600 Kilometern Länge, mehreren hundert Kilometern Breite und einer Tiefe von bis zu 7000 Metern.

Alles in Allem ist auch der Mars ein Individuum und kann mit keinem anderen Wandelstern in allen Bereichen verglichen werden. Seine Geschichte und seine Stellung im Sonnensystem haben ihn zu einem spannenden Objekt der Forschung werden lassen. Zukünftige Missionen zum Mars werden hier in absehbarer Zeit wahrscheinlich erhebliche Fortschritte bringen. Es besteht fast kein Zweifel mehr daran, dass Mars der erste Planet außerhalb der Erde sein wird, den Menschen betreten werden. Der genaue Zeitpunkt – wahrscheinlich in den dreißiger Jahren dieses Jahrhunderts – ist allerdings noch ungewiss.

ALH84001,0 ist ein in der Antarktis im Jahr 1984 gefundener Meteorit von unserem Nachbarplaneten Mars.

Leben auf dem Mars?

Die Frage nach Leben oder früherem Leben auf dem roten Planeten beschäftigt Wissenschaftler besonders in jüngster Zeit wieder sehr stark. Ursprünglicher Auslöser für diese Fragestellung war ein Meteorit, den man im Jahr 1984 in der Antarktis gefunden hatte und der eindeutig vom Planeten Mars stammte. Die eingeschlossenen Gase entsprachen jenen, die man mithilfe der US-amerikanischen Viking-Sonde in der Marsatmosphäre nachgewiesen hatte. In dieser Materialprobe von ALH84001,0 – so der Name des Meteoriten – fand man winzige fadenförmige Strukturen, die sich nur im Elektronenmikroskop erkennen lassen und die versteinerten Bakterien ähnlich sehen, wie sie in irdischen Fossilien gefunden wurden. Außerdem konnten auch eiförmige Strukturen nachgewiesen werden, die sich als Überreste von Marsmikroben deuten lassen.

Die Wissenschaftler wurden sich jedoch nicht einig in dieser Frage. Inzwischen hat die ESA-Sonde Mars Express neue Hinweise auf biologische Lebensformen gefunden. Mit einem speziellen Spektrometer wurden nämlich sowohl Methan als auch das daraus durch Oxidation entstehende Formaldehyd nachgewiesen. Diese Spurengase sollen nach Meinung einiger Wissenschaftler einen Indikator für mögliche biologische Lebensformen darstellen. Formaldehyd kann sich in der Marsatmosphäre nur wenige Stunden halten, muss also ständig nachproduziert werden. Die höchsten Konzentrationen an Methan wurden interessanterweise dort gefunden, wo auch die größten Mengen an Wasserdampf gemessen wurden. Hier könnten, so die Forscher, Bakterien existieren, die das Methan produzieren.

Obwohl andere Wissenschaftler die Quelle des Methans eher im Vulkanismus vermuten, erhielt die „Bakterien-Theorie" unlängst neue Nahrung: In Bohrkernen aus dem Pazifik weit unterhalb des Meeresbodens wurden Bakterien entdeckt, die große Mengen an Methan produzieren. Bislang hatte man das Vorkommen von Lebensformen in solchen Regionen für unmöglich gehalten.

Inzwischen sind auch aktuelle Hinweise auf Wasservorkommen in der heutigen Zeit auf dem Planeten gefunden worden, die den Vorstellungen von Leben neue Nahrung verleihen. Zudem erbrachte die Auswertung weiterer Mars-Meteoriten Hinweise auf mögliche einfache Lebensformen auf dem Mars. Allerdings sind auch hier alternative Erklärungen nicht auszuschließen. So ist die Frage nach Leben auf dem Mars nach wie vor aktuell und ihre Klärung wird zweifellos zu den spannendsten Aufgaben kommender Missionen zum roten Planeten gehören.

Der Jupiter

» Gasriese Jupiter zählt zu den hellsten Gestirnen am Firmament. Lichtschwächer zwar als die Venus, übertrifft er dennoch die Helligkeit des Sirius, des hellsten Fixsterns am Himmel. Dass er außerdem sowohl hinsichtlich seiner Masse als auch seines Durchmessers der unangefochtene Gigant unter den Planeten ist, davon verraten uns Beobachtungen mit dem bloßen Auge allerdings nichts.

Die auffallende Helligkeit und die majestätisch langsame Bewegung des Planeten Jupiter veranlasste bereits die Römer, ihn nach ihrem höchsten Gott zu benennen. Bei den Griechen wurde der Planet mit Zeus identifiziert. Den ersten Fernrohrbeobachtern offenbarte Jupiter eine detailreiche Oberfläche mit streifenartigen Strukturen. Auch zeigte sich eine deutliche Abplattung des Planeten. Geradezu sensationell war die Entdeckung von vier Monden des Jupiter durch Galileo Galilei im Jahre 1610. Damit war der endgültige Beweis erbracht, dass nicht nur die Erde – wie damals noch allgemein angenommen – das Zentrum für die Bewegung von Himmelskörpern sein konnte. Bald fand man heraus, dass die auf Jupiter beobachteten Flecken und Streifen wohl gar nicht der Oberfläche des Planeten angehörten, sondern atmosphärische Erscheinungen darstellten. Dazu zählte auch ein bereits im 17. Jahrhundert entdecktes riesiges ovales Gebilde von etwa 40 000 Kilometern Längsausdehnung, der „Große Rote Fleck".

Das moderne Bild des Planeten Jupiter ist von den Ergebnissen der Raumfahrt geprägt. Vor allem die beiden amerikanischen Voyager-Sonden, die den Planeten im Jahr 1979 passierten, brachten eine solche Fülle von Forschungsmaterial – darunter gestochen scharfe Farbfotografien – dass im Ergebnis der Auswertung ein völlig neues Bild des Planeten entstand. Während die Voyager-Sonden den Planeten nur im Vorbeiflug untersuchen konnten, widmete sich die 1989 gestartete NASA-Sonde Galileo aus einer Umlaufbahn ausschließlich dem Planeten und dessen Monden. Eine abgekoppelte Tochtersonde wurde in die Atmosphäre des Planeten gelenkt und lieferte für rund 60 Minuten Daten. Nachdem bereits von der Erde aus ab 1892 immer neue Monde des Jupiter entdeckt worden waren, vergrößerte sich deren Zahl durch die Raumsonden und Teleskope nochmals. So brachten auch die Sonden Galileo und Cassini sensationelle Erkenntnisse und Fotografien. Gegenwärtig machen die ersten Ergebnisse der Juno-Sonde (NASA) von sich reden, die seit 2016 aus einer polaren Umlaufbahn für die Dauer von mindestens 20 Monaten die Magnetosphäre und die Atmosphäre des Planeten untersucht. Auch in Zukunft wird Jupiter das Ziel europäischer und US-amerikanischer Raumflugmissionen sein, denn die neuen Ergebnisse haben eine Fülle von Fragen aufgeworfen, die noch ihrer Antwort harren.

Gewaltige Wirbelstürme

Jupiter bewegt sich jenseits der Bahn des Planeten Mars um die Sonne. Sein mittlerer Abstand vom Zentralgestirn beträgt 5,2 Astronomische Einheiten (das sind rund 780 Millionen Kilometer). Entsprechend dieser großen Entfernung dauert ein voller Umlauf um die Sonne knapp zwölf Jahre. Die Entfernung Erde–Jupiter kann zwischen rund 590 Millionen Kilometer und 970 Millionen Kilometer schwanken. Das Planetenscheibchen hat somit für irdi-

Jupiter mit seinen Wolkenbändern und dem gigantischen Großen Roten Fleck (unten), aufgenommen von der Raumsonde Cassini.

sche Beobachter im günstigsten Fall einen Durchmesser von 50 Bogensekunden, im ungünstigsten lediglich 30.

Jupiter ist der größte und massereichste Planet des gesamten Sonnensystems. Mit 318-facher Erdmasse dreht er sich in Äquatornähe in nur knapp zehn Stunden einmal um sich selbst. Diese rasche Rotation erklärt auch seine starke Abplattung, die vor allem an dem geringen Poldurchmesser von nur 9000 Kilometern deutlich wird. Sein Äquatordurchmesser übertrifft mit rund 143 000 Kilometern den der Erde um das Elffache (vgl. Tabelle, Anhang S. 312). Aus Masse und Volumen ergibt sich die erstaunlich geringe Dichte von 1,33 g/cm^3, die nur wenig über der des Wassers liegt. Allein dies lässt erkennen, dass Jupiter eine völlig andersartige Zusammensetzung haben muss als die erdähnlichen Planeten Merkur, Venus, Erde und Mars: Jupiter besitzt keine feste Oberfläche. Alle beobachteten Details sind Erscheinungsformen seiner Atmosphäre. Diese unterliegt zwar raschen Veränderungen, andererseits gibt es aber auch beständigere Phänomene wie die äquatorparallelen dunklen und hellen Streifen und den Großen Roten Fleck, die nur langsam ihr Erscheinungsbild ändern. Die Veränderungen in der Jupiteratmosphäre sind ein Hinweis auf starke Strömungen. Das Streifen- und Bändersystem ist durch Windgeschwindigkeiten von bis zu 500 Kilometern pro Stunde gekennzeichnet – die fast fünffache Geschwindigkeit irdischer Orkane! Der Große Rote Fleck ist der gewaltigste aller Wolkenwirbel. Dass er über Jahrhunderte hinweg stets in derselben Position beobachtet wird, deutet darauf hin, dass er von einer ortsfesten tiefer gelegenen Quelle gespeist wird. Die Jupiteratmosphäre besteht im Wesentlichen aus Wasserstoff und Helium. In geringeren Beimengungen kommen aber auch Methan, Ammoniak, Wasserdampf und andere Gase vor. Bei einer Dicke von etwa 1000 Kilometern liegt die Temperatur an der oberen Wolkenschicht bei rund –150 °C.

Es wird angenommen, dass sich unterhalb der Atmosphäre eine ausgedehnte Schicht aus flüssigem Wasserstoff befindet. Durch den zunehmenden Druck geht der Wasserstoff etwa 25 000 Kilometer unterhalb der Wolkenschicht in einen Zustand über, bei dem er sich wie ein Metall verhält. Tief im Inneren des Planeten befindet sich höchstwahrscheinlich ein fester Gesteinskern mit Eisenbestandteilen.

Eine weitere interessante Besonderheit des Jupiter besteht darin, dass er mehr Energie abstrahlt als er von der Sonne empfängt. In seinem Inneren muss sich also eine Energiequelle befinden. Wahrscheinlich stammt die Wärme aus der Entstehungszeit des Planeten. Damals – vor Milliarden von Jahren – gab es eine Phase des Zusammenziehens (Kontraktion), bei der Energie frei wurde, die sich offensichtlich noch heute im Inneren des Planeten befindet. Möglicherweise vollzieht sich bei Jupiter auch heute noch eine geringfügige Kontraktion.

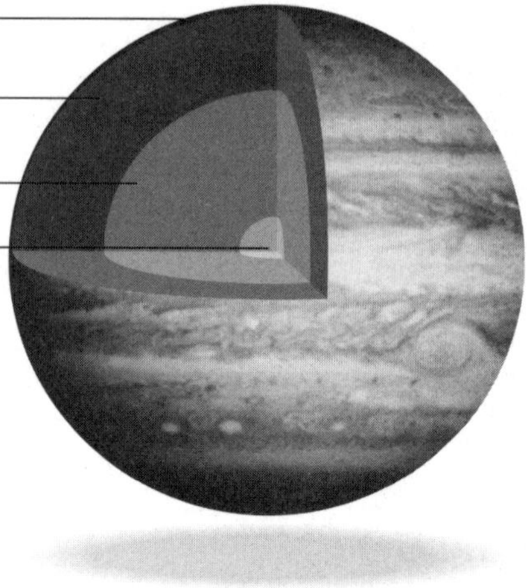

Ringe und Monde

Zu den größten Überraschungen der Voyager-Mission zählte die Entdeckung eines Ringsystems um Jupiter, wie man es bis dahin nur von Saturn gekannt hatte. Allerdings sind die Jupiterringe weniger ausgedehnt und können von der Erde aus nicht gesehen werden. Mindestens drei einzelne Ringe, die nur etwa 30 Kilometer dick sind, erstrecken sich in unterschiedlichen Abständen um den Planeten.

Wie ein Minisystem von Planeten bewegen sich zudem insgesamt 69 Trabanten um den Riesenplaneten (Stand Januar 2018). Die vier größten Jupitermonde Io, Europa, Ganymed und Kallisto, die sogenannten Galileischen Monde, sind etwa ebenso groß wie der kleine Planet Merkur und der Zwergplanet Pluto. Der Jupitermond Ganymed ist mit ungefähr 5300 Kilometern Durchmesser sogar größer als Merkur. Die anderen Monde haben zumeist erheblich kleinere Abmessungen. Ihre Durchmesser liegen bei einigen Dutzend Kilometern.

Die vier von Galileo Galilei im Jahr 1610 entdeckten großen Jupitermonde Ganymed, Kallisto, Io und Europa (von links nach rechts) in maßstäblicher Darstellung. Ganymed ist der größte Mond im Sonnensystem und übertrifft an Dimensionen sogar noch den Planeten Merkur.

Die Galileischen Monde wurden durch Raumsonden gründlich erforscht und bieten vielerlei Überraschungen. Io erwies sich als einer der spektakulärsten Körper des Sonnensystems. Seine Oberfläche, die stark von den Farben Rot und Orange geprägt ist, lässt jede Art der sonst im Sonnensystem weit verbreiteten Einschlagkrater vermissen. Stattdessen finden wir überall Spuren eines höchst aktiven Vulkanismus. Allein während des Vorbeifluges von Voyager wurden neun Vulkanausbrüche „live" beobachtet und die Sonde Galileo flog sogar direkt durch eine vulkanische Eruptionswolke hindurch. Da dieser Mond keine merkliche Atmosphäre besitzt, schießen die vulkanischen Materialien hoch empor und bilden dann beim Zurückfallen häufig eindrucksvolle symmetrische Gebilde auf der Oberfläche.

Europa ist von einem den ganzen Himmelskörper überziehenden Netzwerk bruchartiger Strukturen gekennzeichnet. Seine Oberfläche besteht aus einem möglicherweise mehrere Kilometer dicken Eispanzer, unter dem es einen planetenumspannenden Wasserozean von einigen Kilometern Tiefe zu geben scheint. Auch Ganymed ist ein Eismond, dessen Oberfläche sowohl von Einschlagkratern als auch von Rillensystemen geprägt wird. Kallisto, der äußere und zweitgrößte der vier Galileischen Monde, ist über und über von Einschlagkratern bedeckt.

Bei den kleineren Jupitermonden handelt es sich um meist unregelmäßig geformte Körper, die auch himmelsmechanisch recht interessant sind. Einige dieser Monde umlaufen den Planeten rückläufig, das heißt entgegen der Bewegungsrichtung der anderen. Manche Forscher sind daher der Ansicht, dass diese Monde vielleicht gruppenweise aus früher einmal größeren Körpern hervorgingen, die dann auseinandergebrochen sind. Darauf deutet der Umstand hin, dass etliche der kleinen Monde sehr ähnliche mittlere Abstände von Jupiter und auch sehr ähnliche Bahnneigungen aufweisen. Welche anderen Mitglieder unseres Sonnensystems Monde besitzen, zeigt die Tabelle, S. 312 im Anhang.

Der Saturn

» Mit seinem ruhigen gelblichen Licht ist Saturn ein auffälliges Gestirn. An Helligkeit bleibt der Planet allerdings gegenüber Venus und Jupiter merklich zurück. Größe und Masse weisen ihm jedoch hinter Jupiter den zweiten Platz unter den Planeten des Sonnensystems zu. Sein ausgedehntes und komplexes Ringsystem hat ihm den Beinamen „Ringplanet" eingebracht, obwohl wir heute wissen, dass auch die anderen äußeren Planeten von Ringen umgeben sind.

Saturn ist nach einer altitalischen Gottheit benannt, die dem griechischen Kronos entspricht, dem Vater des Zeus. Nach der Erfindung des Fernrohrs sorgte Saturn für eine große Überraschung, als Christian Huygens im Jahr 1659 einen Ring um den Planeten entdeckte. Die späteren leistungsfähigeren Fernrohre ließen erkennen, dass es sich in Wirklichkeit um mehrere Ringe handelte, die durch Lücken voneinander getrennt erscheinen. Giovanni Domenico Cassini, der 1675 die erste und heute nach ihm benannte Teilung des Saturnrings entdeckte, vertrat die Ansicht, dass es sich bei den Ringen des Saturn nicht um ein starres Gebilde, sondern um eine Ansammlung von Einzelteilchen handelt. Erst im späten 19. Jahrhundert konnte diese Auffassung durch Beobachtungsergebnisse untermauert werden. Es zeigte sich nämlich, dass die inneren Teile des Rings schneller um den Saturn rotieren als die äußeren. Die Bestandteile des Rings bewegen sich somit nach denselben Gesetzen um den Saturn wie die Planeten um die Sonne. Das ist nur möglich, wenn der Ring aus einzelnen Körpern zusammengesetzt ist.

Den Durchbruch in der Erforschung des Saturn brachten die US-amerikanischen Raumsonden Pioneer 11 (Vorbeiflug 1979 in 21 000 Kilometern Entfernung) und Voyager 1 und 2 (Vorbeiflüge in den Jahren 1980 bzw. 1981 in 142 000 bzw. 101 000 Kilometern Entfernung). Die bei diesen Missionen übermittelten Daten, insbesondere die gestochen scharfen Fotos, bestätigten zwar manch frühere Erkenntnis, brachten aber zugleich eine Fülle neuer Details ans Licht, die das heutige Bild des Ringplaneten wesentlich prägen. Inzwischen sind unsere Kenntnisse über Saturn und besonders seinen großen Mond Titan durch die 1997 gestartete Cassini-Huygens-Mission noch erheblich erweitert worden. Die US-amerikanische Cassini-Sonde erreichte ihre Umlaufbahn um den Planeten 2004, während der mitgeführte europäische Lander Huygens im Januar 2005 auf dem großen Saturnmond Titan niederging.

Der kleinere Bruder des Jupiter

Saturn bewegt sich jenseits der Bahn des Jupiter um die Sonne. Seine mittlere Entfernung beträgt 9,6 Astronomische Einheiten (rund 1,4 Milliarden Kilometer) und für einen vollen Umlauf um die Sonne benötigt Saturn knapp 30 Jahre (vgl. Tabelle, Anhang S. 312). Obwohl der Planet mit einem Äquatordurchmesser von rund 120 000 Kilometern dem Planeten Jupiter nicht wesentlich nachsteht, erscheint er doch wegen seiner größeren Entfernung von der Erde aus im günstigsten Fall nur unter einem Winkel von 20 Bogensekunden. Auch Saturn zeigt eine auffällige Abplattung. Die Differenz zwischen seinem Äquator- und seinem Poldurchmesser beträgt rund 13 000 Kilometer – die größte Abplattung eines Planeten überhaupt. Mit einer Masse vom etwa 95-Fachen der Erdmasse steht Saturn in dieser Hinsicht an zweiter Stelle im Sonnensystem. Sowohl die Be-

Der majestätische Ringplanet Saturn, aufgenommen von der amerikanischen Raumsonde Cassini.

obachtungen von der Erde aus als auch die Ergebnisse der Raumfahrtmissionen lassen erkennen, dass die Atmosphäre des Saturn in vielerlei Hinsicht jener des Jupiter ähnelt: Auch beim Saturn finden wir ein System äquatorparalleler Streifen und Bänder, die allerdings weniger auffällig sind als beim Jupiter. Die gemessenen Windgeschwindigkeiten erreichen teilweise 1500 Stundenkilometer und liegen somit noch höher als beim Jupiter. Auch ortsfeste Turbulenzen in Gestalt sogenannter weißer Flecken sind gefunden worden. Zwar stehen sie an Dauerhaftigkeit und Ausdehnung dem Großen Roten Fleck des Jupiter nach, stellen aber doch auffällige Gebilde in der Saturnatmosphäre dar. Da auch Saturn mehr Energie aussendet, als empfängt, ist eine innere Energiequelle anzunehmen.

Die Zusammensetzung der Atmosphäre des Saturn ist überwiegend durch Wasserstoff (93 Prozent) und Helium (sechs Prozent) sowie einer Reihe von Spurengasen wie Ammoniak und Methan geprägt. Der innere Aufbau ist mit dem des Jupiter weitgehend vergleichbar: Der Atmosphäre folgt ein mächtiger Mantel aus flüssigem Wasserstoff, der etwa bis zur Hälfte des Radius reicht. Diesem schließt sich eine Zone aus metallischem Wasserstoff an. Im Zentrum – so vermuten die Forscher – befindet sich ein Gesteinskörper mit hohem Eisengehalt.

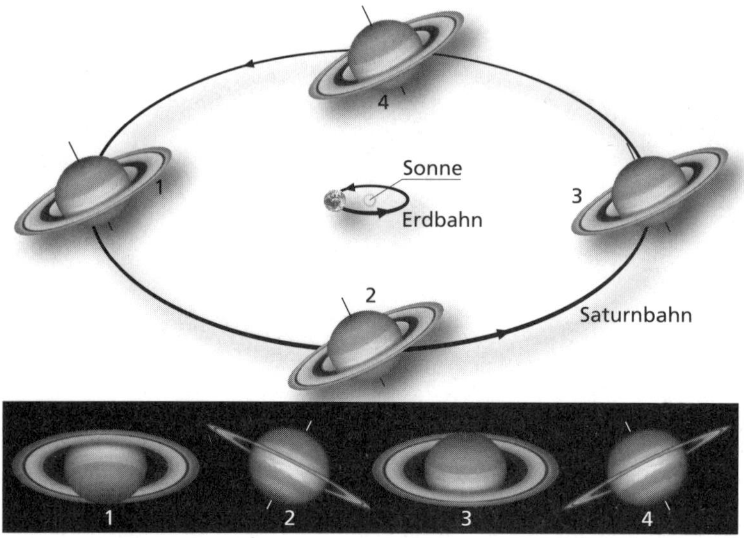

Die verschiedenen Blickrichtungen eines irdischen Beobachters auf das Ringsystem des Planeten Saturn. Während eines 30-jährigen Saturnumlaufs um die Sonne sehen wir das Ringsystem zweimal mit maximaler Öffnung (1 und 3) und zweimal in Kantenstellung (2 und 4).

Das gewaltige Ringsystem

Seine besondere und im gesamten Sonnensystem einmalige Schönheit erhält Saturn jedoch durch sein Ringsystem. Zwar wurden inzwischen auch Ringsysteme bei Jupiter, Uranus und Neptun bekannt, doch keines davon weist auch nur annähernd die gewaltigen Dimensionen und einen derartig komplexen Reichtum an Formen auf, wie die Ringe des Saturn. Diese Besonderheit kommt unter anderem darin zum Ausdruck, dass nur das Saturnringsystem mit kleineren Fernrohren von der Erde aus gesehen werden kann. Da die Ringebene mit der Äquatorebene des Planeten zusammenfällt, ist sie gegen die Bahnebene des Saturn um rund 27 Grad geneigt. Von der Erde aus können wir die Saturnringe deshalb im Laufe eines Saturn-

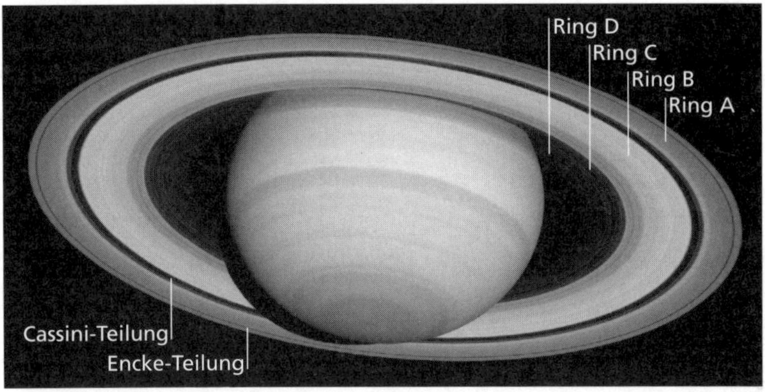

Schematische Darstellung des Saturnringsystems. Selbst die Ringteilungen sind nicht leer, wie man inzwischen weiß.

jahres unter verschiedenen Blickwinkeln betrachten. Zweimal in 30 Jahren zeigen sich die Ringe in ihrer größten Öffnung. Dann ist der Winkel zwischen der Verbindungslinie Erde–Saturn und der Ringebene besonders groß und der Anblick der Ringe sehr eindrucksvoll. Dazwischen kommt es aber auch zweimal zu den sogenannten Kantenstellungen. Wir blicken dann direkt auf die dünne Kante der Ringe und haben dabei den Eindruck, sie seien verschwunden. Die nächste dieser Kantenstellungen wird im Jahr 2025 eintreten, während 2017 die größte Ringöffnung mit Blick auf die Nordseite des Systems zu beobachten war.

Schon von der Erde aus wurden verschiedene Teile des Ringsystems entdeckt, die durch Lücken voneinander getrennt zu sein scheinen. Raumsonden haben in dieser Hinsicht noch viel mehr Details ans Licht gefördert. Insbesondere wurden weitere Ringe gefunden, die irdischen Teleskopen verborgen bleiben. Außerdem zeigte sich, dass die „Lücken“ in Wirklichkeit gar nicht leer sind, sondern dass dort lediglich andere Teilchengrößen und -konzentrationen vorkommen und die Teilchen außerdem „schmutziger“ sind.

Das Ringsystem beginnt mit dem innersten Ring (D), der knapp 7000 Kilometer hoch über dem Saturnäquator schwebt und somit fast die oberen Schichten der Atmosphäre des Planeten berührt. Der äußere Rand des letzten Rings hingegen endet bei ungefähr 440 000 Kilometern Entfernung von der Saturnatmosphäre. Allein jener Teil des Ringsystems, den wir von der Erde aus sehen können, hat einen Gesamtdurchmesser von rund 275 000 Kilometern, wobei seine Dicke nur 10–100 Meter beträgt. Das gesamte Ringsystem besteht aus unterschiedlich großen Einzelteilchen – angefangen von metergroßen Brocken bis herab zu feinstem Staub im Submillimeterbereich.

Der geheimnisvolle Titan und seine Kollegen

Saturn zählt auch zu den mondreichsten Planeten des Sonnensystems. Zu den zehn Monden, die bereits mit irdischen Teleskopen gefunden wurden, kamen durch Raumsonden und Großteleskope noch 52 weitere hinzu (Stand: Januar 2018). Allerdings handelt es sich dabei zum großen Teil um recht winzige Körper von nur wenigen Kilometern Durchmesser. Nur zehn der Saturnsatelliten sind über 200 Kilometer groß, allen voran der bereits von Christian Huygens 1655 entdeckte Titan. Er stellt mit einem Durchmesser von mehr als 5000 Kilometern den zweitgrößten Mond des Sonnensystems überhaupt dar. Titan ist für die Forschung besonders interessant, denn er ist als einziger Satellit eines Planeten von einer Atmosphäre umgeben, die hauptsächlich aus Stickstoff (94 Prozent), Methan und Argon (sechs Prozent) sowie aus zahlreichen organischen Spurengasen besteht. Die 2005 erfolgte Landung der Huygens-Sonde auf dem Titan und die Analyse seiner Atmosphäre beim Durchflug haben diese Daten bestätigt. Außerdem wurde

Links: Die Atmosphäre des Saturnmondes Titan, fotografiert von der Sonde Cassini. Rechts: Details der Titanoberfläche, aufgenommen von der Huygens-Sonde.

festgestellt, dass die gebirgige Oberfläche des Mondes aus Silikatgesteinen besteht und teilweise von kleineren und größeren Methanseen bedeckt ist, wobei das Methan aus der Atmosphäre abregnet. Aus dem Inneren des Mondes tritt eine zähflüssige Masse aus Wasser und Ammoniak an die Oberfläche – eine spezielle Form von Vulkanismus. Nach den Erkundungen der Saturn-Monde Titan und Enceladus durch die Cassini-Sonde sind die Forscher außerdem davon überzeugt, dass beide Himmelskörper über unterirdische Ozeane aus flüssigem Wasser verfügen. Bei Enceladus schießen gewaltige Wassermassen in Form von Geysiren sogar aus der Oberfläche heraus.

Ebenso sind einige der winzigen Saturnsatelliten himmelsmechanisch sehr interessant. Etliche von ihnen laufen am inneren und äußeren Rand von Ringen und stabilisieren diese dadurch. Sie werden deshalb als „Hirtenmonde“ bezeichnet. Ohne sie hätten sich die entsprechenden Ringteile wahrscheinlich längst aufgelöst.

Der Uranus

» Die Helligkeit des Uranus wird nur unter günstigen Bedingungen so groß, dass man den Planeten gerade noch mit dem bloßen Auge erkennen kann – dies gelingt aber auch nur, wenn man seine Position am Himmel genau kennt. Gelegentliche Uranus-Beobachtungen aus älterer Zeit sind bezeugt, doch seine eigentliche Entdeckung erfolgte erst im Jahr 1781.

Während die bisher behandelten Planeten von Merkur bis Saturn bereits von alters her bekannt sind, ist Uranus erst in der jüngeren Vergangenheit entdeckt worden. Als der Astronom Friedrich Wilhelm Herschel im März 1781 den Himmel absuchte, fand er unter den punktförmigen Sternen ein etwas verwaschen wirkendes Objekt, das er zunächst für einen Kometen hielt. Doch bald zeigte sich, dass er einen bis dahin unbekannten Planeten entdeckt hatte, der später den Namen Uranus erhielt. Da sich dieser Planet noch weiter entfernt von der Sonne bewegte als alle anderen bis dahin bekannten Wandelsterne, war es schwierig, irgendwelche Details auszumachen. So nannten die Astronomen den Neuling lange Zeit einen „Himmelskörper ohne Eigenschaften“, womit gemeint war, dass man außer Masse, Umlaufzeit und Entfernung des Planeten von der Sonne kein weiteres Wissen über ihn besaß. Spätere spektroskopische Untersuchungen zeigten das Vorkommen von Methan in der Atmosphäre des Planeten. Eine Überraschung war die Entdeckung eines Ringsystems beim Uranus von der Erde aus: Im März 1977 bedeckte der Planet nämlich einen schwachen Fixstern, dessen Licht bereits vor der eigentlichen Bedeckung durch Uranus mehr-

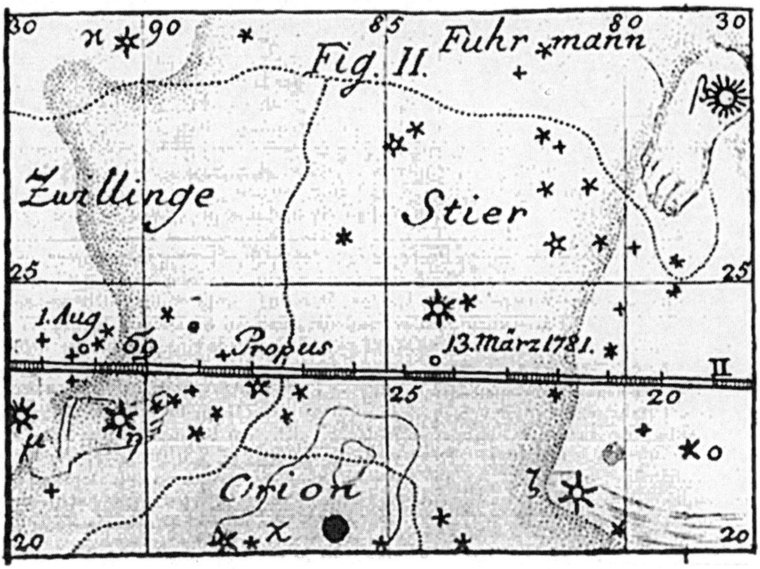

Sternkarte mit der Position des Planeten Uranus zum Zeitpunkt seiner Entdeckung am 13. März 1781.

fach abgedunkelt wurde. Dasselbe geschah nach dem Vorübergang des Planeten vor dem Stern nochmals in umgekehrter Reihenfolge, woraus auf ein System von Ringen um den Planeten geschlossen wurde. Details dieses Ringsystems sowie eine Reihe wichtiger Eigenschaften des Planeten wurden erst durch den Vorbeiflug der Planetensonde Voyager 2 im Jahr 1986 bekannt.

Eine eintönige Atmosphäre

Uranus bewegt sich jenseits des Planeten Saturn um die Sonne. Sein mittlerer Abstand vom Zentralgestirn beträgt 19,3 Astronomische Einheiten (2,9 Milliarden Kilometer). Von der Erde aus erscheint Uranus maximal unter einem Scheibendurchmesser von vier Bo-

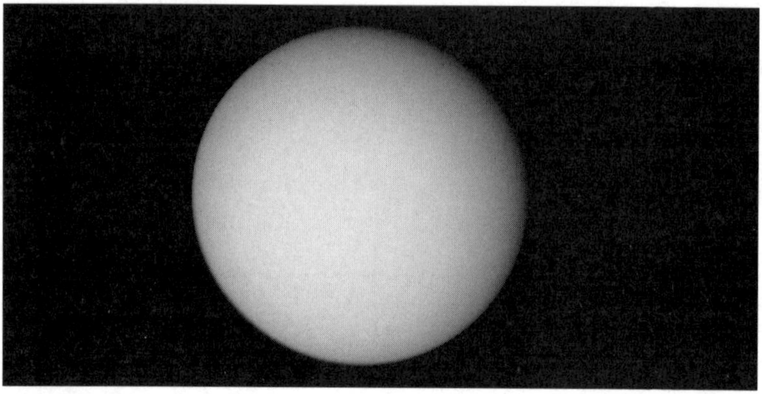

Der sonnenferne, gleichförmig grünblaue Planet Uranus im Visier der Raumsonde Voyager 2.

gensekunden. Für einen Umlauf um die Sonne benötigt der Planet 85 Jahre. Mit einem Durchmesser von rund 51 000 Kilometern, dem etwa Vierfachen des Erddurchmessers, zählt auch Uranus zu den Riesenplaneten. Seine Masse beträgt rund das 15-Fache der Erdmasse, woraus für die mittlere Dichte ein typisch niedriger Wert von 1,27 g/cm^3 folgt. Der Uranustag dauert etwas mehr als 17 Stunden und seine Rotation erfolgt rückläufig (retrograd), denn die Rotationsachse des Planeten ist gegen die Bahnebene um 98 Grad geneigt (vgl. Tabelle, Anhang S. 313). Das äußere Erscheinungsbild der Uranusatmosphäre wirkt im Vergleich zu Jupiter und Saturn eher eintönig. Zwar wurden einige Wolkenformationen entdeckt, die vornehmlich aus Methan bestehen, doch fehlen die den gesamten Planeten umspannenden Streifen. Die Atmosphäre des Uranus besteht zu 97 Prozent aus Wasserstoff und Helium sowie Methan und Spurengasen und scheint sehr gut durchmischt zu sein. Sie geht in einen dichten Mantel aus flüssigem und festem Wasser sowie anderen Eisarten über, dem sich ein vermutlich aus geschmolzenem Gestein und Wasser bestehender Kern anschließt.

Das Ringsystem des Planeten Uranus. Vor allem im äußeren Bereich sind die Ringe extrem schwach.

Ringe und Monde

Zu den bereits von der Erde aus entdeckten Teilen des Ringsystems kamen durch die Voyager-Sonde noch weitere hinzu. Der innere Rand des planetennächsten Rings schwebt knapp 12 000 Kilometer über dem Planetenäquator, der fernste endet bei rund 51 000 Kilometer. Die Dicke einzelner Ringe ist mit nur einigen hundert Metern extrem gering. Die Uranusringe bestehen hauptsächlich aus zentimetergroßen Eisbrocken, die von einer dunklen kohlenstoffhaltigen Schicht überzogen sind.

Erdgebundene Beobachtungen führten zur Entdeckung von insgesamt fünf Monden des Uranus. Inzwischen sind dank Voyager und Großteleskopen weitere 22 Trabanten bekannt, die allerdings wesentlich kleiner als die ersten fünf sind. Die großen Monde haben Durchmesser im Bereich von knapp 500 bis rund 1600 Kilometer. Ihre Masse beträgt zusammengenommen nur etwa 13 Prozent der Masse des Erdmondes. Die „neuen" wahrscheinlich eingefangenen Monde liegen in ihren Dimensionen zwischen ungefähr 25 und 150 Kilometern Durchmesser. Zwei der kleineren Monde scheinen den Hauptring des Planeten wie Hirten geradezu zu bewachen.

Der Neptun

» Neptun ist so lichtschwach, dass er auch bei maximaler Annäherung an die Erde nicht mit dem bloßen Auge gesehen werden kann. In der Geschichte der Astronomie hat er dessen ungeachtet eine ganz besondere Rolle gespielt, weil er einen überzeugenden Beweis für die Richtigkeit der theoretischen Erkenntnisse über die Bewegung der Himmelskörper darstellt.

Der Planet Neptun wurde im Jahr 1846 entdeckt. Die Geschichte seiner ersten Auffindung zählt zu den großen Triumphen der Astronomie, denn der Planet Neptun wurde förmlich am Schreibtisch gefunden. Kurz nach der Entdeckung des Uranus zeigte sich, dass Astronomen diesen Planeten schon früher gesehen, aber immer für einen Fixstern gehalten hatten. Aus den nunmehr recht zahlreichen älteren Beobachtungen konnte man dann rasch eine Bahn berechnen, die jedoch mit den beobachteten Positionen nicht übereinstimmte.

Einige Fachleute meinten, die Ursache sei ein weiterer noch nicht bekannter Planet erheblicher Masse, der die Bewegung des Uranus entsprechend beeinflusst. Der junge französische Astronom Urbain Jean Joseph Leverrier berechnete aufgrund dieser Annahme und der Größe der Abweichungen der Uranusbahn den Ort des neuen Planeten und teilte die Daten seinem Berliner Kollegen Johann Gottfried Galle mit, der den Planeten daraufhin tatsächlich in unmittelbarer Nähe von dem berechneten Ort im Fernrohr erspähte. Abgesehen von der glänzenden Rechenleistung des Franzosen war damit zugleich der Nachweis erbracht, dass auch tief im Raum das Gesetz der allgemeinen Massenanziehung Gültigkeit besitzt.

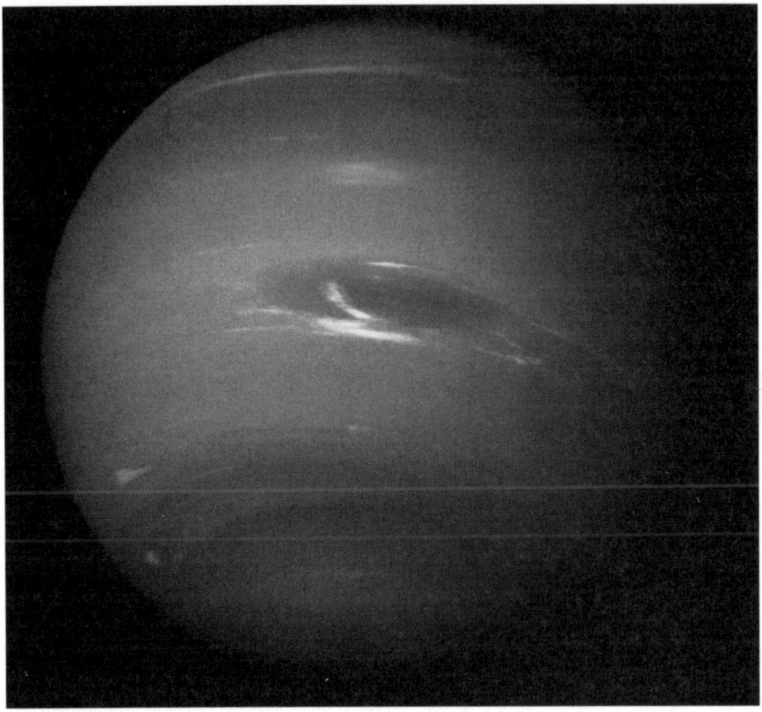

Anblick des Planeten Neptun mit Details seiner Atmosphäre, aufgenommen von der Raumsonde Voyager 2.

Aufgrund der enormen Entfernung des Planeten von der Sonne hat Neptun – benannt nach dem römischen Meeresgott, der dem griechischen Poseidon entspricht – fast allen Bemühungen der erdgebundenen Forschung, Einzelheiten seiner Beschaffenheit zu erkunden, lange Zeit hartnäckig widerstanden. Das Blatt wendete sich erst mit dem Vorüberflug der Sonde Voyager 2, die den Planeten 1989 in einem Abstand von nur rund 5000 Kilometern passierte. Wenn wir allerdings die brillanten Fotos des Neptun betrachten, die uns die Sonde Voyager 2 gefunkt hat, sollten wir nicht vergessen, dass hierbei moderne Bildverarbeitungstechnik im Spiel war.

Denn eigentlich herrscht auf Neptun ein ewiges Dämmerlicht, und die Sonne erscheint von diesem fernen Planeten aus nur noch wie ein gleißend heller Stern.

Langsamer Riese auf extremer Bahn

Neptun bewegt sich im Mittel 30-mal so weit von der Sonne entfernt wie die Erde (4,5 Milliarden Kilometer). Entsprechend lange Zeit benötigt er für einen vollen Umlauf: Das Neptunjahr dauert rund 165 Erdenjahre. Der große Umfang der Bahn ist natürlich nur ein Grund für diese lange Dauer eines Umlaufs, auch die Geschwindigkeiten der Planeten werden mit zunehmendem Abstand immer geringer: Während die Erde auf ihrer Bahn um die Sonne knapp 30 Kilometer pro Sekunde zurücklegt, „schleicht" Neptun nur noch mit rund fünf Kilometern pro Sekunde dahin.

Auch Neptun zählt zu den Riesenplaneten. Sein Durchmesser beträgt knapp 50 000 Kilometer und seine Masse beläuft sich auf das rund 17-Fache der Erdmasse. Dementsprechend ergibt sich auch für Neptun eine geringe mittlere Dichte von 1,7 g/cm^3 (vgl. Tabelle, Anhang S. 313).

Dass die Neptunatmosphäre aus Wasserstoff, Helium und Methan besteht, war bereits aus spektroskopischen Beobachtungen bekannt, die von der Erde aus unternommen wurden. Das bläuliche Aussehen des Planeten rührt vor allem von dem Methananteil in der Atmosphäre her. Dort konnten auch einige helle und dunkle Wolken sowie bänderartige Gebiete festgestellt werden. Eine besonders auffällige Erscheinung seiner Atmosphäre war ein Großer Dunkler Fleck – eine Art Pendant zum Großen Roten Fleck auf Jupiter. Wenn man in Rechnung stellt, dass Neptun wesentlich kleiner ist als der Gasriese, erreichte die relative Größe des Dunklen Flecks

Neptun – Planetenentdeckung am Schreibtisch

Meistens entdecken Astronomen neue Objekte, indem sie durch ihr Fernrohr schauen. Doch beim Planeten Neptun war es anders: Die Bahn des 1781 entdeckten Planeten Uranus verhielt sich nicht so, wie man es nach den Gesetzen der Himmelsmechanik erwartete. Daraus leiteten einige Forscher die Hypothese ab, dass ein noch unbekannter Planet den Uranus bei seiner Bewegung beeinflusst. Nun versuchten sie, den Ort des hypothetischen Planeten zu berechnen. Doch nur zwei von ihnen, der Franzose Urbain Jean Joseph Leverrier und der britische Student John Couch Adams gelangten ans Ziel. Den Wettlauf um die richtige Lösung gewann schließlich Leverrier, da der britische Astronomer Royal, George Bidell Airy, den Berechnungen des Studenten Adams zunächst keine Beachtung schenkte. Als er dann im Sommer 1846 endlich die von Adams angegebene Himmelsgegend beobachtete, sah er tatsächlich den gesuchten Planeten. Doch das stellte sich erst später heraus, denn diesmal ließ er die Beobachtungen unbearbeitet. Inzwischen hatte Leverrier seine Daten an den Berliner Astronomen Johann Gottfried Galle geschickt, der den Himmelskörper am 23. September des Jahres 1846 definitiv entdeckte. Der Planet erhielt später den Namen Neptun. Erst in jüngster Zeit konnte nachgewiesen werden, dass Neptun bereits von Galileo Galilei im Jahr 1613 gesehen worden war, der aber damals den Charakter des „Sterns“ als Planet nicht erkennen konnte.

sogar die des riesigen Wirbels auf Jupiter: Die Länge des Flecks betrug nämlich 12 000 Kilometer. Inzwischen ist er allerdings wieder verschwunden, er stellte also nur ein temporäres Phänomen dar. Von höher gelegenen hellen Wolken fallen Schatten auf tiefer liegende Schichten, woraus sich eine Höhe dieser Wolken von etwa 50–150 Kilometer über der sonstigen Atmosphärenobergrenze ableiten ließ.

Der innere Aufbau des Neptun unterscheidet sich nicht grundsätzlich von dem der anderen Riesenplaneten: Der ausgedehnten

Atmosphäre aus Wasserstoff, Helium und Methan, an deren Obergrenze nur noch eine Temperatur von etwa –200 °C herrscht, folgt weiter innen unmittelbar ein rund 10 000 Kilometer dicker Mantel aus Wasser, Methan und Ammoniak in flüssiger oder fester Form. Daran schließt sich ein gesteinsartiger Kern an, der etwa 15 000 Kilometer groß ist. Neptun verfügt über eine innere Wärmequelle, denn er strahlt etwa das 2,5-Fache der Energie ab, die er von der Sonne empfängt.

Ringe und Monde

Auch beim Neptun wurde ein Ringsystem entdeckt. Es ist allerdings noch unscheinbarer als das der anderen Ringplaneten. Von der Erde aus sind die Ringe des Neptun praktisch nicht zu beobachten. Sie sind äußerst schmal und wirken teilweise wie unterbrochen. Im äußeren Ring sind einzelne helle Punkte zu erkennen – möglicherweise winzige Monde mit Durchmessern, die nur etwa zehn Kilometer betragen und die gelegentlich als „Moonlets“ bezeichnet werden. Die Größe der Ringteilchen liegt im Bereich winzigster Staubpartikel bis zu einem Meter großen Brocken. Einer der Ringe reicht fast bis zur Obergrenze der Wolkenschicht des Planeten. Der äußere Ring hingegen befindet sich knapp 40 000 Kilometer über der Wolkenobergrenze. Die Entdeckung des Neptunringsystems lieferte den letzten Beobachtungsbaustein für die Richtigkeit der von Planetologen schon früher ausgesprochenen These, dass alle Riesenplaneten durch Ringe gekennzeichnet sind.

Neptun ist von 14 Monden umgeben, von denen 5 jedoch nur Durchmesser deutlich unter 100 Kilometer aufweisen. Der größte Mond des Planeten, Triton, ist bereits im Jahr der Entdeckung des Neptun selbst gefunden worden. Der Durchmesser von Triton be-

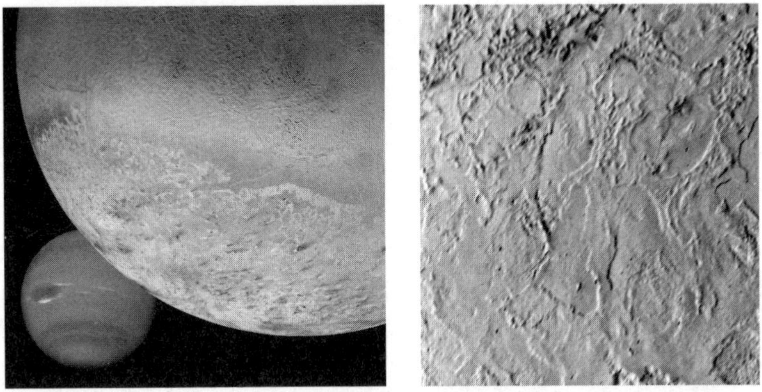

Links: Der größte Neptunmond Triton im Vordergrund, dahinter sein „Mutterplanet", der blaue Neptun (Montage). Rechts: Einzelheiten der Oberfläche von Triton. Rechts im Bild ein kleiner, frischer Einschlagkrater.

trägt 2700 Kilometer, er bewegt sich in knapp 6 Tagen rückläufig um den Planeten. Triton besitzt eine sehr dünne Atmosphäre aus Stickstoff, der Druck am Boden des Mondes liegt aber nur bei 1/100 000 des irdischen Normaldrucks. Die Oberflächenstrukturen sind vielfältig und für die Forschung interessant. Der zweite von der Erde aus entdeckte Neptunmond, Nereïde, umläuft den Planeten in einer extrem exzentrischen Bahn, das heißt in einer lang gestreckten Ellipse. Sein Abstand schwankt zwischen 1,3 und 9,8 Millionen Kilometern.

Die Zwergplaneten

» Neben den acht großen Planeten bewegen sich auch mehrere Zwergplaneten um die Sonne, deren bekannte Anzahl sich wahrscheinlich durch weitere Entdeckungen in den kommenden Jahren noch vergrößern wird. Sie nehmen eine Art Zwischenstellung zwischen den großen Planeten und den Kleinkörpern des Sonnensystems ein. Ihr Prototyp ist Pluto.

Die Klasse der Zwergplaneten gibt es erst seit dem Jahr 2006, als die Internationale Astronomische Union (IAU) diese Objekte folgendermaßen definierte: Ein Zwergplanet hat genügend Masse, um eine nahezu runde Form auszubilden, er umkreist einen Stern, ist kein Mond eines anderen Körpers und hat seine Umlaufbahn nicht von anderen Objekten frei gefegt, das heißt, auch andere kleinere Objekte kreisen mit ihm zusammen auf dieser Bahn. Gegenwärtig kennen wir fünf Zwergplaneten: Ceres, Pluto, Eris, Makemake und Haumea (Stand: Januar 2018). Inzwischen gibt es aber Hunderte Kandidaten im Kuiper-Gürtel, über deren Einstufung noch nicht entschieden ist.

Ceres wurde am 1. Januar 1801 durch den italienischen Astronomen Giuseppe Piazzi entdeckt. Schon längst hatte man in jener Region des Sonnensystems einen Planeten erwartet, weil die Abstandslücke zwischen Mars und Jupiter ungewöhnlich groß ist. Doch statt eines großen Planeten fand man nach Ceres noch zahlreiche kleinere Körper, die Planetoiden.

Pluto ist ein Zwergplanet in den äußeren Regionen des Sonnensystems und wurde erst im Jahr 1930 entdeckt. Er wird von fünf

Astronomen-Schelte für einen Philosophen

Naturwissenschaftler und Philosophen standen oft auf Kriegsfuß miteinander. Auch der berühmte Philosoph Georg Wilhelm Friedrich Hegel musste sich manche Anfeindung gefallen lassen. Besonders, nachdem er in seiner Dissertation die Frage aufgeworfen hatte, wie viele Planeten es im Sonnensystem geben könne. Er habe sieben gesagt, behaupteten die Astronomen. Doch kurz darauf wurde Ceres und damit der achte Planet entdeckt; der erste Vertreter der heute sogenannten Zwergplaneten. Die Astronomen amüsierten sich. Das sei literarischer Vandalismus von einem Autor, der erst lernen sollte, bevor er zu belehren beginnt. Hegels Entdeckung hätte die Astronomie nur behindert, wenn man sie ernst genommen hätte. Ein Blick in die Originalarbeit von Hegel lässt allerdings erkennen, dass Hegel es völlig offen gelassen hatte, ob zwischen Mars und Jupiter noch ein weiterer Planet zu vermuten sei. Vielmehr stellte er mehrere Hypothesen gegeneinander, die sowohl das eine als auch das andere möglich erscheinen ließen. Dennoch hat sich bis heute der sogenannte Hegelsche Dialog erhalten, eine Art ironischer Kommentar zu philosophischen Spekulationen. Philosoph: Es gibt nur sieben Planeten. Naturwissenschaftler: Dem widersprechen aber die Tatsachen. Philosoph: Umso schlimmer für die Tatsachen! Manche Astronomen wollen deshalb von Philosophie bis heute nichts wissen.

Monden umrundet, von denen Charon (Durchmesser rund 1200 Kilometer) im Vergleich zu Pluto selbst (Durchmesser knapp 2400 Kilometer) ein sehr großer Mond ist. Aus diesem Grund diskutierten Astronomen im Jahr 2006 zunächst, Charon ebenfalls als Zwergplaneten zu klassifizieren als Zwillingssystem zusammen mit Pluto. Letztlich behielt Charon jedoch seinen Status als Mond bei.

Der erst 2005 entdeckte Zwergplanet Eris (Durchmesser etwa 2300 Kilometer) schließlich kreist wie Pluto mit Charon im sogenannten Kuiper-Gürtel um die Sonne, einer scheibenförmigen Region, angefüllt mit Tausenden Planetoiden und Kometenkernen,

Pluto verliert seinen Planetenstatus

Prag im Sommer 2006. Die Internationale Astronomische Union versammelt mehr als 2000 ihrer Mitglieder aus aller Welt und entthront einen Planeten! Pluto, seit 1930 in allen Büchern über Astronomie als der sonnenfernste Planet bezeichnet, soll plötzlich kein Planet mehr sein! In Wirklichkeit passte Pluto von Anfang an nicht in die Gemeinschaft der großen, die Sonne umkreisenden Wandelsterne. Weder bewegte er sich auf einer annähernd kreisförmigen Bahn, noch wanderte er bei seinem Umlauf in der Hauptebene des Sonnensystems, der Ekliptik. Seine extrem geringe Masse, die nur ein Siebtel der Masse des Erdmondes ausmacht, disqualifizierte ihn zusätzlich. Als nun aber in jüngster Zeit weitere Körper in Plutos Nachbarschaft entdeckt wurden, die ihm an Größe etwa gleichkommen oder sogar noch übertreffen, war das Maß voll: Pluto verlor laut Beschluss der Fachleute seinen Planetenstatus. Dafür wurde er zum Prototypen einer neuen Klasse von Mitgliedern des Sonnensystems: der Zwergplaneten. Der Begriff Planet wurde nun neu definiert.

die sich außerhalb der Neptunbahn, in einer Entfernung von 3050 AE nahe der Ekliptik erstreckt.

Aufgestiegen: Ceres

Die früher als Planetoid, auch Kleinplanet, klassifizierte und nun zum Zwergplaneten aufgestiegene Ceres bewegt sich zwischen den Bahnen von Mars und Jupiter und ist der größte Körper inmitten des Gürtels der Planetoiden. Das fast kugelförmige Objekt hat einen Äquatordurchmesser von 963 Kilometern und eine mittlere Dichte von 2,0 g/cm^3. Es bewegt sich in einem mittleren Abstand von 2,77 AE (rund 415 Millionen Kilometer) in einer Zeit von vier Jahren und 219 Tagen um die Sonne. Die Neigung seiner Bahn gegen die

Zwergplanet Ceres, fotografiert aus 46 000 Kilometern Abstand von der Sonde Dawn.

Hauptebene des Systems, die Ekliptik, beträgt 10,6 Grad. Nicht nur hinsichtlich ihrer Größe, sondern auch ihrer Masse ist Ceres ein herausragendes Objekt im Planetoidengürtel. Der zweitschwerste Planetoid, Vesta, weist nur weniger als ein Drittel der Masse von Ceres auf. Ceres rotiert in rund neun Stunden einmal um ihre Achse und besitzt keinen Mond. Die Oberfläche ist recht gleichmäßig von einer Mischung aus zermahlenem und geschmolzenem Gestein bedeckt. Mithilfe des Hubble-Weltraumteleskops wurden 2005 ein dunkler und ein heller Fleck ausfindig gemacht, die jeweils mehrere hundert Kilometer Durchmesser aufweisen. Der Kern des Zwergplaneten dürfte aus Gestein bestehen, der Mantel aus leichteren Mineralien und Wassereis. Ohne Jupiter mit seiner störenden großen Masse wäre aus Ceres wahrscheinlich ein großer Planet geworden, der weitere Planetenbausteine aus dem Planetoidengürtel angesammelt hätte. Neue Erkenntnisse brachte inzwischen die US-amerikanische Raumsonde Dawn, die 2011 bereits den Kleinplaneten Vesta aus einer Umlaufbahn heraus erkundet hatte. Im März 2015 schwenkte Dawn in eine hohe Umlaufbahn um Ceres ein und kartografierte das Objekt. Schließlich näherte sie sich dem Zwergplaneten bis auf 380 Kilometer und lieferte zahlreiche Bilder hoher Auflösung. Dabei wurden auch organische Kohlenstoffverbindungen auf Ceres entdeckt.

Abgestiegen: Pluto

Nach dem außerordentlichen Erfolg der Auffindung des Neptun 1846 waren die Astronomen bald davon überzeugt, dass noch ein weiterer Planet in unserem Sonnensystem vorhanden ist. Die Masse des Planeten Neptun vermochte nämlich noch nicht alle Abweichungen der Bahn des Uranus zu erklären. Der amerikanische Astronom Percival Lowell berechnete daraufhin – allerdings auf der Grundlage unbeweisbarer Annahmen – die Bahn des noch unbekannten Planeten, der daraufhin 1915 in einer groß angelegten Suche gefunden werden sollte. Ein Erfolg blieb aber zunächst aus. Nur der Hartnäckigkeit von Lowell und seinen Mitarbeitern war es zuzuschreiben, dass der zunächst als neunte Planet des Sonnensystems klassifizierte Pluto im Jahr 1930 durch einen jungen Astronomen namens Clyde Tombaugh schließlich entdeckt wurde. Allerdings stand der Planet ein gehöriges Stück von dem vorausberechneten Ort entfernt, kein

Wunder, wie sich allerdings erst 1978 zeigen sollte. Damals wurde nämlich der erste Mond von Pluto entdeckt. Aus seiner Bewegung gelang es, die Masse des Pluto zu bestimmen. Sie erwies sich als so gering, dass man sich nun sicher war, gar nicht den berechneten Planeten entdeckt zu haben. Der kleine Körper stand damals nur zufällig unweit des berechneten Ortes, während der berechnete Planet eine reine Fiktion war.

Pluto bewegt sich durchschnittlich in 40-facher Erdentfernung um die Sonne (5,9 Milliarden Kilometer). Seine Bahn ist jedoch stark exzentrisch. Dadurch kommt er der Sonne einerseits bis auf 4,4 Milliarden Kilometer nahe, während er sich andererseits vom Zentralgestirn bis auf 7,4 Milliarden Kilometer entfernen kann. Ein Teil der Bahn des Zwergplaneten liegt sogar innerhalb der Bahn des Neptun. Dadurch kann es geschehen, dass der durchschnittlich entferntere Zwergplanet näher an der Sonne steht als der letzte Planet Neptun.

Die Masse von Pluto beträgt nur den 2000sten Teil der Erdmasse, das heißt etwa ein Siebtel der Masse des Erdmondes. Die Lage seiner Bahn ist ebenfalls ungewöhnlich, sie ist im Vergleich zu den anderen Planetenbahnen stark geneigt. Der Winkel zwischen der Ebene der Plutobahn und der Ekliptik, der Hauptebene des Sonnensystems, beträgt rund 17 Grad. Der Plutodurchmesser liegt bei 2300 Kilometern. Daraus ergibt sich eine mittlere Dichte von 2,15 g/cm^3. Das winzige Objekt an der äußeren Grenze des Sonnensystems dürfte zu 80 Prozent aus Gestein bestehen. Seine Oberfläche ist von einer Eisschicht aus Methan und Ammoniak bedeckt; auch Wassereis dürfte vorkommen. Möglicherweise ist auch eine dünne Atmosphäre vorhanden.

Plutos Mond Charon ist etwa halb so groß wie Pluto selbst (rund 1200 Kilometer Durchmesser), für einen Mond also sehr groß. Als Folge ihrer Gezeitenwirkung wenden sich Pluto und Charon bei ih-

Pluto und sein Mond Charon, fotografiert von der Sonde New Horizons.

rer gegenseitigen Umdrehung immer dieselbe Seite zu. Sie führen eine sogenannte doppelt gebundene Rotation aus. 2005 entdeckte das Hubble-Weltraumteleskop noch zwei weitere Monde des Pluto: Nix und Hydra, die aber nur Durchmesser von 50 bzw. 160 Kilometer aufweisen. Vermutlich werden sie im Laufe der Zeit zermahlen und lassen ein Ringsystem um den Zwergplaneten entstehen. 2011 und 2012 folgten schließlich die Entdeckungen der noch winzigeren Monde Kerberos und Styx.

Pluto galt mit seiner eigenartigen Bahn, seiner geringen Größe und seiner völlig anderen Beschaffenheit als die offenbar im äußeren Teil des Sonnensystems vorherrschenden Riesenplaneten immer schon als Exot. Als man in den 1990er-Jahren schließlich immer mehr kleine Objekte jenseits der Neptunbahn fand, wurde klar, dass Pluto zu einem Ring aus kleinen Objekten gehört und wohl einer der größten oder jedenfalls hellsten Vertreter dieser sogenannten Kuiper-Gürtel-Objekte ist. Im Jahr 2006 wurde ihm daher der Planetenstatus entzogen und er fortan als Zwergplanet eingestuft.

Neu entdeckt und abgestiegen: Eris

Im Kuiper-Gürtel wurde im Jahr 2005 auch ein mit 2300 Kilometern Durchmesser ungewöhnlich großes Objekt gefunden. Wegen des darauf endgültig losbrechenden Planetenstreits unter den Astronomen erhielt es den Namen der griechischen Göttin der Zwietracht Eris. Damit war erstmals ein Kuiper-Gürtel-Objekt von ähnlicher Größe wie Pluto bekannt, was Plutos damals schon wackeligen Planetenstatus weiter erschütterte und schließlich zu seiner Neuklassifikation des Planetenbegriffs führte. Zunächst war Eris zwar voreilig als weiterer, zehnter Planet in vielen Medien gefeiert worden; der kleine Körper musste sich dann aber schließlich zusammen mit Pluto in der Klasse der Zwergplaneten wiederfinden. Eris' Bahn ist ebenfalls stark exzentrisch und um 44 Grad gegen die Ekliptik geneigt. Ihre Umlaufzeit um die Sonne beträgt 557 Jahre. Der mittlere Abstand von der Sonne liegt bei knapp 68 Astronomischen Einheiten. Weitere Entdeckungen von Zwergplaneten in dieser Region sind seitdem hinzugekommen. Das lange Zeit recht dürftige Wissen über diese fernen kleinen Objekte wird nun dank der Raumfahrt kräftig erweitert. Bereits im Januar 2006 hatte die NASA eine Sonde in diese fernen Regionen am Rande des Sonnen-

Die acht größten Objekte des Kuiper-Gürtels und ihre Monde.

systems auf den Weg geschickt; Pluto galt damals noch als ordentlicher Planet. Die Sonde namens New Horizons hat inzwischen nach mehr als neun Jahren längst ihre Zielregion erreicht und unterwegs auch noch den Jupiter ins Visier genommen (2007). Die Resultate sind geradezu überwältigend. Obschon die Sonde am Pluto-Charon-System nur vorbeiflog, lieferten ihre Instrumente eine Fülle von Daten, darunter zahlreiche Fotos mit einer Auflösung von bis zu 25 Metern je Pixel.

Nun fliegt die Sonde tiefer in den Kuiper-Gürtel hinein und soll 2019 das transneptunische Objekt 2014 MU_{69} in einem Abstand von 3000 Kilometern passieren und erforschen. Dabei dürfte es sich um das ursprünglichste Objekt des Sonnensystems handeln, das jemals mit den Hilfsmitteln der Raumfahrt untersucht wurde. Weitere Objekte des Kuiper-Gürtels gehören ebenfalls zum Ziel der bis 2021 verlängerten Mission.

Kleinkörper

» Außer den großen Planeten und den Zwergplaneten bevölkern die unterschiedlichsten Kleinkörper unser Sonnensystem. Dazu zählen die Kometen, die aus ihnen hervorgehenden Sternschnuppen, größere und kleinere Meteoroide sowie die Planetoiden, auch Asteroiden genannt. Diese Kleinkörper treten auf ganz unterschiedliche Weise in Erscheinung und mit einigen von ihnen kommt unsere Erde sogar unmittelbar in Berührung.

Kometen

Kometen galten von alters her als spektakuläre Himmelserscheinungen. Schon ihr äußerer Anblick erregte Aufsehen, unterscheiden sie sich doch von allen sonstigen Gestirnen des Firmaments. In der Antike sah man Kometen allerdings noch nicht als Himmelskörper an. In dem berühmtesten Werk der griechischen Astronomie, dem *Almagest* des Claudius Ptolemäus, kommen Kometen überhaupt nicht vor. Man hielt sie für Erscheinungen der Lufthülle, vergleichbar mit Donner und Blitz, Wolken, Regen oder Schnee. In einer Zeit, da man den Erscheinungen des Firmaments eine besondere Bedeutung für das Geschehen auf der Erde, für die Schicksale von Völkern oder einzelnen Menschen zuschrieb, wurden Kometen allgemein als Unglücksbringer betrachtet. Die drohend anmutenden Kometenschweife erweckten Angst und Schrecken und nicht selten wurden die sogenannten Haarsterne auch als „Zuchtruten Gottes“ bezeichnet, die der Welt „unter dem Monde“ zuzuordnen waren.

Der Komet Halley

Der Planet Neptun wurde am Schreibtisch entdeckt – der Komet Halley verdankt seinen Namen ebenfalls einer reinen Schreibtischarbeit. Und das kam so: Edmond Halley, zu seiner Zeit einer der bekanntesten Astronomen Englands, war mit Isaac Newton befreundet und wusste daher, dass dieser ein Gesetz entdeckt hatte, das die Bewegung aller Himmelskörper bestimmen sollte. Obwohl das Manuskript noch unveröffentlicht war, durfte sich Halley daraus einige Passagen abschreiben. Er benutzte sie, um Kometenbahnen zu berechnen. Dabei fand er für drei Kometen überraschenderweise fast dieselbe Bahn: Der große Komet von 1682 hatte denselben „kosmischen Fahrplan", wie zwei Schweifsterne, die man 1531 und 1607 beobachtet hatte. Dadurch kam Halley auf die Idee, dass es sich jedes Mal um denselben Kometen gehandelt haben könnte. So sagte er das Wiedererscheinen des Kometen von 1682 für das Jahr 1759 voraus. Der deutsche Bauer und Amateurastronom Johann Georg Palitzsch entdeckte den Kometen tatsächlich gegen Ende des Jahres 1758. Leider erlebte Halley diesen Erfolg nicht mehr, denn er starb bereits 1742. Der Komet aber trägt bis heute seinen Namen.

Diese Auffassung änderte sich erst mit den Beobachtungen, die der dänische Astronom Tycho Brahe am Kometen von 1577 vornahm. Er verglich seine eigenen Daten mit denen anderer räumlich entfernter Beobachter und konnte nachweisen, dass sich der Komet weit jenseits der Bahn des Mondes bewegen musste und somit der Himmelssphäre angehörte. Edmond Halley gelang es schließlich, das Erscheinen des später nach ihm benannten Kometen vorherzusagen und damit zu demonstrieren, dass Kometen denselben himmelsmechanischen Gesetzen unterliegen wie die Planeten.

Die Analyse der Bahndaten von Hunderten von Kometen führte recht bald zu einer interessanten Erkenntnis: Kometen sind Mitglieder unseres Sonnensystems und bewegen sich meist auf lang gestreckten elliptischen Bahnen um die Sonne.

Der 1995 entdeckte helle Komet Hale-Bopp mit seinem ausgeprägten Staub- (oben) und blauen Gasschweif (unten).

Generell werden Kometen nach ihren Entdeckern benannt; eine Ausnahme bildet allerdings der Halleysche Komet, einer der berühmtesten Kometen der Geschichte überhaupt: Edmond Halley war nicht der Entdecker dieses Kometen, sondern er prophezeite „nur" seine regelmäßige Wiederkehr. Einen namentlichen Entdecker dieses Schweifsterns kennen wir nicht, denn er wurde schon seit den Tagen der babylonischen Astronomie immer wieder beobachtet.

Mit dem Aufkommen astrophysikalischer Untersuchungsmethoden im 19. Jahrhundert wurden erstmals auch Einzelheiten über die Natur der Kometen bekannt. Zunehmend wurde klar, dass Kometen eigentlich nur sehr kleine Körper sind, die aber in Sonnennähe teilweise bedeutsame Veränderungen erfahren, wobei es auch zur Ausbildung von Schweifen kommen kann, den eigentlichen Wahrzeichen der mit bloßem Auge sichtbaren Exemplare dieser Gattung von Himmelskörpern. Moderne Hypothesen über die

Natur der Kometen wurden inzwischen durch Raumsonden teils bestätigt, teils aber auch modifiziert und erheblich erweitert.

Wiederkehrende Leuchtfeuer

Kometen zählen zu den Kleinkörpern des Sonnensystems. Ihre Umlaufzeiten sind allerdings sehr unterschiedlich, weshalb man sie in langperiodische und kurzperiodische Kometen einteilt, manche kehren auch nie wieder (vgl. Tabelle, Anhang S. 313). Die langperiodischen Kometen benötigen mehr als 200 Jahre für einen Umlauf um die Sonne und bewegen sich zum Teil bis weit in den kosmischen Raum hinaus. Für etliche Vertreter dieser Gruppe wurden Umlaufzeiten von bis zu 100 Millionen Jahren berechnet. Demgegenüber kommen kurzperiodische Kometen häufiger in Sonnen- und Erdnähe. Einige der kurzperiodischen Kometen sind durch die Massen der großen Planeten beeinflusst worden, sie wurden förmlich von deren Anziehungskraft „eingefangen". So kennen wir zahlreiche Kometen, die den sonnenfernsten Punkt ihrer Bahn in der Nähe der Jupiterbahn erreichen. Sie zählen zur sogenannten Jupiterfamilie. Während sich die großen Planeten nahezu ausnahmslos in der Hauptebene des Sonnensystems bewegen, kommen bei den Kometenbahnen alle möglichen Bahnneigungen vor.

Allgemein betrachtet handelt es sich bei Kometen um vergleichsweise kleine und massearme Himmelskörper. Ihre Durchmesser liegen im Bereich von 5 – 50 Kilometern, ihre Massen bewegen sich im Bereich von $10^{11} - 10^{17}$ Kilogramm (Erdmasse: rund 6×10^{24} Kilogramm). Der Kern eines Kometen besteht aus Gestein und Staub, durchsetzt mit gefrorenem Wasser, Ammoniak und Methan.

Die bildhafte Methapher vom „schmutzigen Schneeball" oder vom „eisigen Schmutzball" trifft vielleicht annähernd die Realität.

Neben Wasser sind auf Kometen übrigens auch organische Verbindungen entdeckt worden, beim Kometen 67P/Churyumov-Gerasimenko (kurz „Tschuri“, vgl. S. 140) gar 16 verschiedene, die als Vorstufen noch komplexerer Moleküle, wie etwa Aminosäuren, gelten können. Damit wurde die Diskussion erneut befeuert, dass Kometen möglicherweise die Grundbestandteile des Lebens auf die Erde gebracht haben könnten.

Würden wir von den Kometen nichts als ihren Kern wahrnehmen, gäbe es keine spektakulären „Haarsterne“ und mit dem bloßen Auge wären sie überhaupt nicht sichtbar. Doch aufgrund ihres Aufbaus gehen in den Kernen der Kometen bei Annäherung an die Sonne dramatische Veränderungen vor sich. Die Strahlung der Sonne führt bereits bei einer Distanz von etwa fünf bis zehn Astronomischen Einheiten zum Verdampfen der eingeschlossenen Gase. Dabei werden auch Staubteilchen aus Gebieten herausgerissen, in denen die Kruste des Kerns zerstört ist und Risse aufweist. So bildet sich um den kleinen Kern eine verhältnismäßig ausgedehnte Hülle, die sogenannte Koma. Je nach Abstand des Kerns von der Sonne kann die Koma bis auf einen Durchmesser von 100 000 Kilometer anwachsen, also einem Vielfachen des Erddurchmessers. Dieses Gemisch aus Gas und Staub lässt den Kometen zunächst als verwaschenes Fleckchen im reflektierten Sonnenlicht erscheinen.

Doch im Spektrum der Kometenkoma sind auch Linien nachzuweisen, die auf ein Eigenleuchten der gasförmigen Bestandteile hinweisen. Bei weiterer Annäherung des Kometen an die Sonne macht sich schließlich ihr Strahlungsdruck ebenso bemerkbar wie der Sonnenwind, ein vom Zentralgestirn ausgehender Teilchenstrom. Beide „blasen“ Gas und Staub der Koma in die Gegenrichtung der Sonne. Trotz der extrem geringen Dichte des auf diese Weise entstehenden Schweifes kann er infolge der Reflexion des Sonnenlichts an den Staubteilchen sowie durch das Eigenleuchten der gasförmigen

Bestandteile sichtbar werden. Letztere werden durch die energiereichen Bestandteile der Sonnenstrahlung zum Leuchten angeregt. Nähert sich ein Komet bis auf die dazu erforderliche Nähe der Sonne an, kann es zu höchst auffälligen Himmelsschauspielen kommen, wie wir sie zuletzt bei den Kometen Hyakutake (1996) und Hale-Bopp (1997) beobachten konnten.

Kometenschweife erreichen mitunter enorme Dimensionen. Bei einigen Kometen wurden Schweiflängen von bis zu 300 Millionen Kilometern festgestellt! Wenn ein Laborphysiker erfährt, dass in einem Kometenschweif nur zehn Moleküle je Kubikzentimeter enthalten sind, würde er die dort herrschende Materiedichte ohne Zögern als Vakuum bezeichnen. Selbst mit den technischen Hilfsmitteln der modernen Vakuumtechnik ist es nämlich ausgeschlossen, auf der Erde derart geringe Dichten zu erzeugen. Außerhalb des Kometenschweifs ist die Materiedichte allerdings noch wesentlich geringer!

Große Kometenreservoirs

In unserem Sonnensystem gibt es vermutlich Kometen wie Sand am Meer. Im Allgemeinen bleiben diese aber unseren Blicken verborgen. Sie befinden sich nämlich in einer riesigen Wolke, die unser Sonnensystem in extrem großer Entfernung umgibt. Diese nach dem niederländischen Astrophysiker Jan Hendrik Oort benannte kugelförmige Ansammlung von vielleicht 100 Milliarden Kometenkernen reicht wahrscheinlich bis zu 150 000 Astronomische Einheiten in den Raum hinaus, also fast bis zum 4000-Fachen der Plutodistanz. Die Hypothese eines solchen gewaltigen Reservoirs an Kometenkernen in den äußersten Regionen des Sonnensystems wird heute allgemein akzeptiert, obschon sie nicht bewiesen ist. Seit einiger Zeit wird sogar noch eine zweite Zone angenommen, in der

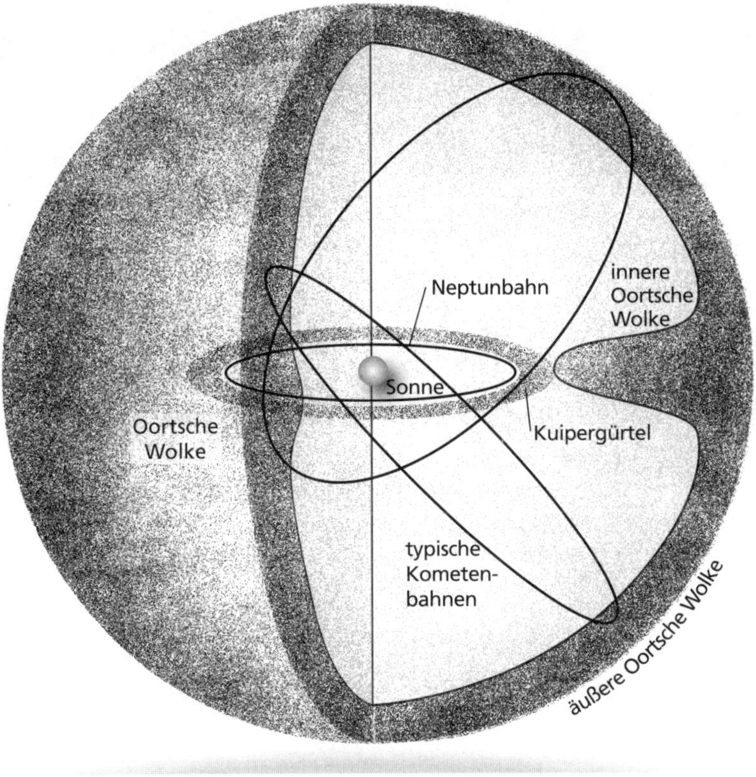

Das äußere Sonnensystem mit der Neptunbahn, dem Kuiper-Gürtel und der äußeren und inneren Oortschen Wolke. Eingezeichnet sind zwei typische, lang gestreckte Kometenbahnen.

sich zahlreiche Kometenkerne befinden – der schon erwähnte Kuiper-Gürtel. Er liegt unweit der Plutobahn und damit wesentlich näher an der Sonne als die Oortsche Wolke. In beiden Fällen handelt es sich vermutlich um die Reste der Urwolke, aus der unser Planetensystem einst vor rund fünf Milliarden Jahren hervorging.

Durch den Einfluss der Schwerkraft benachbarter Sterne kann es nun vorkommen, dass einzelne Kometenkerne aus der Wolke entfernt werden und eine Bahn annehmen, die sie ins innere

Der Komet Tschuri – ein Konglomerat aus Eis und Stein mit einem Durchmesser von nur wenigen Kilometern, aufgenommen von der Raumsonde Rosetta.

Sonnensystem führt. Oft bewegen sich diese Kometen nach ihrer Sonnen- (und Erd-) Annäherung wieder in die äußersten Bereiche des Sonnensystems zurück und kehren nie wieder. Andere werden durch die Anziehungskraft großer Planeten eingefangen und dadurch zu periodisch wiederkehrenden Himmelskörpern.

Kometen waren seit 1978 das Ziel von insgesamt 20 Raumfahrtmissionen. Dazu zählte auch die erfolgreiche europäische Giotto-Sonde, die sich 1986 dem Kometen Halley bis auf 600 Kilometer annäherte.

Eine besonders interessante wissenschaftliche Unternehmung stellte zweifellos die amerikanische Mission Deep Impact dar. Sie galt der Erforschung des Kometen Tempel 1. Von der Sonde wurde im Jahr 2005 unweit des Kometen ein sogenannter Impaktor abgefeuert, ein fast 400 Kilogramm schweres Projektil, das auf dem Kometenkern einschlug und rund 1000 Tonnen Material herausschleuderte. Dieses wurde sowohl mit den Instrumenten der Sonde als auch mit irdischen Teleskopen analysiert. Die Hypothese vom Kometenkern als einem locker zusammengefügten eisigen Schmutzball hat sich dabei vollauf bestätigt. Eine der bislang wohl spektakulärsten Raumfahrtmissionen dürfte die erfolgreiche Rosetta-Mission der ESA gewesen sein, die den Kometen 67P/Churyumov-Gerasimenko („Tschuri") zum Ziel hatte. Während Rosetta selbst den Kometen aus einer Umlaufbahn untersuchte, wurde am 12. November 2014 der Lander Philae auf der Oberfläche des Kometen abgesetzt. Zwar gelang dieses Manöver nicht ganz wie geplant, doch die an der Mission beteiligten Forscher sind mit dem Gesamtergebnis mehr als zufrieden; Neue interessante wissenschaftliche Probleme über die „geologische" Biografie von Kometen sind aufgetaucht, die gegenwärtig untersucht werden.

Meteoroide

Meteoroide sind kleine Teilchen bis größere Brocken auf einer Umlaufbahn um die Sonne, von denen manche die Erdbahn kreuzen. Stoßen sie mit der Erde zusammen, kommt es zu Leuchterscheinungen, den Sternschnuppen, oder sogar zu einem Meteoritenfall.

Sternschnuppen

Sternschnuppen erregten schon immer die Aufmerksamkeit der Menschen, erklären konnte man sich die leuchtenden Himmelsspuren jedoch lange Zeit nicht. Sie wurden – wie auch die Kometen – für atmosphärische Erscheinungen gehalten. Gegen Ende des 18. Jahrhunderts beobachteten zwei Studenten namens Heinrich Brandes und Johann Benzenberg Sternschnuppen von zwei räumlich getrennten Standpunkten aus. Dadurch konnten sie berechnen, in welchen Höhen die Erscheinungen auftreten. Das Erstaunen der Fachwelt war groß, denn die Leuchterscheinungen ereigneten sich in den

Farbige Leuchtspuren zeigte der Sternschnuppenstrom der Leoniden im Jahr 2001. Der Leonidenstrom fällt rund alle 33 Jahre besonders ertragreich aus und war 2001 am besten in Ostasien zu beobachten. Diese Aufnahme entstand in China.

sehr dünnen Luftschichten an der äußeren Grenze der Atmosphäre. Das deutete darauf hin, dass vermutlich kosmische Körper dieses Leuchten verursachten. Eine äußerst interessante Beobachtung machten Forscher später auch bei der Untersuchung des kurzperiodischen Kometen Biëla, der seine Bahn in knapp sieben Jahren durchläuft. Als er 1846 am Himmel erwartet wurde, bestand er zur Überraschung der Astronomen aus zwei Teilen, die sich sieben Jahre später abermals erheblich voneinander entfernt hatten. Bei der nachfolgenden Erdannäherung war der Komet gänzlich verschwunden. Stattdessen traten verstärkte Sternschnuppenfälle auf. Offensichtlich war der Komet die Quelle dieses kosmischen Feuerwerks. Eine Analyse der Bahnformen von Kometen und Sternschnuppen zeigte, dass tatsächlich Zusammenhänge bestehen – nicht für alle Sternschnuppen, aber für die meisten der periodisch wiederkehrenden.

Eine andere Merkwürdigkeit konnte ebenfalls aufgeklärt werden: Die zu bestimmten Daten des Jahres gehäuft auftretenden

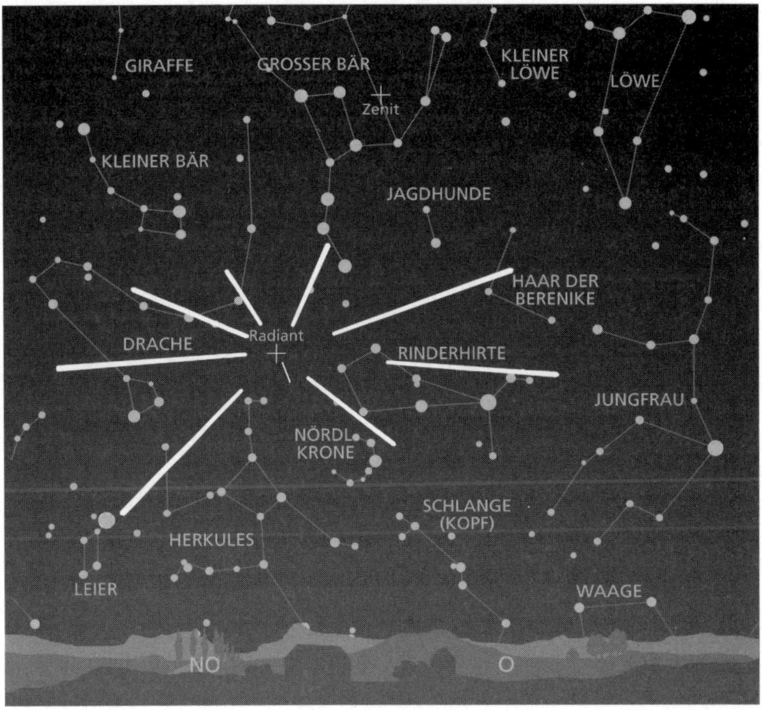

Die Leuchterscheinungen eines Sternschnuppenstromes scheinen alle von einem Punkt auszugehen, dem sogenannten Radianten.

Sternschnuppen scheinen stets von einem bestimmten Punkt herzukommen, dem Radianten. Liegt dieser Radiant zum Beispiel im Sternbild Perseus, so werden die Sternschnuppen Perseïden genannt. Der Radiant gibt den Sternschnuppen also ihren Namen. Die Ursache der Existenz solcher Ausstrahlungspunkte ist allerdings ein perspektivischer Effekt. In Wirklichkeit bewegen sich die Teilchen, die in der Hochatmosphäre der Erde verglühen, auf parallelen Bahnen. Aus der großen Distanz des Beobachters enden diese jedoch scheinbar alle in einem Punkt, so wie die Gleise einer Eisenbahnstrecke in großer Entfernung zusammenzulaufen scheinen.

Sternschnuppen werden auch als Meteore bezeichnet. Heute wissen wir, dass sie durch den Zusammenstoß kleiner Meteoroide mit der Erdatmosphäre entstehen. Erreichen Meteore eine besonders große Helligkeit, so nennt man sie Feuerkugeln. Der Leuchtvorgang spielt sich durchschnittlich in etwa 90–130 Kilometern Höhe über der Erdoberfläche ab. Die Größen der auslösenden Teilchen sind winzig: Die meisten Meteoroide haben nur Durchmesser zwischen einem und zehn Millimetern. Größere Teilchen mit Massen im Bereich einiger Gramm bewirken bereits sehr helle Meteore. Es kommen aber auch Teilchen unterhalb von einem Millimeter Größe vor, die dann mit dem bloßen Auge nicht mehr sichtbar sind; dies sind die sogenannten teleskopischen Meteore.

Angesichts der Winzigkeit der Meteoroide ist es klar, dass man diese selbst nicht sehen kann. Da sie jedoch mit Geschwindigkeiten von einigen Dutzend Kilometern je Sekunde in die Atmosphäre eindringen, geben sie ihre Energie an die durchflogene Luftschicht ab und heizen diese auf. Die Moleküle und Atome in der Atmosphäre verlieren teilweise ihre Elektronen und werden dadurch zum Leuchten angeregt. Wir erblicken also gleichsam den leuchtenden Weg, den das winzige Teilchen jeweils durchmessen hat. Die Erscheinungen können bei Meteoren äußerst vielgestaltig sein. Sie reichen von geradlinigen, leuchtenden Bahnspuren bis zu wechselnden Flugrichtungen oder spektakulärem Auseinanderfallen. Obwohl man heute grundsätzliche Klarheit über die Ursachen der Sternschnuppen besitzt, harren noch zahlreiche Fragen ihrer Beantwortung.

Sternschnuppenströme

Sorgfältige Dauerbeobachtungen lassen erkennen, dass Sternschnuppen nicht zu allen Zeiten gleich häufig auftreten. Zum Beispiel beobachtet man gegen Sonnenaufgang stets deutlich mehr Meteore als nach dem abendlichen Sonnenuntergang. Das hängt damit zusammen, dass wir uns morgens auf jener Seite der Erde befinden, die in Richtung der Erdbewegung um die Sonne nach vorn weist.

Abends sind wir folglich auf der Rückseite. Wenn wir den Meteoroiden aber entgegenfliegen, kommt es zwangsläufig zu häufigeren Zusammenstößen, als wenn wir uns am „Heck“ unseres Raumschiffes Erde befinden.

Die deutlichste Abweichung von einer gleichförmigen Häufigkeit der Sternschnuppen macht sich aber auf andere Weise bemerkbar: Zählt man jede Nacht des Jahres die Anzahl der Meteore, so zeigt sich, dass es Zeiten gibt, in denen ihre Zahl immer mehr zunimmt, schließlich kurzzeitig einen besonders hohen Wert erreicht und dann wieder abnimmt. Solche zeitlich begrenzten Häufungen wiederholen sich teilweise von Jahr zu Jahr, mitunter auch in größeren, aber immer gleichen Abständen. In diesen Fällen handelt es sich um sogenannte Meteorströme. Ihr Zustandekommen erklärt sich folgendermaßen: Längs mehr oder weniger großer schlauchartiger Räume bewegen sich innerhalb des Sonnensystems Milliarden Meteoroide – als Auflösungsprodukte von Kometen. Durchläuft nun die Erde einen solchen „Teilchenschlauch“, so kommt es zu entsprechend häufigen Zusammenstößen. Aus der Beobachtung der Dauer eines solchen Meteorstroms und der Verteilung der Anzahl der Teilchen kann man interessante Details über diese Teilchenschläuche ableiten. So beginnt zum Beispiel der berühmte Meteorstrom der Perseïden seine Tätigkeit jedes Jahr um den 20. Juli, während er letztmalig um den 19. August festzustellen ist. Die Zahl der Meteore nimmt immer mehr zu, bis sie um den 11. August ihr Maximum erreicht, um dann rasch wieder abzufallen. Was kann man daraus schließen? In der Zeit vom 20.7. bis zum 19.8. durchmisst die Erde auf ihrer Bahn um die Sonne einen Weg von rund 75 Millionen Kilometern. Das heißt: Der Schlauch, in dem sich die Meteoroide des Perseïdenstroms befinden, hat einen Durchmesser von 75 Millionen

Kilometern. Da der Strom auf einen Kometen zurückzuführen ist, erwartet man bei einem „frischen“ Strom natürlich ein kleineres Raumgebiet, über das die Teilchen verteilt sind. Folglich kann man annehmen, dass der Perseïdenstrom schon ein beträchtliches Alter aufweist. Man schätzt in diesem Fall etwa 80000 Jahre. Auch der auslösende Komet Swift-Tuttle ist noch vorhanden und konnte bei seiner letzten Erdannäherung 1992 beobachtet werden. Dabei wurde festgestellt, dass der Kometenkern bis heute noch weitere Teilchen in den Strom einspeist (vgl. Tabelle, Anhang S. 316).

Bei deutlich jüngeren Strömen haben sich die Teilchen noch nicht längs der gesamten Bahn des auslösenden Kometen verteilt, sondern halten sich in der Nähe des Kometenkerns auf. Man beobachtet deutliche Häufungen immer dann, wenn der Komet selbst in Erdnähe kommt. Dies ist zum Beispiel bei den November-Leoniden (scheinbarer Herkunftsort der Leuchterscheinungen ist das Sternbild Löwe, lat.: Leo) der Fall, die rund alle 33 Jahre besonders ertragreich ausfallen, weil nämlich ihr Komet (Tempel-Tuttle) gerade diese Umlaufzeit besitzt. In einigen tausend Jahren dürfte sich dieses Bild allerdings deutlich gewandelt haben. Übrigens kann man nicht alle Meteorströme einem Kometen zuordnen. Immer wieder wird auch darüber diskutiert, ob nicht ein Teil der Meteoroide aus dem interstellaren Raum stammen könnte. Es ist aber auch denkbar, dass es zufällige Übereinstimmungen zwischen den scheinbaren Herkunftsgebieten am Firmament gibt, sodass man eigentlich gar nicht von einem wirklichen Meteorstrom sprechen kann und dieser nur vorgetäuscht wird.

Dessen ungeachtet bleiben Sternschnuppen für den Freund des Himmels stets ein beliebtes Schauspiel. Der alte Aberglaube, dass ein Wunsch in Erfüllung gehen soll, den man während des Auftauchens einer Sternschnuppe hegt, hat allerdings mit der Wirklichkeit nichts zu tun; es ist aber ein netter Brauch.

Der große Leonidenfall des Jahres 1866. Über den Himmel rasten damals unzählige helle Sternschnuppen.

Meteorite

Seltsame Metall- und Gesteinsbrocken sind seit eh und je bekannt. Da jedoch auch die Erscheinungsformen der irdischen Gesteine äußerst vielfältig sind, wurde der schon früh behauptete kosmische Ursprung solcher Körper lange Zeit für recht abstrus gehalten. Eher glaubte man an Auswürfe irdischer Vulkane. Erstmals untermauerte der Wittenberger Physiker Ernst Chladni 1794 in einer wissenschaftlichen Schrift die These vom kosmischen Ursprung der sogenannten Meteorite. Doch auch Chladni wurde von seinen Fachkollegen nicht ernst genommen. 1803 kam es jedoch in Frankreich zu einem denkwürdigen Steinregen, der zudem mit dem Erscheinen einer hellen Feuerkugel im Zusammenhang stand. Schon aus dem Jahr 1492 war ein Fall bekannt, bei dem sowohl eine helle Leuchterscheinung beobachtet als auch hernach ein Objekt gefunden wurde. Der größte Teil des Brockens befindet sich noch heute in einem Museum in Ensisheim (Elsass).

Allmählich setzte sich die Überzeugung durch, dass es genügend massereichen Kleinkörpern aus dem Planetensystem durchaus gelingen kann, die Erdatmosphäre zu durchfliegen und auf der Erdoberfläche aufzuschlagen. So wird – in der Terminologie der Fachleute – aus einem Meteoroiden ein Meteorit!

Kosmische Boten

Unter einem Meteoriten verstehen wir einen Körper aus dem Weltall, der auf die Erdoberfläche gelangt ist. Wir unterscheiden zwei Grundtypen von Meteoriten, die Stein- und die Eisenmeteorite: Erstere bestehen hauptsächlich aus Silikatkügelchen, letztere im Wesentlichen aus Eisen. Obwohl die Zahl der Eisenmeteorite wesentlich geringer ist (etwa fünf Prozent aller Meteorite), werden sie doch wesentlich häufiger gefunden, weil Gesteinsmeteorite rascher verwittern.

Natürlich handelt es sich bei den Bestandteilen der Meteorite um ganz normale Elemente und Verbindungen, wie wir sie auch auf der Erde kennen. Allerdings haben die Meteorite zum Teil äußerst ungewöhnliche „Erlebnisse“ hinter sich. Dadurch treten bei ihnen Erscheinungen auf, die so bei irdischen Materialien nicht vorkommen. Schleift man beispielsweise einen Eisenmeteoriten an und ätzt die Schliffläche mit einer Säure, beobachtet man Scharen feiner Linien (Widmannstättensche Figuren).

Meteorite stammen aus den Kindertagen unseres Sonnensystems. Ihr Alter liegt bei etwa 4,6 Milliarden Jahren. Das macht sie auch für die Erforschung der Geschichte unserer kosmischen Umgebung ausgesprochen interessant. Der größte je gefundene Steinmeteorit hat eine Masse von über 1000 Kilogramm, der größte in einem Stück gefundene Eisenmeteorit hingegen rund 60 000 Kilogramm. Besonders viele Meteorite sind in den vergangenen Jahrzehnten im Eis der Antarktis gefunden worden. Dort ist die Entdeckungswahrscheinlichkeit viel größer als irgendwo anders auf der Erde, da ein dunkler meteoritischer Körper auf den Eisflächen sofort auffällt. Zu den Exoten unter den antarktischen Meteoriten zählen einige Exemplare von Mond und Mars.

Krater auf der Erde

Meteorite haben der Erde einen deutlichen Stempel in Gestalt von Meteoritenkratern aufgeprägt. Infolge der verhältnismäßig dichten Atmosphäre der Erde und der Wetterphänomene sind jedoch die älteren Krater zum Teil bis zur Unkenntlichkeit verwittert. Erst die Betrachtung der Erde aus großen Höhen durch Flugzeuge und Satelliten hat auch die kaum noch als Meteoritenkrater erkennbaren Gebilde hervortreten lassen.

Einer der eindrucksvollsten Meteoritenkrater (Barringer-Krater) befindet sich in Arizona (USA). Sein Durchmesser beträgt knapp

1300 Meter, seine Tiefe 175 Meter. Auch in Deutschland gibt es zwei große Meteoritenkrater, die aber nur noch in Andeutungen zu erkennen sind: das Nördlinger Ries mit einem Durchmesser von 25 Kilometern und das Steinheimer Becken auf der Schwäbischen Alb (3,5 Kilometer Durchmesser).

Auf anderen Himmelskörpern ohne eine nennenswerte Atmosphäre haben Meteoriteneinschläge zu ausgesprochen pockennarbigen Oberflächenstrukturen geführt. Das bekannteste Beispiel ist der Erdmond mit einem breiten Spektrum von Riesenkratern bis hin zu winzigsten „Schlaglöchern". Auch die Oberflächen von Merkur und Mars, aber auch die Eismonde der Riesenplaneten sowie die Planetoiden sind deutlich durch heftige Meteoritenbombardements gezeichnet

Wie gefährlich sind kosmische Bomben?

Gigantische Meteoritenkrater auf der Erde, dem Mond und vielen anderen Körpern unseres Sonnensystems zeugen davon, dass es in der Vergangenheit häufig zu dramatischen Kollisionen zwischen Planeten bzw. deren Monden und Meteoriten oder Kometen gekommen ist. Wenn ein Riesenmeteorit unsere Erde trifft, kann dies eine Katastrophe größten Ausmaßes zur Folge haben. Von den direkten Zerstörungen durch die Kollision abgesehen, können gewaltige Staubmassen aufgewirbelt werden und einen jahrelangen „globalen Winter" auslösen, der alles Leben vernichten würde. Auf diese Weise sind vor 65 Millionen Jahren vermutlich die Dinosaurier und zahlreiche andere Pflanzen- und Tierarten ausgestorben.

Doch die kosmischen Bomben gehören keineswegs der Vergangenheit an. Unzählige solcher Körper rasen auch heute noch durch das Sonnensystem. Glücklicherweise nimmt jedoch ihre Häufigkeit

Eisenmeteorit aus dem Arizona-Meteoritenkrater in den USA, ausgestellt im Museum der Archenhold-Sternwarte Berlin.

mit der Größe ab, das heißt, kleinere und somit weniger gefährliche Körper kommen weitaus häufiger vor als größere mit Durchmessern über 1000 Metern. Dennoch vermag niemand zu sagen, wann der nächste Brocken auf die Erde zurasen wird. Deshalb wurde das Projekt „Spaceguard" entwickelt, das die Aufgabe verfolgt, alle die Erdbahn kreuzenden Kleinkörper des Sonnensystems durch ein weltweites Beobachtungsprogramm aufzuspüren. In nächster Zukunft will man alle in Frage kommenden Objekte erfasst haben. Auf der anderen Seite arbeitet man an technischen Möglichkeiten, entsprechende Kleinkörper aus ihren Bahnen abzulenken und auf diese Weise die sonst unvermeidliche Kollision zu verhindern. Die Sonde Deep Impact, die dem Kometen Tempel 1 im Jahr 2005 eine riesige „Narbe" zugefügt hat, oder auch die Landung des Rosetta-Moduls Philae auf dem Kometen 67P/Churyumov-Gerasimenko im Jahre 2014 beweisen, dass die technischen Möglichkeiten zur zielgenauen Ansteuerung von Kometen bereits vorhanden sind. Allerdings muss der Erdbahnkreuzer hinreichend lange vorher bekannt sein, um eine entsprechende Raumfahrtmission planen und realisieren zu können.

Planetoiden

Schon Johannes Kepler war es im 17. Jahrhundert merkwürdig vorgekommen, dass zwischen dem Planeten Mars (mittlerer Sonnenabstand 1,5 AE) und dem Planeten Jupiter (mittlerer Abstand 5,2 AE) eine erstaunlich große Lücke klafft. Allmählich kam unter den Astronomen die Vermutung auf, dass es zwischen den beiden Planeten einen weiteren Wandelstern geben könne, der nur noch nicht entdeckt worden sei. Man beschloss eine umfangreiche Suchaktion rund um die Ekliptik, der Hauptebene des Sonnensystems, in der sich auch die anderen, schon damals bekannten Planeten bewegen. In der Neujahrsnacht des Jahres 1801 fand der italienische Astronom Giuseppe Piazzi schließlich zufällig ein lichtschwaches Objekt, das nicht wie ein Fixstern aussah. Zunächst verfolgte er das Sternchen bis in den Monat Februar hinein, wurde dann aber krank. In Nordeuropa herrschte gerade schlechtes Wetter und als sich die Regenwolken wieder verzogen hatten, war der geheimnisvolle Stern verschwunden. Daraufhin machte sich der junge Mathematiker Carl Friedrich Gauß an eine Bahnberechnung, wozu er eine gänzlich neue Methode entwickelte. Der Erfolg war außerordentlich: Gauß sagte die Position des verloren gegangenen Himmelskörpers voraus und der Bremer Arzt und Astronom Heinrich Wilhelm Olbers fand das Objekt daraufhin genau ein Jahr nach seiner Entdeckung wieder!

Nachdem man nun die Bahn des Neulings kannte, war rasch klar, dass es sich um einen recht winzigen Himmelskörper handeln musste. Um an die Tradition der antiken Namen für Planeten anzuknüpfen, wurde der Kleinplanet oder Planetoid nach der römischen Getreidegöttin auf den Namen Ceres getauft. Doch die eigentliche Überraschung folgte erst später. Im Frühjahr des Jahres 1802 fand Olbers nämlich noch einen weiteren Winzling, der auf den Namen der griechischen Göttin der Weisheit, Pallas Athene, getauft wurde und kurz Pallas heißt. Zum größten Erstaunen der Fachleute bewegten sich jedoch beide Objekte fast in derselben Bahn. Olbers spekulierte, dass es sich möglicherweise um zwei Bruchstücke des vermuteten ehemals größeren Planeten handeln könnte. Diese These gewann noch an Wahrscheinlichkeit, als im Jahr 1804 ein drittes Objekt mit ähnlichen Bahndaten und schließlich 1807 – wiederum durch Olbers – noch ein viertes Exemplar der neuen Gattung gefunden wurde.

Nach einer längeren Entdeckungspause begann um die Mitte des 19. Jahrhunderts eine neue Epoche von Funden (vgl. Tabelle, Anhang S. 316). Gegen Ende des Jahrhunderts kannte man bereits 300 solcher Planetoiden. Mit Einführung eines neuen Hilfsmittels in die astronomische Forschung – der Fotografie – schnellte die Zahl der bekannten Planetoiden schließlich sprunghaft nach oben. Vor allem der Heidelberger Astronom Max Wolf leistete auf diesem Gebiet Pionierarbeit. Er allein entdeckte insgesamt 233 Planetoiden, andere folgten und bald kannte man über 1000 Objekte. Durch die Einführung automatischer Suchprogramme ist in jüngster Zeit die Zahl der eingetragenen Beobachtungen ins Unermessliche gestiegen – sie beträgt über 9 Millionen! Wie vielen verschiedenen Objekten diese Einträge zuzuordnen sind, ist allerdings schwer zu sagen. Immerhin sind über 503 850 Planetoiden bereits nummeriert (Stand: Januar 2018), das heißt, man kennt ihre Bahnen. Während man nach der Entdeckung der ersten Vertreter der Gruppe der Planetoiden noch der Tradition folgte, sie mit Namen aus der antiken

Spuren eines Planetoiden vor dem Sternenhintergrund.

Mythologie zu versehen, waren die Vorräte antiker Namen bei neueren Planetoiden bald aufgebraucht.

So einigte man sich darauf, auch weibliche Vornamen, Städtenamen sowie unter anderem die Namen bekannter Persönlichkeiten zu verwenden. Doch getauft wird ein Planetoid erst dann, wenn seine Bahn gesichert ist. Bis dahin muss er mit einer Zahlen-Buchstaben-Kombination vorlieb nehmen.

Der zuerst entdeckte Planetoid Ceres zählt neuerdings nicht mehr zur Gruppe der Planetoiden. Er wurde durch die Neudefinitionen der Internationalen Astronomischen Union 2006 als Zwergplanet eingestuft.

Achtung Erdbahnkreuzer

Planetoiden zählen zu den Körpern des Sonnensystems, deren Massen und Durchmesser weit hinter denen der großen Planeten zu-

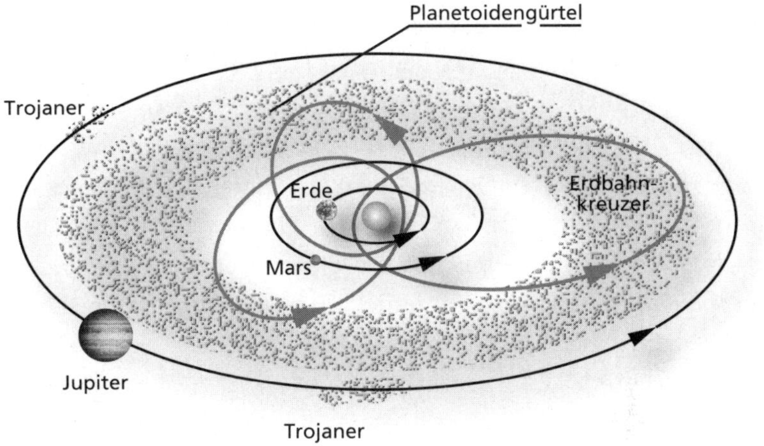

Einige Bahnen von Erdbahnkreuzern sowie der sogenannten Jupiter-Trojaner. Sie kreisen in jeweils 60° Abstand vom Riesenplaneten.

rückbleiben, die aber die Sonne – wie ihre großen „Geschwister" – auf elliptischen Bahnen umlaufen. Die Durchmesser der größten Planetoiden zwischen Mars und Jupiter liegen zwischen rund 300 Kilometern (Juno) und knapp 600 Kilometern (Pallas). Die meisten Planetoiden sind jedoch bedeutend winziger. In Extremfällen betragen die Durchmesser nur wenige Kilometer. Die Gesamtzahl der Planetoiden in unserem Sonnensystem kann nur geschätzt werden. Für Durchmesser über einem Kilometer mögen es 50 000 sein. Kleinere Körper mit eingeschlossen, wächst die Zahl ins Unermessliche. Die meisten der näheren Planetoiden bewegen sich zwischen den Bahnen der großen Planeten Mars und Jupiter um die Sonne. Daher spricht man in diesem Zusammenhang vom Planetoidengürtel. Doch mit der Zunahme der Zahl bekannter Objekte wurden auch immer mehr Planetoiden gefunden, deren Bahnverlauf im Sonnensystem sich von denen im Hauptgürtel unterscheidet. So bewegen sich zum Beispiel die Planetoiden der Amor-Gruppe über die

Marsbahn in das Innere des Sonnensystems hinein und kommen sogar der Erde recht nahe. Der sonnenfernste Punkt ihrer Bahn liegt am inneren Rand des Planetoidengürtels. Ausgesprochene „Erdbahnkreuzer“ sind die Planetoiden der Apollo-Gruppe, benannt nach dem zuerst entdeckten Objekt Apollo (1932), das sich bis in das Innere der Venusbahn hineinbewegt. In jüngster Zeit sind immer mehr solcher teilweise sehr kleinen Planetoiden entdeckt worden, die der Erde möglicherweise einmal gefährlich werden können (vgl. S. 150). Dies trifft auch auf die Planetoiden der Aten-Gruppe zu, die im Bereich der Erdbahn anzutreffen sind und sich höchstens bis in die Gegend des Mars entfernen. Im März 2004 hatte sich zum Beispiel ein Objekt dieser Gruppe der Erde bis auf 6500 Kilometer angenähert. Der Durchmesser dieses Himmelskörpers betrug allerdings nur sechs Meter.

In den äußeren Bereichen des Sonnensystems existiert ein weiteres System von Planetoiden – der schon mehrfach erwähnte Kuiper-Gürtel. Dieser äußere Planetoidengürtel lässt die „Anomalitäten“ des zunächst als Planeten eingestuften Pluto in einem anderen Licht erscheinen: Er ist nur ein besonders großer Vertreter dieser Gruppe von Objekten in den Tiefen des Raumes, inzwischen als Zwergplanet eingestuft und mit seinen Eigenschaften nun ganz „normal“.

Die Natur der Planetoiden

Die Natur der Planetoiden durch irdische Beobachtungen zu entschlüsseln, ist ein schwieriges Unterfangen. Vor allem zwei Beobachtungsdaten konnten jedoch etwas Licht in das Dunkel dieses Problems bringen: ihr Helligkeitswechsel und das Rückstrahlvermögen (Albedo). Viele Planetoiden wechseln ihre Helligkeit oft binnen weniger Stunden. Daraus kann man ersehen, dass sie einerseits rotieren, andererseits aber auch eine unregelmäßige, nicht kugelförmige

Links: Der Kleinplanet Gaspra ist unregelmäßig geformt und nur wenige Kilometer groß. Seine Oberfläche zeigt Einschlagkrater. Rechts: Oberflächendetails des Planetoiden Eros, aufgenommen von der Sonde Near Shoemaker aus einer Entfernung von nur 700 Metern.

Gestalt aufweisen. Fügt es sich, dass ein Planetoid vor einem weit entfernten Stern vorüberläuft, so hat man die Chance, den Durchmesser direkt zu bestimmen. Man muss dann feststellen, wie lange der Stern von dem Planetoiden abgeschirmt wird.

Aus dem Rückstrahlvermögen der Kleinkörper für das Licht der Sonne kann man auf ihre Zusammensetzung schließen. So sind zum Beispiel die Objekte mit besonders geringem Rückstrahlvermögen stark kohlenstoffhaltig. Das mittlere Rückstrahlvermögen einiger Planetoiden lässt sich auf Silikate (Gesteinsmaterial) an der Oberfläche zurückführen. Es gibt jedoch auch Planetoiden, die offenkundig aus Nickel und Eisen bestehen und daher über ein hohes Rückstrahlvermögen verfügen.

Inzwischen sind insgesamt zwölf Planetoiden auch durch Raumsonden aus größter Nähe untersucht worden. So flog zum Beispiel die amerikanische Sonde Galileo Ende Oktober 1991 in nur 1600 Kilometern Abstand am Planetoiden Gaspra (Nr. 951) vorbei. Dabei gelangen ausgezeichnete Fotos, die uns einen unregelmäßig geformten kleinen Körper der Abmessungen 19 × 12 × 11 Kilometer zeigen, auf dessen staubbedeckter Oberfläche sich zahlreiche größere und kleinere Krater erkennen lassen.

Die Sonde Near Shoemaker landete 2001 auf dem Planetoiden Eros und die japanische Sonde Hayabusa entnahm dem Planetoiden Itokawa im Jahr 2005 sogar Materialproben, die 2009 zur Erde zurückgeführt wurden. Damit hat eine neue Ära der Erforschung der Planetoiden begonnen, in der diese kleinen Körper von „Schauobjekten“ zu Gegenständen experimenteller Untersuchung werden. Die daraus gewonnenen Erkenntnisse leisten schon jetzt einen wesentlichen Beitrag zum Verständnis der Entstehung unseres Sonnensystems. Die Zahl der bekannten Planetoiden wird in absehbarer Zeit nochmals sprunghaft ansteigen. Allein die 2013 gestartete astrometrische GAIA-Sonde der ESA hat sich u. a. die Entdeckung von etwa einer Million Asteroiden zum Ziel gesetzt.

Ein komplexes Weltsystem

» Die einfache Ordnung des Sonnensystems, wie sie in den meisten Büchern bis vor kurzem beschrieben wurde, gibt die inzwischen entdeckten Tatsachen über unsere kosmische Umgebung nur in grober Näherung wieder. Dies ist auch der Grund für die Neudefinition des Planetenbegriffs, den die Internationale Astronomische Union 2006 vorgenommen hat. Viele Unterscheidungen zwischen den verschiedenen Objekten erweisen sich nunmehr als lediglich historisch bedingt.

Die genauere Untersuchung der Planetoiden hat bald Zweifel daran aufkommen lassen, ob sie sich grundlegend von Kometen unterscheiden. Einige Planetoiden enthalten nämlich durchaus auch Eis oder Mineralien, in denen Wasser gebunden ist. Dies trifft zum Beispiel auf die zuerst entdeckte Ceres zu, wie sich aus spektroskopischen Untersuchungen ergab. Andererseits scheint es auch Kometenkerne aus rein silikatischem Material zu geben. Durch solche Feststellungen werden die einst für unverrückbar gehaltenen Unterschiede zwischen den beiden Klassen von Objekten verwischt. Auch die Kennzeichnung von Kometen und Planetoiden aufgrund ihrer Bahnen ist nicht streng durchzuhalten. So wurde zum Beispiel im Jahr 1977 im äußeren Sonnensystem ein Objekt gefunden, das den Namen Chiron erhielt und das sich zwischen den Bahnen von Saturn und Uranus bewegt, wo es einen typischen „Kometenweg" durchläuft. Die Dimension des Objektes von über 100 Kilometern Durchmesser fällt aber deutlich aus dem Rahmen für Kometen heraus und die Farbe ähnelt ebenfalls der dunkler Planetoiden.

Doch damit nimmt die Verwirrung bei der systematischen Einteilung der Körper des Sonnensystems, wie wir sie in allen klassischen Darstellungen der Astronomie finden, erst ihren Anfang. Was ist mit den Monden der Planeten? Die zuerst entdeckten sind kugelförmig und haben zum Teil Durchmesser, die denen des kleinsten Planeten gleichkommen oder diese sogar übertreffen. Unter den Monden der Riesenplaneten wurden sogar einige Objekte entdeckt, die nicht nur größer, sondern auch geologisch sehr viel aktiver sind als mancher der sogenannten Planeten. Doch dann wurden immer mehr wesentlich kleinere Satelliten gefunden, die zudem keineswegs kugelförmig sind. Sie bewegen sich außerdem nicht ausnahmslos rechtläufig (prograd) – das heißt, wenn man das Sonnensystem von oben betrachtet, entgegen dem Uhrzeigersinn –, sondern zum Teil auch rückläufig (retrograd). Das trifft aber wiederum nicht etwa nur auf die „Winzlinge" unter den Satelliten zu, sondern zum Beispiel auch auf Triton, den größten Mond des Neptun. Die anfänglich so einfache Systematik des Sonnensystems war also offenbar nicht mehr zu halten: große Monde, kleine Monde, retrograd und prograd umlaufende Satelliten, Planetoiden zwischen Mars und Jupiter, aber auch im äußeren Sonnensystem sowie keine stichhaltige Unterscheidung mehr zwischen Kometen und Planetoiden – das alles erschütterte die gedachte einfache Ordnung.

Planetesimale als Bausubstanz

Die verwirrende Vielfalt von Erscheinungsformen in unserem Sonnensystem führt erst dann wieder zu einem einigermaßen klaren Bild, wenn wir die Geschichte des Systems betrachten. Heute wissen wir, dass unser Planetensystem in einer sehr fernen Vergangenheit, als es die großen Planeten noch gar nicht gab, aus einer Unzahl kleiner Objekte bestand, die wir Planetesimale nennen. Sie hatten Durchmesser von einigen hundert bis herab zu einigen wenigen Kilometern oder noch kleiner und waren aus dem Urnebel entstanden, der Muttersubstanz der Sonne und ihrer ganzen Familie von verschiedenen Objekten. Doch die Bedingungen waren je nach Abstand vom Zentrum des Nebels sehr verschiedenartig. Nahe der Sonne wurde der Urnebel stets auf hoher Temperatur gehalten. Die dort entstandenen Planetesimale mussten demnach aus solchen Mineralien bestehen, die bereits bei hohen Temperaturen in den festen Aggregatzustand übergehen, das heißt aus Nickel, Eisen und Silikaten. Weiter draußen im Sonnensystem kondensierten bei viel niedrigeren Temperaturen auch kohlenstoff- und wasserstoffhaltige Verbindungen aus, in die flüssiges Wasser eingeschlossen wurde. Je weiter wir nach außen kommen – in die Region von Jupiter und der anderen Riesenplaneten –, desto mehr Wasser finden wir vor, das sich aus den reichhaltigen Sauerstoff- und Wasserstoffvorkommen bildete. Noch niedrigere Temperaturen führten schließlich dazu, dass auch Methan „vereisen" konnte, wie wir es im Bereich von Uranus und Neptun finden. Die somit von Anbeginn unterschiedlich zusammengesetzten Planetesimale waren der Rohstoff für die großen Planeten, die dementsprechend ebenfalls ganz unterschiedlich aufgebaut sind. So erklären sich die hohen Dichten der erdähnlichen Planeten und die geringen der Riesenplaneten.

Aber auch andere Tatsachen werden verständlich: Warum der äußere Planetoidengürtel zum Beispiel im Wesentlichen aus kohlenstoffreichen Materialien besteht oder die Monde des Jupiter und Saturn zu großen Teilen aus Wassereis. Die Planetoiden zwischen Mars und Jupiter hingegen sind steinige Planetesimale, die sich wegen der großen Masse des Jupiter nicht zu einem Planeten formieren konnten. Hätten sie es getan, würde auch dieser Planet eine vergleichsweise hohe mittlere Dichte aufweisen. Die Planetesimale des äußeren Sonnensystems haben durch ihre gelegentlichen Vorbeiflüge an den Riesenplaneten dramatische Bahnveränderungen erfahren. Sie wurden in lange elliptische Bahnen befördert und tauchen gelegentlich als Kometen in unserer kosmischen Umgebung auf. Sicher gab es aber auch viele steinige Planetesimale aus dem inneren Sonnensystem, die durch die Masse des Jupiter nach außen geschleudert wurden. Ihre Bahnen waren natürlich angesichts ihrer geringen Massen wenig stabil und wurden beim Vorbeiflug an verschiedenen Planeten weiter verändert. Im Lichte eines solchen Szenarios verwundert es kaum noch, dass wir unter den Jupitermonden steinige Objekte finden, die sich nicht von entsprechenden Planetoiden unterscheiden und wahrscheinlich tatsächlich durch die gewaltige Masse des Jupiter eingefangene Planetoiden sind. Auch der äußere Saturnmond Phoebe könnte „einverleibt" worden sein, denn er ist dunkel und steinig, während die inneren Saturnmonde Eiskörper darstellen. Die kartoffelförmigen Monde des Mars zählen ebenfalls zu dieser Gattung von Planetenmonden und der nach Bahnform und Größe sowie nach seiner mittleren Dichte schon immer etwas obskure Pluto ist dann in der Tat kein echter Vertreter der „großen Planeten", sondern nur einer der größten der Planetoiden in den Außenbezirken des Sonnensystems.

Neue Definitionen sind notwendig

In der ursprünglichen „klassischen" Einteilung unseres Sonnensystems wurden die Objekte aufgrund ihres Erscheinungsbilds klassifiziert. Um den neuen Tatsachen Rechnung zu tragen, hat die Internationale Astronomische Union nach langer Diskussion auf ihrer Generalversammlung in Prag im August 2006 mehrere Resolutionen verabschiedet, die unter anderem auch eine neue Definition des

Planetenbegriffs und die Einführung einer neuen Klasse, nämlich die der sogenannten Zwergplaneten betreffen: Ein Planet ist demnach ein Himmelskörper, der sich in einer annähernden Kreisbahn um die Sonne bewegt, dessen Masse ausreichend groß ist, um ihm selber eine annähernde Kugelform zu verleihen und der infolge seiner Masse seine kosmische Umgebung von kleineren Körpern weitgehend „leer gefegt" hat. Hingegen sind Zwergplaneten Objekte, die sich ebenfalls um die Sonne bewegen, deren Masse ausreicht, um ihnen annähernde Kugelform zu verleihen, die jedoch ihre Umgebung nicht von weiteren Kleinkörpern frei fegen konnten. Alle anderen Mitglieder des Sonnensystems mit Ausnahme der Monde der Planeten fallen in die Klasse der Kleinkörper. Somit besteht unser Sonnensystem aus acht Planeten, (gegenwärtig) drei Zwergplaneten (Ceres, Pluto und Eris) sowie den Kleinkörpern (Kometen, Meteoroide, Planetoiden) und den Planetenmonden.

Neuere Erkenntnisse zeigen aber auch, dass die heutige Anordnung der Körper des Sonnensystems, die uns so folgerichtig erscheint, nicht von Anbeginn vorhanden war. Besonders die Entdeckungen in Planetensystemen bei fernen Sonnen, die Exoplanetensysteme, halfen den Astronomen auf die Sprünge. So fanden sich dort zahlreiche riesige Gasplaneten sehr nahe an ihrem Zentralstern, obwohl sie dort nicht entstanden sein konnten. Daher wird heute davon ausgegangen, dass Planeten im Laufe der Entwicklung eines Systems Migrationsbewegungen ausführen und dadurch letztlich in Regionen gelangen, wo sie nicht entstanden sind. Für unser Sonnensystem bedeutet dies, dass beispielsweise Jupiter heute viel näher an der Sonne steht als zur Zeit seiner Herausbildung, während andererseits der Kuiper-Gürtel viel weiter innen im Sonnensystem entstand und in die äußeren Bezirke migriert ist. Welche Kräfte infolge von Wechselwirkungen in der präplanetaren Scheibe diese Wanderungsbewegungen bewirken, ist noch nicht endgültig geklärt.

KAPITEL 3

Die Milchstraße und ihre Bestandteile

Sterne und Sternbilder

» Jeder kennt wohl das eine oder andere Sternbild. Diese Himmelsfiguren entstammen der Anfangszeit der Astronomie und basieren auf der Vorstellung, die Sterne seien an der Innenseite einer großen Hohlkugel befestigt, in deren Mitte sich die Erde befindet. Sternbilder sind aber nur eine Orientierungshilfe und haben mit der Anordnung der Sterne in der Tiefe des Raums wenig zu tun. Das hat jedoch erst die Forschung der jüngeren Vergangenheit deutlich gemacht.

Von den Planeten und anderen Körpern des Sonnensystems haben wir erfahren, dass es sich um erkaltete Objekte handelt, die wir am Himmel nur leuchten sehen, weil sie das Licht der Sonne reflektieren. Schon bei etwas sorgfältigerer Beobachtung entdecken wir, dass sie ihre Stellung vor dem Hintergrund des Himmels verändern. Dagegen ist das sternübersäte Firmament eines dunklen Nachthimmels überwiegend mit leuchtenden Objekten angefüllt, die ihre Positionen zueinander immer beibehalten – den Fixsternen. Sterne strahlen mit unterschiedlichen Helligkeiten. Während wir gleißend helle Exemplare erkennen, die unruhig zu flackern scheinen, sind andererseits manche Objekte so lichtschwach, dass wir sie nur mit extremer Anstrengung noch auszumachen vermögen. Doch nicht nur ihre Helligkeiten sind es, die die Himmelslichter unterscheiden, sondern auch ihre Farben. Besonders bei den hellen Sternen fallen deutlich weiß-bläuliche, gelbliche und rötliche Sterne auf.

Dem Anschein nach befinden sich alle Sterne an der Innenseite einer Kugel enormer Größe, in deren Mitte wir selbst stehen. Des-

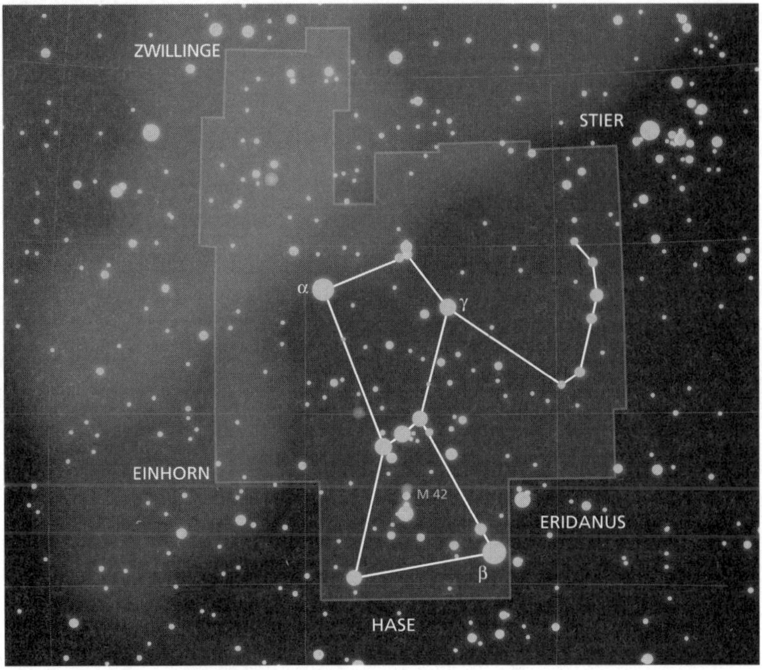

Karte des Sternbildes Orion mit der international festgelegten Grenze. Die Sterne unterscheiden sich in Helligkeiten und Farben.

halb glaubten unsere Vorfahren früher auch, dass die Schale der Fixsterne den kugelförmigen Kosmos nach außen abgrenzt, während sich Erde, Mond sowie die damals bekannten Planeten innerhalb dieser Kugel bewegen. Objekte am Himmel kann man nur untersuchen, wenn man sie identifizieren kann und von Nacht zu Nacht, von Jahr zu Jahr, ja von Generation zu Generation immer wiederfindet. Da die Sterne scheinbar völlig wahllos verteilt sind, gelingt die Orientierung am besten, wenn man ihnen ein Ordnungsprinzip verleiht. Das sind bis heute die Sternbilder (vgl. Tabelle, Anhang S. 314/315). Für uns sind die in Babylonien, dem Zweistromland an Euphrat und Tigris, entstandenen Bilder von besonderem Interesse, denn sie wurden von den Griechen übernommen. Diese wurden von den Arabern bewahrt und sind durch die europäische Renaissance in die abendländische westeuropäische Wissenschaft gelangt. So erklärt sich, dass die meisten alten Sternbilder, die wir heute noch benutzen, aus dem griechischen Kulturkreis stammen. Die Bilder anderer Völker hingegen sind für uns nur noch von kulturhistorischem Interesse.

Bildgeschichten am Himmel

Sternbilder erzählen sowohl Geschichten als auch Geschichte. Warum thronen Perseus und Andromeda unweit von Kassiopeia und Kepheus? Weil hier die Geschichte von der Königstochter Andromeda erzählt wird, deren Mutter Kassiopeia sich den Nereïden, den Nymphen des Mittelmeers, an Schönheit gleich dünkte und dafür vom Meeresgott Poseidon bestraft wurde. Er schickte das Meeresungeheuer in Gestalt des unweit am Himmel platzierten Walfischs, das die an einen Felsen gekettete Andromeda vernichten sollte. Doch aus der Luft naht Perseus, befreit Andromeda und heiratet sie. Wahrlich ein antikes Drama mit Happy End, das bis heute in klaren Herbstnächten am Himmel erstrahlt. Eine aufschlussreiche Tatsache ist die häufig vorkommende enge räumliche Nachbarschaft zwischen Mensch und Tier am klassisch-griechischen Sternbilderhimmel. Menschen können freilich auch Helden oder gar Götter sein, Tiere auch Fabelwesen. So folgt zum Beispiel der Drache auf die Heldengestalt des Herkules, der giftige Skorpion auf den Schlangenträger, der wiederum eine Schlange auf dem Arm hält. Der Stier folgt dem Fuhrmann, der Steinbock dem Wassermann und an den Zentaur, jenes Mischwesen aus Pferdeleib und Menschenkopf, reiht sich der Wolf. Dieses „Motiv der Tierbeherrschung“ lässt erkennen,

Die Figuren der Andromeda-Sage sind in engster Nachbarschaft angesiedelt und am herbstlichen Abendhimmel zu sehen.

dass es den Schöpfern der alten Sternbilder offensichtlich darauf ankam, ein bedeutsames Ereignis der Menschheitsgeschichte am Himmel zu verewigen: Die Auseinandersetzung des Menschen mit dem Tier – sowohl in der Jagd als auch in der späteren Domestikation. Die Geschichten, die sich um Mensch und Tier, um Helden und Fabelwesen ranken, sind oft von ähnlichem Inhalt. Entweder wurden diese alten Erzählungen selbst an den Himmel versetzt, oder es wurden Gebilde, die der Fantasie durch Zusammenfassung heller Sterne entsprangen, in Geschichten eingebaut, das heißt, die Erzählungen entstanden durch Ablesen aus den Sternkonstellatio-

Der bekannte Sternhaufen der Plejaden im Sternbild Stier, auf den sich der Dichter Hesiod in seinem Lehrgedicht bezieht. Der Haufen heißt im Volksmund auch Siebengestirn. In der Umgebung der Sterne sind reflektierende, blaue Staubnebel zu erkennen.

nen. Insofern ist der himmlische Bilderbogen eine Art „Trümmerfeld verschollener Geschichten und Vorstellungen“, wie es der Historiker Bernhard Sticker einmal formulierte.

Bedeutung für den Alltag

Die Sternbilder hatten in alter Zeit auch eine praktische Bedeutung für die Landwirtschaft und für die Schifffahrt. Dies hängt mit der Tatsache zusammen, dass wir es nicht zu allen Jahreszeiten und Nachtstunden mit demselben Himmelsanblick zu tun haben. Da sich unsere Sonne scheinbar (bedingt durch die jährliche Wanderung der

Erde) entgegen der täglichen Himmelsdrehung von Tag zu Tag um rund ein Grad ostwärts bewegt, geht ein bestimmter Stern von einem Tag zum anderen etwa vier Minuten früher auf; der Himmelsanblick ändert sich also mit der Zeit. Deshalb unterscheiden wir die Wintersternbilder von denen des Sommers, Frühlings oder Herbstes.

Schon die Ägypter wussten vor mehr als 4000 Jahren, dass der Sternhimmel zugleich eine natürliche Uhr darstellt, an deren Zifferblatt man Datum und Uhrzeit der Nachtstunden ablesen kann. In den Grabkammern ihrer Könige und sogar auf den Sargdeckeln haben sie solche Sternuhren dargestellt. Auch Anweisungen für Ackerbauern beziehen sich unmittelbar auf die Sternbilder und untermauern insofern ihren praktischen Sinn. So ruft zum Beispiel der berühmte griechische Dichter Hesiod in seinem Lehrgedicht *Werke und Tage* die Bauern zu Aussaat und Ernte mit Blick auf den Himmelskalender auf:

Werke und Tage

Wenn das Gestirn der Plejaden, der Atlastöchter,
emporsteigt, dann beginne die Ernte,
doch pflüge, wenn sie hinabgehen.
Sie sind vierzig Tage und vierzig Nächte beisammen eingehüllt,
doch wenn sie wieder im kreisenden Jahre leuchtend erscheinen,
erst dann beginne die Sichel zu wetzen:
Also ist es Brauch bei Feldbau,
ob man im Meere nahe behaust ist
oder in waldumgebenen Tälern,
fern der wogenden See, auf einem fetten Gefilde wohnt.

Insgesamt kennen wir heute 88 Sternbilder. Davon entstammen 44 der griechischen Antike. Die anderen Bilder wurden später erfunden. Ein großer Teil dieser Nachzügler bezieht sich auf den südlichen Sternhimmel, der erst durch die großen geografischen Erkundungsfahrten bekannt geworden ist. Selbstverständlich zeugen auch diese teilweise exotischen oder auf die Schifffahrt bezogenen Namen der Bilder von den Umständen ihrer Entstehung: Tukan, Paradiesvogel, Fliegender Fisch oder Segel und Kompass belegen dies anschaulich.

Den Sternbildern sind heute präzise definierte Grenzen zugeordnet, die längs eines himmlischen Koordinatennetzes verlaufen, gleichsam parallel zu den Breiten- und Längenkreisen des Firmaments. Diese wiederum sind aus den irdischen Koordinaten hergeleitet, den Längen- und Breitenkreisen, mit deren Hilfe wir Positionen auf unserem Heimatplaneten beschreiben. Für die Forschung genügt es, bei der Beschreibung von Positionen der Himmelskörper diese Koordinaten zu verwenden. Die Sternbilder haben dennoch ihre Bedeutung keineswegs verloren. Einerseits wohl wegen ihrer poetischen Kraft und historischen Bedeutung. Andererseits aber auch zur besseren Übersichtlichkeit. Wenn wir nämlich hören, ein bestimmtes Objekt stünde im Sternbild Orion, so wissen wir sofort, dass es somit bei uns in den Abendstunden am Winterhimmel zu sehen ist. Das setzt allerdings eine bestimmte Vertrautheit mit der Topografie des Himmels voraus und auch mit den jahreszeitlich wechselnden Sichtbarkeitsbedingungen der verschiedenen Sternbilder. Ratgeber-Literatur zum Kennenlernen des Sternhimmels oder drehbare Sternkarten bieten hier jedoch unkomplizierte Hilfestellung.

Andere Kulturen – andere Himmel

Astronomische Erkenntnisse sind allgemeingültig. Es gibt keine chinesische, amerikanische oder deutsche Astronomie. Doch in den frühesten Anfängen der Himmelskunde waren die Deutungen und Vorstellungen über den Himmel stark von dem jeweiligen kulturellen und religiösen Hintergrund der verschiedenen Völker geprägt. Dieser Umstand tritt uns besonders einprägsam in den Versuchen entgegen, die Sterne am Firmament durch die Schaffung von Bildern zu ordnen und diese Bilder mit bestimmten Geschichten zu verbinden. Überall auf der Welt, wo Menschen lebten, haben sie den Sternen Namen und Bedeutungen gegeben und auf diese Weise den Himmel mit Gestalten ihrer Fantasie belebt.

Der Himmel der alten chinesischen Kaiserreiche mit seiner verwirrenden Vielzahl von 283 kleinen Sternbildern ähnelt dem Anblick chinesischer Schriftzeichen. Viele Bilder sind dem landwirtschaftlichen Leben entnommen, wie zum Beispiel Kürbis, Heu, Vieh, Peitsche und Mühle, andere stellen Ämter des kaiserlichen Hofes dar. Mythologische Geschichten wie bei den Griechen sind jedoch mit ihnen nicht verbunden. Auch die Ägypter haben eine Reihe von eigenen Sternbildern entwickelt, wie das Nilpferd, das Kalb, den Schakal und die Barke sowie verschiedene Götter. Die Tierkreissternbilder sind hingegen größtenteils aus dem babylonisch-griechischen Kulturkreis übernommen.

Ganz anders die Ureinwohner Australiens, die Aboriginals, die rund 40 000 Jahre in nahezu völliger Isolation auf ihrem Kontinent lebten. Sie formten ihren Himmel nicht aus durch Sterne gebildeten Umrissen (Konturen), sondern identifizierten einzelne Sterne mit Gestalten und Gegenständen. So stellen die vier Hauptsterne unseres „Kreuz des Südens" bei ihnen zwei Fischer und zwei Feuerstellen dar. Den Fisch, der dort zubereitet werden soll, erkennen sie in der Dunkelwolke, einer scheinbaren Sternleere unweit des „Kreuzes". Zwei von der Jagd kommende Freunde gehören unserem Sternbild Zentaur an. Die Jagd wird durch vier Boomerangs symbolisiert, die jedoch keinen bestimmten Sternen entsprechen. Die südafrikanischen Khoikhoi sehen in den Sternen des südlichen Kreuzes hingegen vier Giraffen.

Die vier Hauptsterne des bei uns nicht sichtbaren Sternbildes „Kreuz des Südens“ vor dem Sterngewimmel der südlichen Milchstraße.

Allen Sternbildern alter Kulturen ist gemeinsam, dass sie eng mit dem Leben der Völker verbunden sind, die sie hervorbrachten: So sehen die Phönizier in den Hauptsternen unseres Sternbilds Zwillinge zwei Helfer in der Seenot, weil sie ein Volk von Seefahrern waren. Dieselben Sterne stellen für die Perser zwei Schafe dar, Materiallieferanten für die Teppichherstellung.

Spekulationen über die Natur der Sterne

Was die Sterne ihrem Wesen nach sind, war den Menschen der Antike natürlich völlig unbekannt, als sie sie durch fantasievolle Gestaltung zu ordnen begannen. Dass die Götter zur Freude der Menschen silberne Nägel an der himmlischen Kuppel befestigt hätten, wurde sicherlich lange geglaubt. Doch mit dem Zeitalter der Renaissance in Europa kamen ganz neue, provokative Ideen auf. Zu den kühnsten Denkern dieser Epoche zählte der Benediktinermönch Giordano Bruno im 16. Jahrhundert. Seine Gedanken im Anschluss an die Lehre des Kopernikus reichten weit in die Zukunft hinein. Bruno bezeichnete das Weltall als unendlich und ohne ein Zentrum wie auch ohne einen begrenzenden Rand. Die Sterne des Himmels hielt er für fern stehende Sonnen, von denen er annahm, dass auch sie Planeten aufweisen, die wir nur nicht nachweisen können. In seinem Dialog *Vom unendlichen All und den Welten* (1584) kommt Bruno zu dem Schluss: „Also gibt es nicht eine einzige Welt, eine einzige Erde, eine einzige Sonne, sondern so viele Welten als wir leuchtende Lampen über uns sehen, die alle nicht mehr und nicht weniger in dem einen Himmel, dem einen Raum […] sind, als diese Welt, die wir bewohnen."

Damit war aber noch keineswegs auch nur hypothetisch bestimmt, worum es sich bei den Sternen eigentlich handelt. Vielmehr führt der Vergleich der Sterne mit unserer Sonne zu einem anderen Problem: Worin besteht eigentlich die Natur der Sonne? Diese Frage konnte erst um die Mitte des 19. Jahrhunderts mit dem Aufkommen der Astrophysik wissenschaftlich in Angriff genommen werden. Noch kurz vor der Entdeckung, dass man unter bestimmten Umständen aus dem prismatisch zerlegten Licht einer Lichtquelle auf deren chemische Zusammensetzung schließen kann, waren viele namhafte Gelehrte extrem pessimistisch. So erklärte zum Beispiel der Berliner Physiker Heinrich Dove 1859: „Was die Sterne sind, wissen wir nicht und werden wir nie wissen". Auch der Berliner Astronom Johann Heinrich Mädler bezweifelte noch 1870, dass man die „eigentliche innere Natur der einzelnen Fixsterne" jemals in Erfahrung bringen könne.

Ein Steckbrief der Sterne

» Mit der Einführung der Spektralanalyse zur Untersuchung des Sternlichts entstand die Möglichkeit, über riesige kosmische Distanzen hinweg chemische Analysen vorzunehmen. Ohne auch nur die geringste Menge von Sternmaterie in irgendeinem irdischen Labor zur Verfügung zu haben, konnte man nun zuverlässige Aussagen über die Beschaffenheit der Sterne treffen.

Jetzt zeigte sich in aller Deutlichkeit, dass die Sterne von ganz ähnlicher Beschaffenheit sind wie unsere Sonne. Diese ließ nämlich im Band ihres zerlegten Lichts zahlreiche dunkle Linien erkennen, die nach ihrem Entdecker Joseph Fraunhofer benannt sind. Die Linien befinden sich präzise an denselben Stellen, bei denen in Spektren von leuchtenden Gasen im irdischen Labor farbige Linien auftreten. Gustav Robert Kirchhoff hatte gemeinsam mit Robert Wilhelm Bunsen herausgefunden, dass man aus den dunklen Linien auf das Vorkommen derselben Elemente in der Hülle der Sonne schließen konnte, wie sie den hellen Laborlinien entsprachen. Der Grund dafür, dass die Linien im Spektrum der Sonne und der Sterne dunkel sind, liegt darin, dass Sonne und Sterne von einer gasförmigen Hülle umgeben sind, die eine geringere Temperatur aufweist als das Innere. Daher wird das Licht der entsprechenden Wellenlänge (Farbe) durch das Gas verschluckt (absorbiert) und erscheint im Sonnenspektrum als schwarze Linie. Da wir von der Sonne so viel Strahlung empfangen, dass die Wärmeeinwirkung direkt gemessen werden kann, wusste man bereits über die Temperatur der Sonne gut Bescheid. Später kamen Temperaturbestimmungen direkt aus den

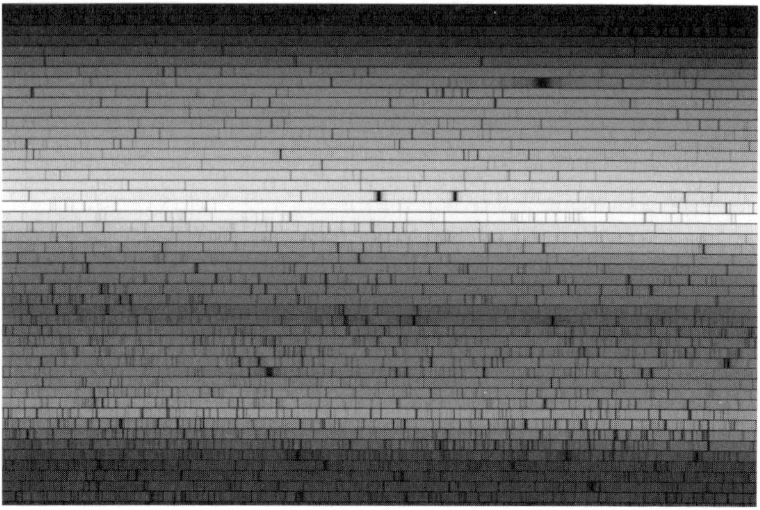

Ausschnitt aus dem Spektrum der Sonne. Deutlich erkennt man die typischen dunklen Fraunhofer-Linien.

Spektren bei Sonne und Sternen hinzu. Dadurch wurde schon bald klar, dass es sich bei Sonne und Sternen gleichermaßen um Gaskugeln handeln musste. Die Temperaturen lagen bereits an den Oberflächen weit oberhalb des Verdampfungspunktes aller bekannten Elemente. Die Sterne waren offensichtlich tatsächlich Sonnen, wie schon Giordano Bruno einst vermutet hatte, und vor der Astrophysik stand die Aufgabe, diese Gaskugeln des uns umgebenden Universums so genau wie möglich zu beschreiben und zu erklären.

Die Massen und Größen der Sterne

Sterne sind selbstleuchtende Gaskugeln. Der Prototyp eines Fixsterns ist unsere Sonne. Das heißt aber nicht, dass die sonstigen Sterne des Himmels unserer Sonne gleichen. Sterne sind vielmehr

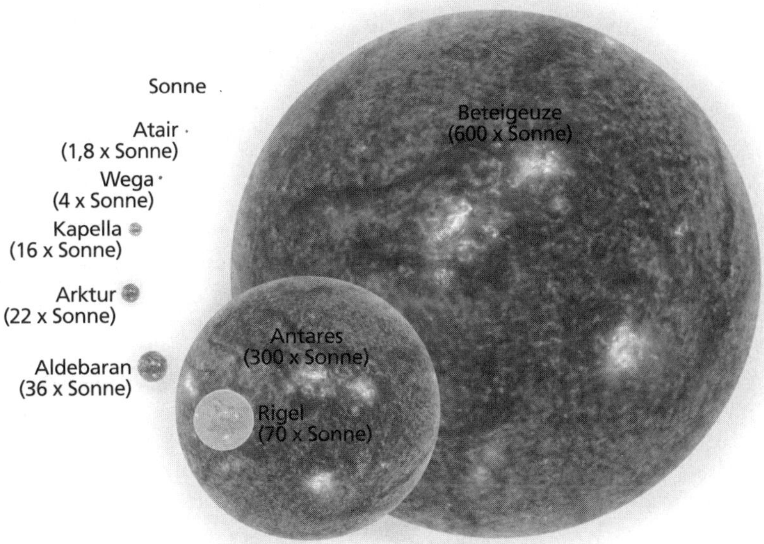

Die Größen der Sterne weisen eine große Bandbreite auf. Riesensterne wie Beteigeuze in Orion sind erheblich größer als die Sonne.

ausgesprochene Individuen und kein Stern ist mit einem anderen in all seinen Eigenschaften identisch. Dennoch haben Sterne als Gaskugeln viele gleichartige Merkmale, die es gestatten, die verschiedenen Individuen zu klassifizieren, wie man auch Menschen bei aller Unterschiedlichkeit in Gruppen, etwa nach Größe, Gewicht, Hautfarbe, Temperament usw. einteilen kann. Sterne werden hauptsächlich durch ihre physikalischen Zustandsgrößen gekennzeichnet, wie zum Beispiel ihre Massen, Radien, Oberflächentemperaturen, mittleren Dichten, Leuchtkräften sowie ihre sogenannte Spektralklasse.

Dass die Bestimmung solcher Größen überhaupt möglich ist, mag manchen erstaunen, präsentieren sich doch sämtliche Sterne des Himmels – auch die uns am nächsten stehenden – punktförmig. Selbst mit Hilfe der größten Teleskope können wir – von wenigen Ausnahmen mittels Spezialtechniken abgesehen – keine flächenhaften Gebilde wahrnehmen. Lediglich bei der Sonne verhält es sich anders, da wir uns relativ nah bei ihr befinden.

Die Massen der Sterne können nur bestimmt werden, wenn die Möglichkeit besteht, zwei oder mehr Sterne unter dem gegenseitigen Einfluss ihrer Anziehungskraft zu studieren. Dann beobachten wir nämlich die Auswirkungen ihrer Masse auf andere Himmelskörper und haben somit Informationen in der Hand, die Rückschlüsse auf die Masse gestatten. Dies ist glücklicherweise sehr häufig der Fall, denn ein erheblicher Teil – mindestens die Hälfte aller sonnenähnlichen Sterne – kommt in Form von Doppel- oder Mehrfachsternen vor, bei denen sich zwei oder mehr heiße Gaskugeln um einen gemeinsamen Schwerpunkt bewegen. Die Beobachtung ihrer Bewegung führt dann zur Ableitung der Sternmassen. Diese können allerdings sehr unterschiedlich ausfallen: Die massereichsten Sterne, die wir kennen, bringen das über Hundertfache der Masse unserer Sonne auf die Waage. Hingegen weisen die masseärmsten Sterne nur etwa 1/50 der Sonnenmasse auf.

Allerdings sind die Massen der Sterne alles andere als gleichmäßig verteilt. So kommen zum Beispiel Sterne mit der Masse unserer Sonne fünfmal so häufig vor wie Sterne der doppelten Masse. Die besonders schwergewichtigen Sterne mit etwa der 100-fachen Sonnenmasse sind bereits extrem selten: Nur ein Exemplar dieser Sorte entfällt auf etwa 50 000 Sterne mit der Masse unserer Sonne.

Die Radien der Sterne unterliegen ebenfalls erheblichen Schwankungen. Wir kennen Sterne, die nur den 100 000sten Teil des Durchmessers unserer Sonne aufweisen und damit noch weitaus kleiner sind als die kleinsten Planeten des Sonnensystems. Dabei handelt es sich aber um Sterne in einem besonderen Abschnitt ihres Lebens (S. 193). Auf der anderen Seite begegnen uns im Weltall auch Sterne mit dem mehr als 100-fachen Durchmesser unserer Sonne. Der

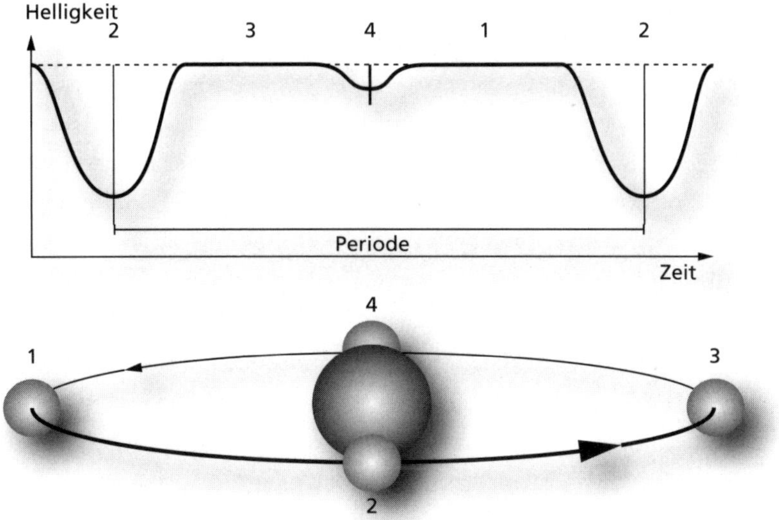

Bei bedeckungsveränderlichen Sternen beobachten wir „Sternfinsternisse", die sich in regelmäßigen Helligkeitsschwankungen äußern.

Stern Beteigeuze zum Beispiel, der rötliche Schulterstern des Sternbilds Orion, hat etwa den 1000-fachen Durchmesser unserer Sonne und er würde mit seiner Größe – auf unser Planetensystem übertragen – noch die Bahn des Planeten Mars einschließen.

Die Radien der Sterne können nur auf indirektem Wege bestimmt werden. Wie schon bei den Massen, sind auch diesmal wieder die Doppelsterne sehr hilfreich. Da nämlich die Ebenen, in denen sich die zusammengehörigen Komponenten um den gemeinsamen Schwerpunkt bewegen, ganz zufällig verteilt sind, kann es auch geschehen, dass wir genau auf die Kante der Bahnebene blicken. Dann erleben wir „Sternfinsternisse": Bei ihrem Umlauf bedecken sich die Sterne abwechselnd gegenseitig. Wir bemerken dies an der in immer gleichem Zeitabstand wiederkehrenden Veränderung ihrer Helligkeit. Mitunter können wir nicht einmal erkennen, dass es sich überhaupt um zwei Sterne handelt. Nur ihr regelmäßiger Hell-Dunkel-Wechsel verrät sie als ein Doppelsternsystem. Wenn es nun gelingt, aus dem Spektrum des kleineren Sterns dessen Bahngeschwindigkeit zu ermitteln, dann lassen sich die Durchmesser der Sterne aus dem Verlauf ihres Lichtwechsels ableiten. Außerdem haben die Astronomen auch noch andere Verfahren zur Verfügung, die es ihnen gestatten, die Dimensionen der Sterne in Erfahrung zu bringen.

Kennen wir den Durchmesser eines Sterns und seine Masse, so lässt sich die mittlere Dichte mühelos feststellen; aus dem Durchmesser ergibt sich nämlich sein Volumen und somit können Masse und Rauminhalt ins Verhältnis gesetzt werden. Die mittlere Dichte von Sternen weist die größte Schwankungsbreite von allen Zustandsgrößen auf. Wir kennen Sterne, deren Materie so dünn ist, dass sie nur etwa ein Millionstel der Dichte der Sonne aufweist. Am anderen Ende der Skala begegnen uns im Weltall jedoch extrem exotische Objekte mit einer unvorstellbaren mittleren Dichte. Von der Materie dieser Sterne wiegt ein Stecknadelkopf etwa so viel wie eines unserer größten Passagierschiffe.

Sternspektren und Helligkeiten

Besonders viele Aussagen über das Wesen eines Sterns können aus seinem Spektrum abgelesen werden. Das Spektrum wird durch die sogenannte Spektralklasse beschrieben. Schon sehr früh nach der Einführung der Spektralanalyse wurde entdeckt, dass sich die äußeren Erscheinungsbilder der Spektren von Sternen erheblich voneinander unterscheiden. Daher werden die Spektren je nach ihrem Linienreichtum und anderen Kennzeichen in sieben Hauptklassen eingeteilt. Aus historischen Gründen wurden diese Klassen mit

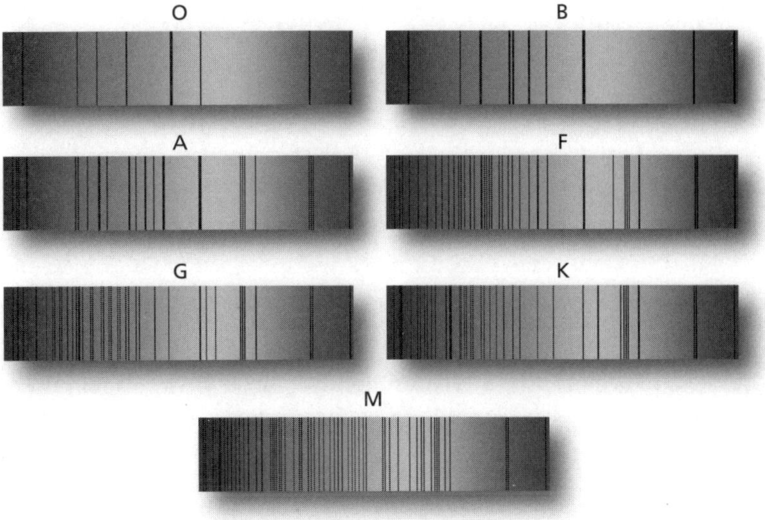

Die Sternspektren zeigen je nach Spektralklasse typische Merkmale, die heute auch theoretisch begründet werden können.

großen lateinischen Buchstaben bezeichnet, die anfangs alphabetisch geordnet waren, später jedoch wegen neuer Erkenntnisse umsortiert werden mussten. In der Folge der Farben der Sterne von Blau über Gelb zu Orange und Rot verwendet man jetzt die Buchstaben O, B, A, F, G, K und M. Wer Schwierigkeiten hat, sich diese Reihenfolge zu merken, denkt an die Aufforderung „Oh, Be A Fine Girl/Guy, Kiss Me!". Zur genaueren Charakterisierung der Sternspektren sind später noch weitere Klassen und Unterklassen eingeführt und genau definiert worden, sodass möglichst jedes Sternspektrum mit seinen Besonderheiten durch diese Zustandsgröße beschrieben werden kann. Der wichtigste Zusammenhang zwischen Spektralklasse und einer anderen Zustandsgröße besteht in der Zuordnung zu den Sterntemperaturen. So weisen zum Beispiel die O-, B- und A-Sterne die höchsten, die F-, G- und K-Sterne mittlere und die M-Sterne die niedrigsten Temperaturen auf. Die Zusammenhänge zwischen Sternfarbe, Spektralklasse und Temperatur sind in der Tabelle im Anhang, S. 317 zusammengefasst. Aus dem Sternspektrum lassen sich noch viele andere Größen entnehmen, unter anderem die chemische Zusammensetzung der Sternatmosphären, das Vorkommen von Magnetfeldern usw. Wir werden deshalb noch oft Hinweisen auf die Sternspektren begegnen.

Für die Charakterisierung eines Sterns ist auch seine Leuchtkraft entscheidend. Eine entsprechende Größe ist die sogenannte absolute Helligkeit. Der Blick zum Himmel lässt uns nämlich nur die scheinbaren Helligkeiten der Sterne wahrnehmen. Dabei unterliegen wir den fatalsten Täuschungen: Ein besonders hell erscheinender Stern muss keineswegs wirklich besonders hell sein; er steht uns vielleicht nur besonders nahe. Umgekehrt könnte ein besonders lichtschwacher Stern unter seinen „Sterngeschwistern" durchaus der hellste sein – wegen seiner großen Entfernung von uns erspähen wir aber nur noch einen blassen Schimmer seines Lichts. Hier schafft der Begriff der Leuchtkraft (oder absoluten Helligkeit) Klarheit. Die absolute Helligkeit eines Sterns ist nämlich seine wirkliche Helligkeit. Man denkt sich alle Sterne des Himmels in eine Einheitsentfernung versetzt und nennt die Helligkeit, mit der sie uns dann erscheinen, ihre absolute Helligkeit. Die Einheitsentfernung, auf die sich Astronomen dabei beziehen, beträgt aus hier nicht näher erläuterten Gründen 32,6 Lichtjahre. Um den Vergleich durchführen zu können, muss man allerdings die Entfernungen der Sterne kennen. Betrachten wir unsere Sonne aus diesem Einheitsabstand, so stellen wir fest, dass sie keineswegs der hellste Stern am Himmel ist, sondern ein recht unscheinbares Lichtpünktchen, das gerade noch mit dem bloßen Auge zu erkennen wäre. Andere Sterne strahlen mit fast der 100 000-fachen Leuchtkraft der Sonne. Allerdings gibt es auch Objekte, die im Vergleich zur Sonne nur etwa 1/10 000 an Energie ins Weltall schicken.

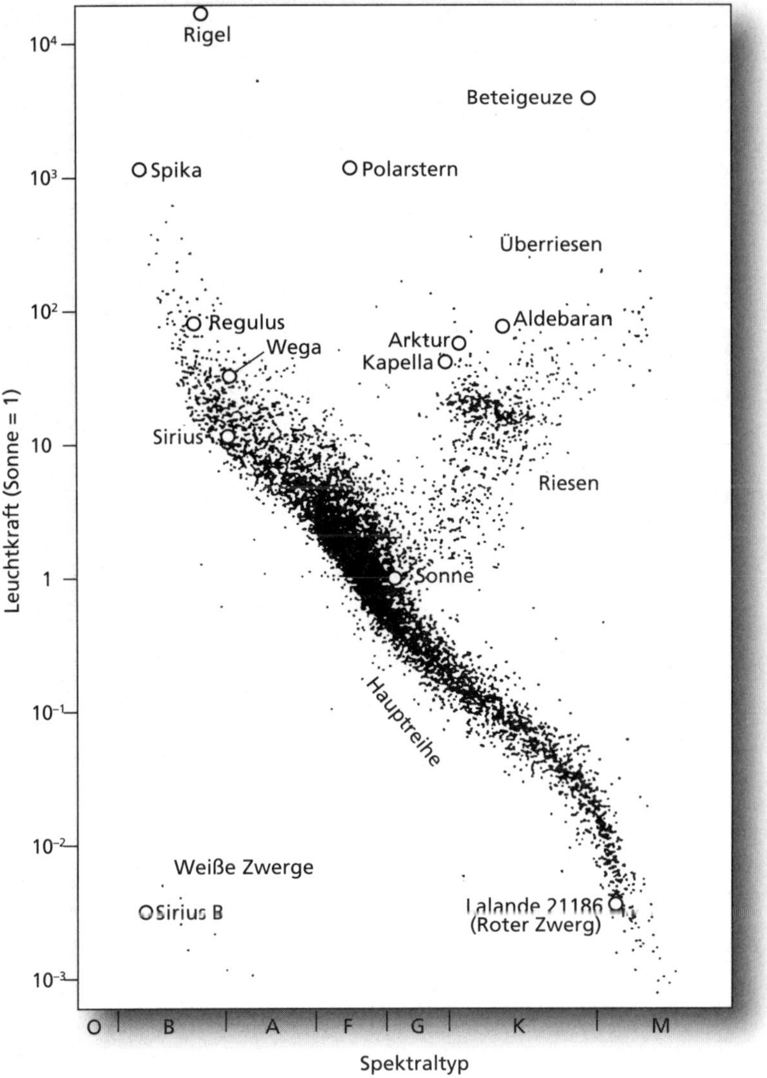

Im Hertzsprung-Russell-Diagramm (HRD) werden Leuchtkraft (absolute Helligkeit) und Spektraltyp (Temperatur) kombiniert. Die meisten Sterne befinden sich auf der „Hauptreihe", dem längsten Stadium eines Sternlebens, einige auch auf dem Riesen- oder Überriesenast oder bei den Weißen Zwergen.

Wichtig ist: Leuchtkraft und absolute Helligkeit sind nicht dasselbe. Unter Leuchtkraft verstehen wir die je Sekunde von einem Stern abgestrahlte Energie. Die absolute Helligkeit ergibt sich jedoch erst daraus. Leicht kann man sich nun überlegen, dass Temperatur, Leuchtkraft und Durchmesser eines Sterns eng miteinander zusammenhängen. In den Spektren der Sterne gibt es Besonderheiten, die mit dem Druck in den Sternatmosphären zu tun haben. Aus diesen Kriterien kann die Leuchtkraft abgeleitet werden, sodass uns die Spektren auf diese Weise sogar Zugang zu den Dimensionen der Sterne verschaffen.

Ein Diagramm, in dem die Leuchtkräfte und Spektraltypen der Sterne zusammengefasst sind, wurde von dem dänischen Astronomen Ejnar Hertzsprung und dem Amerikaner Henry Norris Russell entwickelt. Es ist für das Verständnis der Sterne von grundlegender Bedeutung und trägt heute den Namen der beiden Forscher.

Lebensgeschichten

» Nichts besteht ewig. Auch die Sterne des Universums unterliegen dem Gesetz von Werden und Vergehen. Jedoch dauert ein „Sternleben" im Verhältnis zu dem eines Menschen so lange, dass wir beim Betrachten des Himmels kaum hoffen dürfen, Veränderungen, geschweige denn Geburt und Tod der Sterne unmittelbar wahrnehmen zu können. Dennoch ist es uns gelungen, aus dem räumlichen Nebeneinander der verschiedenen Sterntypen ein zeitliches Nacheinander abzuleiten.

Versuchen wir einmal, den Lebensweg eines Sterns mit einfachen Worten zu beschreiben: Sterne entstehen in ausgedehnten Gas- und Staubwolken sehr geringer Dichte. Die erste jemals entstandene Generation von Sternen hatte nur zwei chemische Elemente zur Verfügung: Wasserstoff und Helium. Schwerere Elemente gab es damals noch nicht (vgl. Kapitel 5 *Die Biografie des Universums*, S. 253).

In einer riesigen Gaswolke herrschen stets zufällig bedingte Dichteschwankungen. An Orten größerer Dichte sorgt eine geringfügig erhöhte Anziehungskraft dafür, dass sich immer mehr Gas ansammelt. Bei der Bewegung der Gasmassen auf das Zentrum wird Wärme frei, die aber zunächst ungehindert in den Weltraum entweichen kann, denn die Gaswolke ist so dünn, dass sie keinerlei ernsthaftes Hindernis für die Strahlung darstellt. Damit findet anfangs auch keine Aufheizung der Wolke statt. Hingegen kommt es zu einem Auseinanderbrechen der recht massereichen Wolke in mehrere kleinere, die sich ihrerseits wieder zusammenziehen, indem sie das Gas ihrer Umgebung auf sich vereinen. Erreichen nun

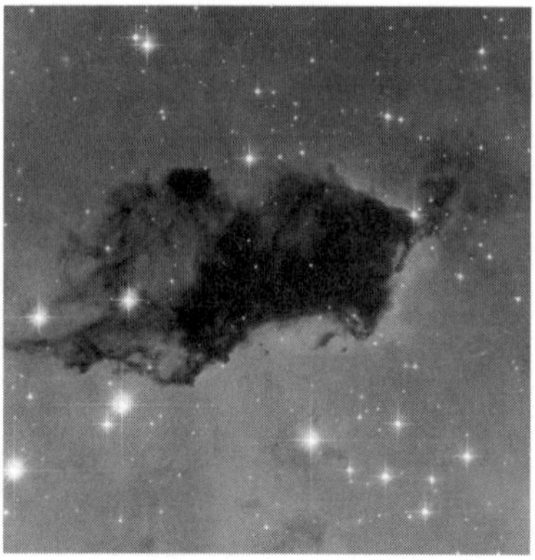

Links: In dunklen Verdichtungen aus Gas und Staub entstehen auch gegenwärtig noch neue Sterne in unserer Milchstraße. Rechts: Eines der bekanntesten Sternentstehungsgebiete unserer Galaxis ist der Orion-Nebel der bereits mit dem bloßen Auge unterhalb der drei Gürtelsterne des Orion zu erkennen ist. In seinem Inneren befinden sich junge, leuchtkräftige Sterne, die den Nebel zum Leuchten anregen.

die Gasklumpen eine solche Dichte, dass die frei werdende Wärme sie nicht mehr unmittelbar verlassen kann, werden sie immer heißer. Damit kommt eine neue Kraft ins Spiel: der von innen nach außen wirkende Gasdruck. Er bewirkt außerdem einen Ausgleich der unregelmäßigen Dichte des Gases, das heißt, aus den anfänglichen Gasklumpen entwickeln sich kugelförmige Gebilde, die späteren Sterne. Das Zerbrechen der Gasmasse führt dazu, dass schließlich statt eines einzelnen Sterns gleich ein ganzer Sternhaufen entsteht – Rudel von Sternen in einem Nest!

Beobachtungen mit großen Teleskopen zeigen uns, dass diese theoretischen Vorstellungen weitgehend der Wirklichkeit entsprechen. Von einem Stern können wir dann sprechen, wenn die durch die innere Temperatur des Gasballs bewirkten Druckkräfte der Schwerkraft die Waage halten, wenn sich das Objekt also im Gleichgewicht befindet.

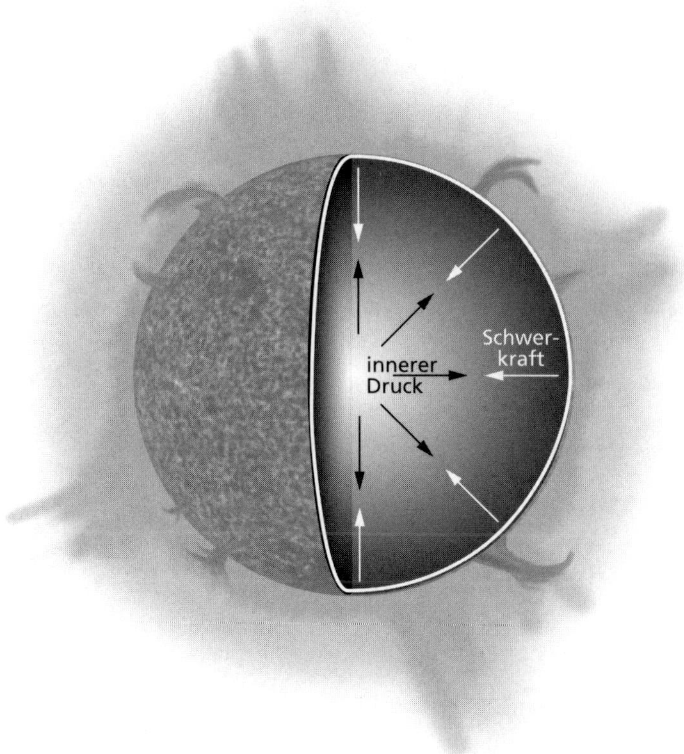

Bei einem Stern halten sich der Gas- und Strahlungsdruck (innerer Druck) mit dem Schweredruck die Waage.

Stabile Fusionsofen

Der Vorgang des Zusammenziehens der Gasmasse läuft so lange ab, bis in ihrem Innern eine Temperatur von etwa zehn Millionen Grad Celsius erreicht ist. Dann beginnt nämlich tief im Kerngebiet des Gasballs eine Reaktion, die für das weitere Leben des Objekts von entscheidender Bedeutung ist: die Kernfusion. Die Kerne der Wasserstoffatome, die Protonen, begegnen sich infolge der hohen Temperatur mit einer solchen Wucht, dass sie ihre gegenseitigen

Abstoßungskräfte überwinden und sich zu den Kernen schwererer Elemente zusammenfügen. So entsteht aus dem ursprünglich hauptsächlich vorhandenen Element Wasserstoff das schwerere Element Helium. Dieser Vorgang ist mit einer außerordentlich starken Energiefreisetzung verbunden. Die aus der Fusion von Wasserstoff entstehende Masse an Helium ist nämlich um einen geringfügigen Betrag kleiner als die Masse des Ausgangsmaterials. Bei der Fusion geht also Masse „verloren". In Wirklichkeit wird sie in Energie umgewandelt, die in Form von Strahlung in Erscheinung tritt. Der Masseverlust ist derartig gering, dass wir trotz der teilweise enormen Energieabstrahlung eines Sterns von einer praktisch konstanten Masse und über lange Zeit auch von einer praktisch unveränderten Struktur des gesamten Gebildes Stern sprechen können. Der Stern zieht sich weder zusammen, noch dehnt er sich aus – er befindet sich jetzt im mechanischen Gleichgewicht. Außerdem besteht auch noch ein thermisches Gleichgewicht, das heißt, der Stern erzeugt tief in seinem Innern durch Kernfusion eben so viel Energie wie er nach außen abstrahlt.

Solange dieser Vorgang des sogenannten Wasserstoffbrennens im Inneren des Sterns abläuft, bleibt die zentrale Temperatur ebenso konstant wie der Durchmesser des Sterns. Er befindet sich in seiner stabilen Lebensphase und würde im Hertzsprung-Russell-Diagramm auf der Hauptreihe stehen. Die in zentrumsnahen Gebieten entstehende Energie wird durch verschiedene Vorgänge nach außen transportiert und meist in Form von Licht abgestrahlt. Dabei ist der Weg eines einzelnen Lichtteilchens (Photon) durchaus abenteuerlich. Da die Dichte im Sterninnern sehr hohe Werte annehmen kann und der Stern somit für Lichtteilchen weitgehend undurchlässig ist, gibt es keinen direkten Weg nach außen. Immer wieder werden die Photonen abgelenkt und treffen mit anderen Teilchen zusammen, die sie auf ihrem Weg behindern. Wenn die Teilchen mit der ihnen eigenen Lichtgeschwindigkeit ungehindert nach außen fliegen könnten, würden sie dafür nur zwei Sekunden benötigen. So aber dauert es mehr als 100 000 Jahre, ehe ein Lichtteilchen in modifizierter Form aus dem Sterninnern in den freien Weltraum gelangt!

Der Transport der Strahlung allein kann das Gleichgewicht nicht gewährleisten. Deshalb findet außerdem noch ein Energieaustausch von innen nach außen durch direkt strömende heiße Gase statt, die sogenannte Konvektion (vgl. Abbildung S. 56).

Der Anfang vom Ende

Natürlich kann der Stern trotz der ungeheuren Energiemengen, die er aus winzigsten Massen freisetzt, nicht ewig existieren. In jedem Moment seines Lebens verändert er sich. Die wesentlichste Veränderung besteht darin, dass im Zentrum des Sterns immer mehr Helium entsteht und immer weniger „Rohstoff" für die Fusion, nämlich Wasserstoff, vorhanden ist. Man könnte meinen, die Lebensdauer eines Sterns berechnet sich aus seinem Vorrat und seinem Verlust an Wasserstoff durch die Fusion. Doch der stabile Zustand im Leben eines Sterns endet schon lange, bevor er all seine Wasserstoffvorräte aufgebraucht hat.

Zunächst kommt es im Zentrum des Sterns, in dem sich praktisch nur noch Helium befindet, zu einer erneuten Zusammenziehung und somit zu einer Erhöhung der Temperatur. Dadurch wird es auch oberhalb des Heliumkerns so heiß, dass in einer kugelschalenförmigen Region die Fusion von Wasserstoff zu Helium fortschreiten kann. Da der Heliumkern immer weiter kontrahiert und die Zentraltemperatur folglich immer weiter steigt, entsteht weit mehr Energie, als von der Oberfläche abgestrahlt werden kann.

Wie ein selbst regulierendes System reagiert der Stern darauf jetzt mit der Ausdehnung seines Volumens. Diese Expansion verbraucht zum einen die freigesetzte Energie und sorgt zum anderen dafür, dass die enorm gestiegenen Energiemengen dank der jetzt viel größeren Oberfläche leichter abgestrahlt werden können. Die Oberflächentemperatur des Sterns geht gleichzeitig zurück und aus dem ehemals stabilen Stern wird jetzt ein sogenannter Roter Riese.

Dies alles wüssten wir nicht, wenn es nicht schnelle leistungsstarke Computer gäbe. Mit ihrer Hilfe sind Astronomen in der Lage, den Zustand eines Sterns gleichsam von einem Moment zum anderen theoretisch zu verfolgen und damit auch die eintretenden Veränderungen zu erfassen. Die Resultate werden dann mit den Beobachtungsdaten der Sterne im Universum verglichen. So muss es zum Beispiel einen Zusammenhang zwischen der Zahl von Sternen verschiedener Zustandsgrößen und der Dauer der verschiedenen Phasen im Leben eines Sterns geben (vgl. Abbildung S. 185). Entsprechen die Beobachtungen den Ergebnissen der theoretischen Berechnungen, dürfen wir davon ausgehen, dass wir die Prozesse in bestimmtem Umfang richtig verstanden haben.

Unterschiedliche Lebenserwartungen

Der Verlauf eines Sternlebens hängt entscheidend von der Masse des jeweiligen Objekts ab. Schon die Dauer der stabilen Phase im Sternleben und damit die Lebenserwartung eines Sterns wird durch seine Masse bestimmt. Dabei gilt allgemein: Je massereicher ein Stern ist, desto kürzer dauert sein Leben. Ein Stern von der Masse unserer Sonne gewinnt seine Energie aus der Fusion von Wasserstoff zu Helium für die Dauer von etwa zehn Milliarden Jahren. Die massereichen Sterne hingegen erschöpfen ihre Vorräte schon nach einigen Millionen Jahren. Wir haben der Einfachheit halber bisher nur von der Fusion des leichtesten Elementes Wasserstoff zum schwereren Helium gesprochen. Bei der Energiefreisetzung in den Sternen spielen jedoch auch noch ganz andere Vorgänge eine Rolle. Insbesondere kommt es nach dem Aufbau von Helium zusätzlich zu Brennprozessen – also zu Fusionsvorgängen –, bei denen Elemente höherer Ordnungszahlen aufgebaut werden. Das schwerste auf diese Weise entstehende Element ist Eisen. Dann endet das Sternleben. Aus den einst stabilen, strahlenden Gaskugeln werden Weiße Zwerge, Neutronensterne oder Schwarze Löcher.

Die drei Tode der Sterne

Die Masse eines Sterns prägt nicht nur wesentlich seine Lebensgeschichte, sondern auch sein Ende. Mit dem Verlöschen der Energiefreisetzung im Sterninneren gewinnt nämlich die Schwerkraft der Masse die Oberhand und presst die Materie auf unvorstellbare Dichten zusammen. Doch bis zu welcher Dichte das Objekt schließlich entartet, wird von der Masse bestimmt, die der Stern unmittelbar nach Versiegen seines Kernbrennstoffs hat.

Sterne mit bis zum etwa 1,4-Fachen der Sonnenmasse enden als „Weiße Zwerge". Sie entwickeln sich aus Roten Riesen, die ihre äußeren Hüllen in farbenfrohen sogenannten Planetarischen Nebeln abgestoßen haben. Übrig bleiben ausgebrannte Gaskugeln, deren Dichte eine Tonne pro Kubikzentimeter beträgt. Ihr Durchmesser entspricht mit einigen -zigtausend Kilometern etwa dem eines Planeten.

Sterne mit Massen oberhalb von 1,4 bis zu etwa drei Sonnenmassen enden als sogenannte Neutronensterne. Die Dichten dieser Objekte liegen bei bis zu einer Milliarde Tonnen pro Kubikzentime-

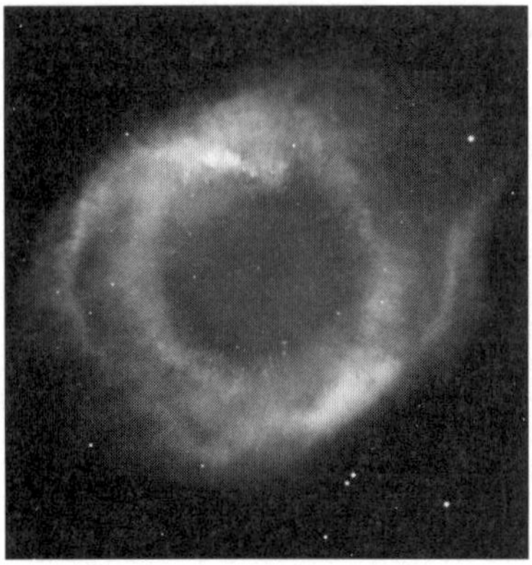
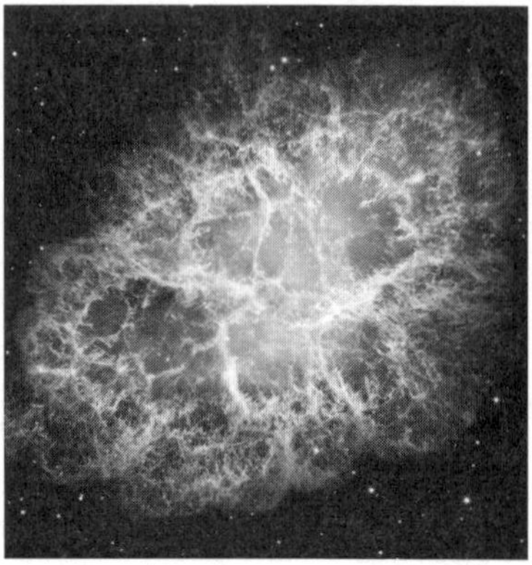

Der Helixnebel (links) ist ein Planetarischer Nebel, der Krabbennebel (rechts) der Überrest einer Supernova-Explosion.

ter. Das entspricht etwa der Dichte, die in den Kernen von Atomen herrscht. Die Durchmesser von Neutronensternen betragen rund zehn Kilometer. Sie bestehen fast nur noch aus Neutronen, den elektrisch neutralen Bausteinen der Atomkerne.

Der Übergang eines Sterns zum Neutronenstern vollzieht sich in einem spektakulären Ereignis, einem Supernova-Ausbruch. Der Stern explodiert mit einer Gewalt, die sonst im ganzen Sternleben keinen Vergleich kennt. Seine Helligkeit steigt binnen kürzester Zeit auf das bis zu Milliardenfache des Ausgangswertes an und große Materiemengen werden mit enormer Wucht in den Raum hinausgeschleudert. Dabei entstehen noch schwerere Elemente als die im Innern eines Sterns aufgebauten und gelangen so in den interstellaren Raum.

Der Sternkern kollabiert und verringert seinen Durchmesser auf einen Bruchteil des ursprünglichen Werts und durch den damit verbundenen „Pirouetten-Effekt“ rotiert er in der Regel sehr schnell. Der winzige Neutronenstern macht sich nun als Pulsar bemerkbar: Entsprechend seiner Rotationsfrequenz sendet er in extrem genau definierten Zeitabständen Signale aus, gleichsam wie ein kosmischer Leuchtturm.

Noch massereichere Sterne enden als Schwarze Löcher. Dann gibt es keinerlei uns bekannte Kräfte mehr, die den vollständigen Zusammenbruch der Masse aufhalten könnten.

Schwarze Löcher – ominöse Objekte im All

Was würde geschehen, wenn unsere Sonne von knapp 1,5 Millionen Kilometern Durchmesser auf rund drei Kilometer zusammenschrumpft? Sie hätte dann ein derartig starkes Gravitationsfeld, dass weder Teilchen noch Strahlung ihre Schwerkraft überwinden könnten: Aus unserer Sonne wäre ein Schwarzes Loch geworden. Keinerlei Informationen könnten sie verlassen und wir müssten uns dem „kosmischen Zensor" beugen, das heißt, wir würden durch keinerlei Beobachtungen erfahren, was in diesem Schwarzen Loch geschieht. Solche Schwarzen Löcher gibt es tatsächlich im Universum. Sie können aber nicht direkt nachgewiesen werden, sondern verraten sich nur durch die Massenanziehung, die sie auf andere Körper ausüben. So finden wir Doppelsternsysteme, deren eine Komponente ein Schwarzes Loch sein muss. Von dem sichtbaren Stern fließt Materie in Richtung des Schwarzen Lochs und bildet dort eine heiße Scheibe, die Röntgen- oder Gammastrahlung aussendet. Auch im Zentrum von Galaxien befinden sich Schwarze Löcher, die extrem massereich sind. Die Forschung ist heute sogar der Ansicht, dass sich bereits im frühen Universum sogenannte primordiale Schwarze Löcher gebildet haben, die jedoch inzwischen wahrscheinlich weitgehend „verdampft" sind.

Die Weiten des Fixsternhimmels

» Der Blick zum Himmel verrät uns nichts über die gewaltigen Räume, die zwischen uns und den Sternen liegen. Der Himmel erscheint für das bloße Auge als eine gewaltige Kugel, die wir von innen betrachten. Die Wirklichkeit sieht jedoch ganz anders aus: Das Firmament ist ein Trugbild – in Wahrheit schweifen unsere Blicke beim Betrachten des Sternhimmels in die unvorstellbaren Weiten kosmischer Landschaften.

Schon lange bevor die physikalische Natur der Fixsterne bekannt war, verfolgte die Forschung die Frage nach der großräumigen Verteilung der Sterne im Raum. Eine der berühmtesten historischen Arbeiten, die diesem Problem gewidmet war, die *Allgemeine Naturgeschichte und Theorie des Himmels* (1755), stammt von Immanuel Kant. In dieser naturphilosophisch orientierten Schrift entwickelte der junge Kant ein Bild von der Anordnung der Sterne im Raum, das er besonders mit der Existenz des Milchstraßenbandes am Himmel begründete. Seit Galileis Tagen wusste man durch Fernrohrbeobachtungen, dass die Milchstraße aus Sternen besteht. Offensichtlich handelte es sich um sehr viele, aber recht weit entfernte Sterne, sodass ihr Erscheinungsbild zu einer milchigen Wolke zusammenfließt, die den ganzen Himmel umspannt. Kant zog daraus den Schluss, dass die Gestalt des Fixsternhimmels keine andere Ursache habe, „als eben eine dergleichen systematische Verfassung im Großen, als der planetische Weltbau im Kleinen […], in dem alle Sonnen ein System ausmachen, dessen allgemeine Beziehungsfläche die Milchstraße ist“.

Herschel entdeckt die Doppelsterne

Wie viele Astronomen nach Nikolaus Kopernikus, versuchte auch Friedrich Wilhelm Herschel um 1800 Sternentfernungen zu bestimmen. Deshalb suchte er nach hellen Sternen, in deren unmittelbarer Nachbarschaft ein sehr lichtschwacher Stern steht. Dieser, so Herschel, ist wahrscheinlich viel weiter entfernt als der hellere und kann so als „Ortsmarke" dienen, um Positionsveränderungen des helleren Sterns aufgrund des Umlaufs der Erde um die Sonne zu messen und damit seine Entfernung abzuleiten. Nach wenigen Jahren hatte Herschel fast 1000 solcher Doppelobjekte gefunden. Sollten alle diese hellen Sterne mit ihren lichtschwächeren Nachbarn wirklich nur zufällig so nahe beieinander stehen? Herschel beobachtete hartnäckig weiter und stellte bald fest, dass sich die Stellung dieser Sterne zueinander veränderte. So konnte er nur den Schluss ziehen, dass sie physisch zusammengehören und sich umeinander bewegten. Auf diese Weise wurde die neue Klasse der Doppelsterne entdeckt.

Doch diese Ansicht gründete sich nicht auf Messungen über die Entfernungen der Sterne, sondern auf recht allgemeine Überlegungen. Dieses Manko erkannte der Astronom Friedrich Wilhelm Herschel gegen Ende des 18. Jahrhunderts und versuchte deshalb, auf der Grundlage von gezielten Beobachtungen ein Bild vom „Bau des Himmels" zu zeichnen. Der naheliegendste Weg, dieses Ziel zu erreichen, hätte zweifellos darin bestanden, die Entfernung jedes einzelnen Sterns zu bestimmen und somit die Sternverteilung im Raum zu ermitteln.

Wie man Sternentfernungen bestimmt

Die Grundidee zur Bestimmung von Sterndistanzen geht von der Erkenntnis des Nikolaus Kopernikus aus, dass sich die Erde um die

Sonne bewegt und dass sich diese Bewegung in einer scheinbaren Verschiebung der Sternpositionen gegen den Himmelshintergrund widerspiegeln muss. Der größte Unterschied des Blickwinkels auf einen Stern von der Erde aus muss auftreten, wenn man ihn im zeitlichen Abstand von sechs Monaten beobachtet. In diesem Fall ist der ganze Erdbahndurchmesser nämlich die Basis der Messung. Man bezeichnet den halben Betrag dieses Winkels als die jährliche Parallaxe eines Sterns. Aus einfachen Winkelrechnungen lässt sich dann die Entfernung des Sterns bestimmen. Doch so einfach diese Methode anmutet, so schwierig ist sie in der Praxis. Schon Kopernikus selbst wusste, dass Parallaxen bei den Fixsternen auftreten müssen, wenn sich die Erde tatsächlich um die Sonne bewegt. Doch niemand konnte etwas von solchen Positionsverschiebungen der Sterne bemerken. Häufig wurde dieser Umstand von Anhängern des alten Weltsystems als Argument gegen die Bewegung der Erde angeführt. Doch schon Kopernikus erwiderte, dass die Sterne so weit entfernt seien, dass ihre Parallaxen unmessbar klein blieben. Damit sollte er recht behalten – bis auf eine Einschränkung: Es bedurfte ausgeklügelter Technik, wie sie im 16. Jahrhundert nicht zur Verfügung stand, um die extrem winzigen Beträge nicht nur zu messen, sondern sie auch noch von anderen überlagernden Faktoren zu befreien.

Erst gegen Ende der 40er-Jahre des 19. Jahrhunderts gelang es drei Astronomen fast gleichzeitig, zum ersten Mal Fixsternentfernungen durch Messungen zu bestimmen. Der deutsche Astronom Friedrich Wilhelm Bessel fand für einen lichtschwachen Stern im Sternbild Schwan eine Entfernung von 10,3 Lichtjahren – für damalige Vorstellungen eine geradezu schwindelerregende Distanz! Friedrich Georg Wilhelm Struve in Tartu (heute Dorpat in Estland) gab die Entfernung des hellen Sterns Wega im Sternbild Leier mit rund 13 Lichtjahren an, während Thomas Henderson in Südafri-

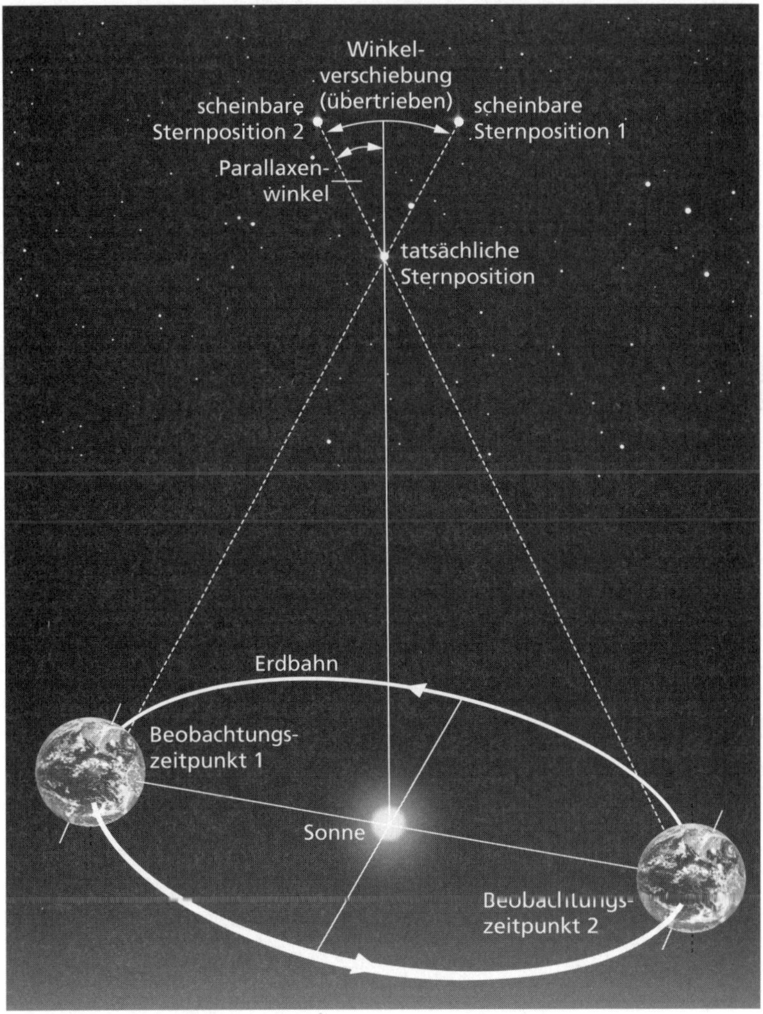

So entsteht eine Fixsternparallaxe:
Je nach der Stellung der Erde auf ihrer Bahn beobachten wir einen Stern unter verschiedenen Blickwinkeln (scheinbare Sternpositionen 1 und 2). Je weiter der Stern entfernt ist, umso geringer fällt die parallaktische Verschiebung aus.

GAIA bricht alle Rekorde

Alle früher bestimmten Sternentfernungen sind in unseren Tagen nur noch bedingt zu verwenden, seit der Astrometriesatellit HIPPARCOS (= **Hig**h **P**recision **Par**allax **Co**llecting **S**atellite) nach einem vierjährigen Messprogramm eine wahre Revolution in der Kenntnis von Sternpositionen und Parallaxen aus Winkelmessungen herbeigeführt hat. Der Name, ein sogenanntes Akronym, erinnert zugleich an den griechischen Astronomen Hipparch (Hipparchos), der im zweiten Jahrhundert v. Chr. den ersten bedeutenden Sternkatalog zusammengestellt hat. Der Katalog des von der europäischen Raumfahrtagentur ESA betriebenen Satelliten umfasst 118 000 Parallaxen – 15-mal so viele, wie bis dahin bekannt gewesen waren. Entscheidender als diese Zahl ist jedoch, dass die neuen Parallaxen viel genauer sind als die bisherigen erdgebundenen: Allein die Entfernungsangaben mit einer Unsicherheit unter 20 Prozent haben sich durch HIPPARCOS verzwanzigfacht! Die Zahl von Parallaxen mit einer größeren Genauigkeit als fünf Prozent beträgt jetzt 4000. Doch seit 2013 ist die Nachfolge-Raumsonde GAIA aktiv. Ihr Name steht für "**G**lobales **A**strometrisches **I**nterferometer für die **A**strophysik". Inzwischen sind bereits die Positionen und Parallaxen von mehr als einer Milliarden Sterne veröffentlicht worden, von denen einige hundert Millionen zuvor völlig unbekannt gewesen sind. Die Genauigkeit der Messresultate wurde gegenüber HIPPARCOS nochmals um den Faktor 20–50 gesteigert. Wenn die Sonde ihre Messungen etwa 2020 einstellt, werden wir aus ihren Ergebnissen ein völlig neues und unübertroffen detailreiches Bild der Galaxis ableiten können.

ka einen der allernächsten Sterne überhaupt ins Visier bekam: den Hauptstern des Zentaur, Toliman. Die Entfernung ergab sich zu etwa vier Lichtjahren. Alle drei Messwerte waren annähernd richtig und wurden durch spätere Messungen nur noch geringfügig verbessert.

Nun wusste man endlich, dass sich Fixsternentfernungen tatsächlich bestimmen ließen und dass sich jenseits des Sonnensystems unvorstellbare kosmische Weiten eröffneten. Doch in die erfolgreiche Bilanz fiel ein Wermutstropfen: Es wurde rasch klar, dass die Parallaxen der Sterne auch künftig ein ernsthaftes Problem für die Astronomen darstellen würden. Je weiter die Sterne nämlich entfernt sind, desto winziger werden die Winkel, die es zu messen gilt. Parallaxen kleiner als etwa eine hundertstel Bogensekunde (entsprechend einer Entfernung von etwa 325 Lichtjahren) sind messtechnisch mit erheblichen Fehlern behaftet. Mit anderen Worten: Parallaxenmessungen sind zwar die unentbehrliche Basis für die kosmische Entfernungsskala, führen aber selbst nicht sehr weit in das Universum hinaus. Außerdem sind die Messungen sehr aufwändig und langwierig. Selbst als es später unter Einsatz der Fotografie gelang, mit wesentlich weniger Aufwand Tausende Sternparallaxen zu bestimmen, änderte dies nichts an der grundsätzlich beschränkten Reichweite des Verfahrens. Erst in der jüngsten Vergangenheit ist es mit Hilfe der astrometrischen Satelliten HIPPARCOS (1989–1993) und GAIA (Start 2013) gelungen, einen qualitativen Sprung in den Messgenauigkeiten und der Anzahl von gemessenen trigonometrischen Parallaxen zu erreichen.

Ein anderer Weg: die Leuchtkräfte

Obwohl wir keinem Stern ansehen können, wie weit er von uns entfernt ist, verraten uns doch die Helligkeiten unter bestimmten Voraussetzungen die Distanzen der Sterne. Auf diese Weise sind wahrhaft bahnbrechende Erkenntnisse gewonnen worden, auch ohne eine einzige Winkelmessung.

Kennt man die scheinbare Helligkeit eines Sterns und seine Entfernung, so kann man seine absolute Helligkeit auf einfache Weise berechnen. Wir erinnern uns, dass die absolute Helligkeit nichts anderes bedeutet, als die scheinbare Helligkeit in einer Einheitsentfernung. Umgekehrt gilt natürlich ebenso: Kennt man zum Beispiel aus den Besonderheiten des Spektrums die absolute Helligkeit eines Sterns (das heißt seine Helligkeit in der Einheitsentfernung) und seine scheinbare Helligkeit, die sich ja leicht messen lässt, dann kann man die Entfernung des Sterns berechnen. Da in diesem Falle die Entfernungen nicht durch Winkelmessungen, sondern durch Helligkeitsbestimmungen (fotometrische Verfahren) ermittelt werden, spricht man von fotometrischen Parallaxen der Entfernungsbestimmung.

Alle Hinweise, die wir auf irgendeine Art über die Leuchtkräfte oder absoluten Helligkeiten der Sterne erhalten können, liefern uns also auch Sternentfernungen. Natürlich benötigen wir zu diesem Zweck eine genügend große Anzahl möglichst genau bestimmter Parallaxen aus Winkelmessungen, um definitive Leuchtkräfte zur Verfügung zu haben und zu testen, durch welche Merkmale (zum Beispiel im Sternspektrum) sich diese Leuchtkraft möglicherweise ermitteln lässt. So fand man zum Beispiel heraus, dass die Linienstärke in den Sternspektren recht zuverlässige Aussagen über die Leuchtkraft eines Sterns gestattet.

Leuchtfeuer und Statistiken

Ein besonders eindrucksvolles Verfahren zur Leuchtkraftbestimmung, das uns später wegen seiner Bedeutung noch mehrfach begegnen wird, bieten bestimmte Typen veränderlicher Sterne, kurz „Veränderliche“ genannt. Im Leben der Sterne gibt es Phasen, in denen sich einige Zustandsgrößen periodisch verändern. Am auffälligsten treten periodisch schwankende Helligkeiten in Erscheinung, die bei einer großen Gruppe von Objekten mit einem Pulsieren des ganzen Sterns verbunden sind. Der Stern bläht sich auf, zieht sich wieder zusammen, verändert dabei seine Oberfläche und seine Temperatur. Er verrät sich aus großer Distanz durch seine regelmäßigen Helligkeitsschwankungen.

Doch die Periode, mit der die Helligkeit wechselt, ist nicht willkürlich, sondern hängt direkt von der absoluten Helligkeit des Sterns ab. So kann man dem Rhythmus der Schwankung ansehen, welche absolute Helligkeit der Stern besitzt, woraus wir dann auch die Entfernung des Objekts bestimmen können. Gelingt es nun, in sehr entfernten Sternansammlungen solche Veränderlichen zu entdecken und deren Lichtwechselperiode zu bestimmen, kennen wir auch die Distanz der gesamten Sternansammlung.

Dieses fotometrische Verfahren zur Entfernungsbestimmung gestattet es, wesentlich weiter in das Universum vorzudringen als durch die ursprünglichen Winkelmessungen. Doch für die Bestimmung der Sternverteilung in dem uns umgebenden Raum ist auch diese Methode nicht geeignet. Einerseits setzt der Einsatz der Methode voraus, dass auf jedes gewünschte Objekt ein geeignetes Verfahren angewendet werden kann. Andererseits wäre aber eine derartig große Zahl von Einzelentfernungen zu bestimmen, dass es geradezu aussichtslos ist, auf diese Weise den „Bau des Weltalls", das heißt die räumliche Verteilung der Sterne zu ermitteln. Deshalb haben die Astronomen schon um die Wende zum 19. Jahrhundert einen methodisch ganz anderen Weg beschritten, indem sie statistische Verfahren ausarbeiteten.

Am Beginn dieser Entwicklung steht wieder einmal Friedrich Wilhelm Herschel, der ehemalige Musiker aus Hannover, der als Hobbyforscher den Planeten Uranus entdeckte und dadurch zum Berufsastronomen wurde. Zu Herschels Zeiten waren jedoch noch keine Sternentfernungen bekannt. Er ging deshalb zunächst von der Annahme aus, dass alle Sterne etwa dieselbe (absolute) Helligkeit besitzen. Dann können wir aus ihrer scheinbaren Helligkeit auf

Der Eindruck eines aufragenden Pferdekopfes entsteht beim gleichnamigen Pferdekopfnebel im Sternbild Orion durch eine vorgelagerte Wolke aus nicht leuchtender Materie. Sie verschluckt das Licht der dahinterstehenden Sterne.

ihre Entfernungen schließen. Die lichtschwächeren Sterne müssen sich weiter entfernt befinden als die helleren. Herschel bezog all seine Vergleiche auf den hellsten Fixstern des Himmels, den Sirius im Sternbild Großer Hund, und nannte dessen Entfernung „Siriusweite“. Dann begann er mit einer mühseligen Zählarbeit. Im Gesichtsfeld seines Teleskops konnte er unzählige Sterne sehen. Er ordnete ihnen eine Helligkeit zu und zählte aus, wie viele Exemplare der verschiedenen Helligkeiten vorkommen. Da er auf diese Weise natürlich nicht den ganzen Himmel lückenlos inventarisieren konnte, beschränkte er sich auf einige tausend Gesichtsfelder seines Fernrohrs in ausgewählten Himmelsgegenden. Grundsätzlich konnte er durch die Zählungen das Bild bestätigen, das bereits Kant von der Verteilung der Sterne gezeichnet hatte: Die meisten Sterne befinden sich in einer relativ dünnen Schicht, nur wenige außerhalb davon.

An diese ersten Versuche der sogenannten Stellarstatistik knüpften später der holländische Forscher Jacobus Cornelius Kapteyn und der Deutsche Karl Schwarzschild an. Allerdings ahnten sie alle nicht, dass sie nur einen winzigen Teil des Sternsystems ausgelotet hatten, weil es im Raum zwischen den Sternen ausgedehnte Materiewolken gibt, die das Licht der dahinter stehenden Sterne verschlucken und somit eine prinzipielle Sichtbehinderung darstellen. Erst der Amerikaner Harlow Shapley fand im Jahr 1918 einen Zugang zu den wirklichen Dimensionen des Sternsystems.

Die unglaubliche Entfernung der Kugelsternhaufen

Harlow Shapley wunderte sich über eine Merkwürdigkeit, die eigentlich schon längst auch jedem anderen Astronomen hätte auffallen können: Am Himmel gibt es haufenartige Ansammlungen von Sternen, die kugelförmige Gestalt besitzen. Wir nennen sie Kugelsternhaufen. Diese kugelförmigen Anhäufungen von Sternen zählen zu den schönsten Objekten des Himmels. Mit bloßem Auge sind nur wenige ihrer Vertreter am Himmel zu sehen. In kleinen Fernrohren erscheinen sie wie schwache Nebelflecke, doch Riesenteleskope enthüllen gewaltige Sterntrauben aus Zehntausenden Mitgliedern, die nur teilweise in Einzelsterne aufzulösen sind. Die Sterne sind in solchen Haufen sehr stark zum Zentrum hin konzentriert, sodass sie

Der Kugelsternhaufen M 13 im Sternbild Herkules besteht aus etwa einer halben Million Sternen und ist eines der eindrucksvollsten Objekte seiner Klasse. Nur die äußeren Partien können in Einzelsterne aufgelöst werden.

sich von anderen Sternansammlungen, etwa den sogenannten offenen Sternhaufen deutlich unterscheiden (vgl. S. 215). Eines der bekanntesten Objekte dieser Spezies befindet sich im Sommersternbild Herkules, es ist der Kugelsternhaufen mit der Katalogbezeichnung M 13. Betrachtet man nun die Verteilung dieser Objekte am Firmament, so stellt man fest, dass sich ein Drittel aller Kugelhaufen im Sternbild Schütze befindet, die restlichen zwei Drittel stehen alle in der Nähe dieser Richtung. Shapley fragte sich, ob man die Entfernungen dieser Objekte und somit ihre wirkliche räumliche Verteilung ermitteln könnte. Dabei kamen ihm jene veränderlichen Sterne zu Hilfe, bei denen ein Zusammenhang zwischen den Lichtwechselperioden und den absoluten Helligkeiten besteht.

In den Kugelsternhaufen fand Shapley nämlich zahlreiche solcher Objekte und gewann dadurch einen Zugang zur Erfassung ihrer Entfernungen. Das Ergebnis war überraschend: Sämtliche Kugelhaufen waren über ein riesiges Raumgebiet verteilt, das weit jenseits aller bis dahin erfassten Dimensionen lag.

Doch ihre Anordnung war alles andere als ungleichmäßig. Die Kugelhaufen verteilten sich vielmehr über eine riesige Sphäre mit einem Durchmesser von etwa 100 000 Lichtjahren. Das Zentrum dieser Kugel befand sich im Sternbild Schütze – genau da, wo ja auch die scheinbare Häufung der Kugelsternhaufen in Erscheinung trat. Offensichtlich bildeten die Kugelsternhaufen so etwas wie ein gewaltiges Gerüst, an dem man die wahre Größe des Milchstraßensystems ablesen konnte. Zwar war die Anordnung der Sterne im Raum nicht kugelförmig – das wusste man bereits seit den Tagen Herschels – aber die Größe des stark abgeplatteten Sternsystems hatte man offensichtlich bisher völlig verkannt. Nicht einige tausend Lichtjahre, sondern etwa 100 000 Lichtjahre musste der Durchmesser des ganzen Systems betragen.

Nun war klar, dass alle bis dahin unternommenen Versuche, die Struktur des Sternsystems zu entschlüsseln, ad acta gehörten. Man hatte offenbar einen wesentlichen Faktor unberücksichtigt gelassen, weil man ihn nicht gekannt hatte: Das Verschlucken von Licht durch Materie zwischen den Sternen, durch das sogenannte interstellare Medium. Dessen Zusammensetzung ist heute bekannt: Es handelt sich um Wasserstoff, aber auch um Staubwolken und sogar um Materieansammlungen, in denen komplizierter gebaute Moleküle vorkommen. Immerhin besteht etwa ein Fünftel des gesamten Milchstraßensystems aus solchen Gas- und Staubmassen. Obwohl diese in extrem geringer Konzentration vorkommen, vermögen sie doch angesichts der enormen Dimensionen des Systems das Licht der Sterne so erheblich zu beeinträchtigen, dass ein völlig falsches Bild der Sternverteilung entsteht, wenn man die interstellare Materie unberücksichtigt lässt.

Fixsterne stehen nicht still

» Unsere Vorfahren erlebten den Sternhimmel nicht anders als wir. An der Stellung der Sterne zueinander hat sich nichts geändert. Doch sind wir auch diesmal Opfer eines Trugbildes. In Wirklichkeit herrscht lebhaftes Treiben am Himmel und es gibt kein Objekt, das seinen Ort nicht veränderte, teilweise sogar mit atemberaubender Geschwindigkeit. Doch um dies zu bemerken, braucht man wegen der großen Entfernungen Geduld und spezielle Beobachtungsinstrumente.

Dass die Fixsterne („festgeheftete Sterne") ihren Namen zu Unrecht tragen, wusste man schon zu Beginn des 18. Jahrhunderts. Damals hatte der englische Astronom Edmond Halley nämlich herausgefunden, dass sich die Positionen der Sterne gegenüber den Angaben der alten Griechen merklich verändert hatten.

Doch je mehr Material durch sorgfältige und immer genauere Positionsbeobachtungen angesammelt wurde, umso stärker rückte die Frage in den Vordergrund, ob es nicht vielleicht Gesetze gebe, die diese Bewegungen der Sterne beschreiben. Wenn zum Beispiel die Bewegungen der Sterne selbst völlig regellos verteilt sind, wie spiegelt sich dann eine anzunehmende Bewegung der Sonne in den Sternbewegungen wider?

Schon zum Ende des 18. Jahrhunderts konnte Friedrich Wilhelm Herschel eine erste Antwort geben. Er fand einen Zielpunkt der Sonnenbewegung am Himmel. Dazu musste man die sogenannten Eigenbewegungen der Sterne sehr genau kennen, das heißt, ältere Sternpositionen mit neuen vergleichen.

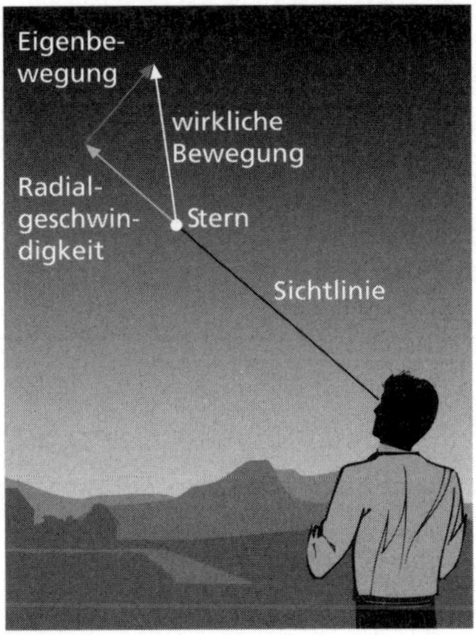

Die wirkliche Sternbewegung im Raum ergibt sich als eine Kombination aus ihrer Eigenbewegung und ihrer Radialgeschwindigkeit.

Die wirklichen Sternbewegungen

Die Eigenbewegungen sind nun allerdings nicht dasselbe wie die wirklichen Bewegungen der Sterne im Raum, sondern nur eine Art Projektion dieser Bewegungen auf die Himmelssphäre. Die wirkliche Bewegung ergibt sich erst, wenn man die Eigenbewegungen mit einer senkrecht dazu verlaufenden Geschwindigkeitskomponente kombiniert, der sogenannten Radialgeschwindigkeit. Diese ist aber bedeutend schwieriger zu messen und die Spektren der Sterne werden benötigt (vgl. Kapitel *Der Bote ist das Licht*, S. 12).

Als man sich daran machte, solche Radialgeschwindigkeiten von sehr vielen Sternen zu erfassen, kam es zu einer neuen großen Überraschung:. Der Betrag der Radialgeschwindigkeiten war keineswegs in jeder Richtung gleich groß, sondern es gab ein An- und Abschwellen mit der „galaktischen Länge“ – so etwas wie die „geografische Länge“ des Sternsystems. Sollte das Zufall sein? Führende

Forscher zogen den Schluss, dass es sich um die Auswirkungen einer Rotation des gesamten Sternsystems handelt. Doch dann müsste der Effekt einer Längenabhängigkeit in anderer Weise auch bei den Eigenbewegungen zu finden sein. Es dauerte nicht lange, bis sich dieser Verdacht bestätigte. Nun war es klar: Unsere Sonne ist das Mitglied eines gigantischen Systems, das sich in Rotation befindet.

Der „Weitblick" der Radioastronomie

Mit der Entstehung der Radioastronomie tat sich eine großartige Möglichkeit auf, die Hürde der großen Distanzen zu überspringen. Während wir mit zunehmendem Abstand von der Sonne wegen der Licht verschluckenden Materie immer weniger Sterne sehen können, ist der im Sternsystem reichlich vorhandene neutrale Wasserstoff bis in ungeahnte Entfernungen nachzuweisen. Allerdings nur, weil er eine Radiostrahlung im Bereich von 21 Zentimetern Wellenlänge aussendet, die nahezu ungestört all jene Hindernisse zu überwinden vermag, die für die Lichtwellen undurchdringlich sind. Diese Strahlung kann von Radioteleskopen empfangen werden. Doch wie ordnet man der jeweils empfangenen Radiostrahlung eine Entfernung zu und was hat die Verteilung des Wasserstoffs überhaupt mit der Struktur des Sternsystems zu tun?

Zunächst zur letzten der beiden Fragen: Zu Recht hatten die Forscher vermutet, dass die Verteilung des Wasserstoffs gleichsam eine Art Indikator für die Anordnung der jungen und leuchtkräftigen Sterne darstellt. Findet man die Verteilung des Wasserstoffs, hat man auch die großräumige Verteilung der Sterne selbst in solchen entfernten Gegenden des Systems, in dem gar keine Sterne mehr nachgewiesen werden können. Geht man nun davon aus – wie es die systematischen Eigenbewegungen und Radialgeschwindigkei-

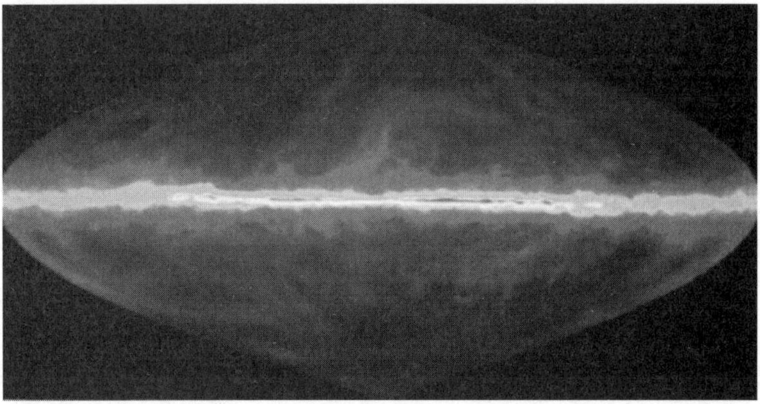

Die Verteilung des atomaren Wasserstoffs in unserem Sternsystem. Auf dem Kompositbild aus mehreren Radiobeobachtungen zeigt der dunkle zentrale Streifen Gebiete hoher Wasserstoffdichte an, Grau und Schwarz hingegen weisen auf geringe Dichten.

ten der Sterne gelehrt hatten –, dass sich das gesamte System in Rotation befindet, führt dies letztlich zu den gesuchten Entfernungen.

Ein Modell der Rotation des Sternsystems ordnet nämlich jedem Punkt eine bestimmte Rotationsgeschwindigkeit zu. Aus der 21-Zentimeter-Strahlung lässt sich diese Geschwindigkeit messen und somit eine Distanz angeben.

So entstand das heutige Bild des Milchstraßensystems im Ergebnis langwieriger Forschungen und scharfsinniger Deutungen des Beobachtungsmaterials. Hilfe kam allerdings noch aus ganz anderer Richtung: Im Universum hatte man nämlich inzwischen noch zahlreiche weitere Sternsysteme gefunden (vgl. Kapitel *Die Welt der Galaxien*, S. 225). Ihre bloße Betrachtung aus großem Abstand enthüllte uns auf direktem Wege ihre Struktur und was man über das eigene Sternsystem nicht unmittelbar erfahren konnte, durfte aus dem Vergleich mit anderen Systemen vermutet und ergänzt werden.

Das moderne Bild unseres Sternsystems

» Das Milchstraßensystem ist ein spiralförmiges, stark abgeplattetes Gebilde aus Sternen, Gas und Staub, in dessen Zentrum sich ein gewaltiges Schwarzes Loch von etwa 4,3 Milliarden Sonnenmassen befindet. Das bekannte Phänomen des den ganzen Himmel umspannenden Milchstraßenbandes ist eine Folge der Struktur dieses Sternsystems und unserer Position innerhalb des Systems.

Das Milchstraßensystem würde im seitlichen Anblick etwa das Bild eines flachen Diskus bieten, während die Spiralstruktur mit einem zentralen Balken im Draufblick sichtbar wird. Die Abplattung, das heißt, das Verhältnis von Dicke zu Durchmesser beträgt etwa 1:6. Der Durchmesser des Systems beläuft sich auf mindestens 100 000 Lichtjahre, die Gesamtmasse auf etwa 200 Milliarden Sonnenmassen. Da man die Sterne nicht einzeln zählen kann und sie im Allgemeinen eine von unserer Sonne verschiedene Masse besitzen, ist damit noch nichts über die Zahl der Sterne des Milchstraßensystems ausgesagt. Sie liegt gewiss über 200 Milliarden, da ein großer Teil der Sterne vermutlich kleine, leuchtschwache Rote Zwerge sind, die wir nicht beobachten können. Unsere Sonne bewegt sich in einem der Spiralarme des Systems, rund 28 000 Lichtjahre vom Zentrum entfernt. Der Abstand von der Milchstraßenebene beträgt hingegen nur 45 Lichtjahre (vgl. Tabelle, Anhang S. 317). Die Spiralstruktur des Milchstraßensystems ist bis heute noch keineswegs in

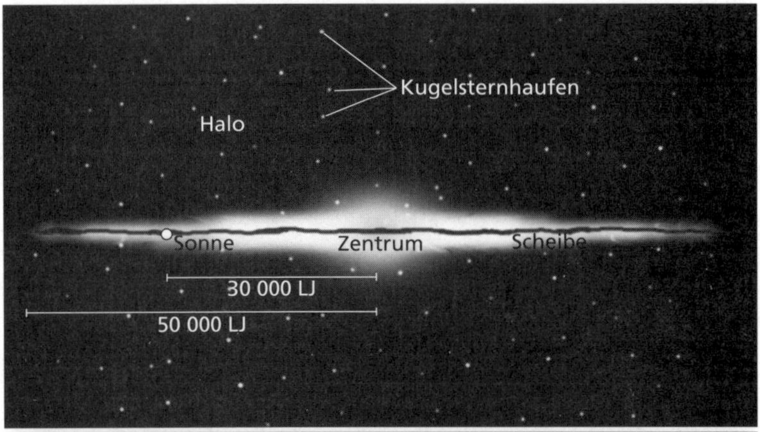

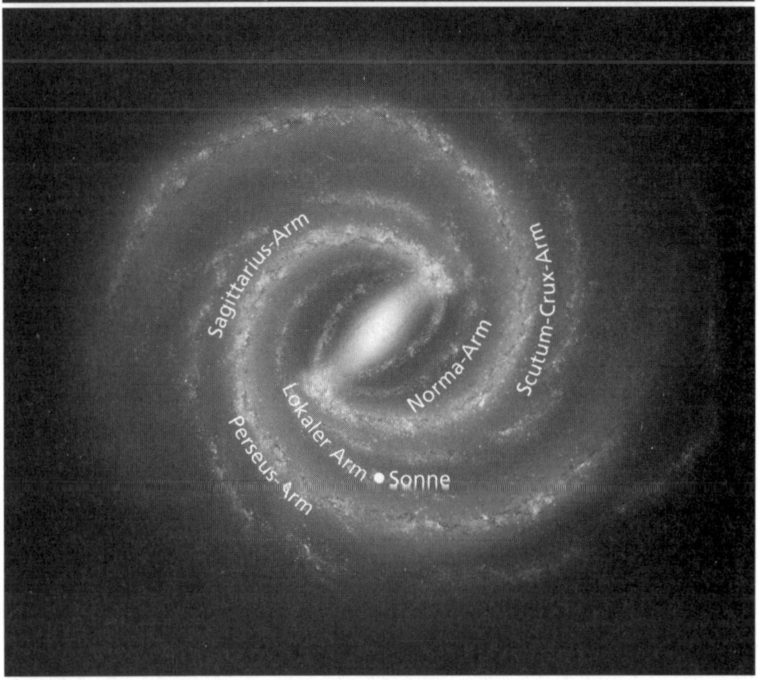

Schematische Darstellung unseres Sternsystems und seiner Spiralarme nach neuen Erkenntnissen. Weit abseits der Milchstraßenebene findet man die Kugelsternhaufen. Oben: Anblick von der Seite mit der Position unserer Sonne, unten: Draufblick.

allen Einzelheiten bekannt. Von den verschiedenen Spiralarmen sind drei besonders gut erforscht. Sie werden nach den Sternbildern bezeichnet, in deren Richtung sie – von der Erde aus gesehen – verlaufen und heißen Perseus-Arm, Sagittarius-Arm und Orion-Arm (vgl. schematische Abbildung oben). Unsere Sonne gehört zu den Sternen des Orion-Arms, weshalb man diesen oft auch als „Lokalen Arm“ bezeichnet.

Die Materie des Sternsystems kommt in vielgestaltigen Erscheinungsformen vor. Die wichtigsten Objekte und Objektgruppen sind: die offenen Sternhaufen, die Sternassoziationen, die Kugelsternhaufen, die Sternpopulationen sowie die verschiedenen Erscheinungsformen der Materie zwischen den Sternen, der sogenannten interstellaren Materie. Diese Strukturelemente des Sternsystems und deren räumliche Verteilung verraten uns viel über die Vorgänge in unserer Galaxis, über die Lebensgeschichten ihrer „Bewohner“, das heißt der Sterne, und das Wesen des Systems überhaupt.

Sternhaufen

Die offenen Sternhaufen sind im Sternsystem recht zahlreich. Einige dieser Haufen zählen für jeden Sternfreund zu den schönsten Beobachtungsobjekten. Und jeder hat bereits etwas vom Siebengestirn der Plejaden oder der „Krippe“ (Praesepe) im Krebs gehört. Solche offenen Sternhaufen geben sich schon äußerlich als zusammengehörige Gruppen von Sternen zu erkennen und bestehen aus einigen wenigen bis zu 1000 einzelnen Sternen. Innerhalb des Sternsystems befinden sich die offenen Sternhaufen durchweg in der Ebene der Milchstraße. Ihre Zahl wird auf etwa 15 000 geschätzt.

Für die Forschung sind offene Haufen von ausgesprochenem Interesse. Erinnern wir uns zunächst an die Lebensgeschichten der

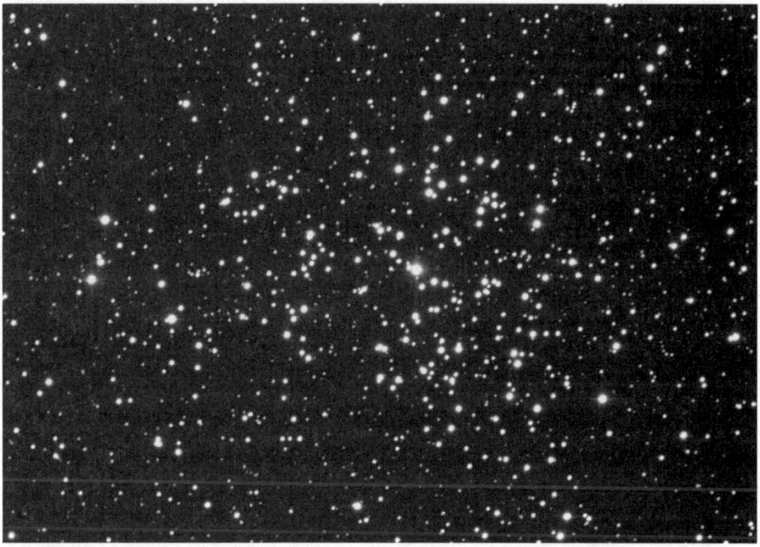

Der helle offene Sternhaufen M 37 im Sternbild Fuhrmann besteht aus insgesamt rund 500 Sternen etwa gleichen Alters, die jedoch unterschiedliche Massen und Helligkeiten aufweisen.

Sterne, so besitzen die Sterne in Haufen von „Geburt“ an sehr unterschiedliche Massen. Aus diesem Grund sind auch die Lebenswege dieser Sterne sehr unterschiedlich. Da die Sterne der offenen Haufen dereinst gleichzeitig entstanden sind, bieten sie uns somit die Gelegenheit, den Einfluss der Massen auf ihre Biografie zu verfolgen. Jeder Mitgliedsstern durchläuft nämlich – unabhängig von seiner Masse – die Phase der stabilen Energiefreisetzung. Doch die massereichen Mitglieder haben nur eine vergleichsweise kurze zeitliche Spanne zur Verfügung, die massearmen eine viel längere. Die offenen Sternhaufen enthalten folglich für die Astronomen das Beweismaterial für ihre Theorien zur Sternentwicklung.

Eine gewisse Verwandtschaft zu den offenen Sternhaufen lassen die Sternassoziationen erkennen. Ihre Mitglieder – es können eini-

Der Kugelsternhaufen M 80 im Sternbild Skorpion ist einer der dichtesten Kugelsternhaufen der Milchstraße.

ge Dutzend sein – sind alle auch äußerlich miteinander verwandt. So besitzen sie zum Beispiel alle annähernd dieselbe Spektralklasse. Die bekannten Assoziationen sehr heißer und junger Sterne befinden sich ausnahmslos in der Ebene der Milchstraße. Sie markieren die Spiralarme und stehen oft in direkter Verbindung zu den Gebieten der Sternentstehung.

Neben den offenen Sternhaufen beobachten wir die bereits erwähnten Kugelsternhaufen, die das gesamte Milchstraßensystem in einem riesigen kugelförmigen Halo umgeben. Sie unterscheiden sich jedoch nicht nur in ihrer räumlichen Verteilung, sondern auch in ihrem Aufbau wesentlich von den offenen Haufen. Sie enthalten mindestens einige zehntausend Sterne, können jedoch durchaus auch aus einigen Millionen heißen Gaskugeln bestehen. Die Untersuchung der Mitglieder von Kugelhaufen lässt noch einen weiteren wesentlichen Unterschied zu den offenen Haufen und zu den Assoziationen deutlich werden: Die meisten Sterne der Kugelhaufen sind nämlich Rote Riesen oder Veränderliche. Gerade Letztere haben den Astronomen die Möglichkeit eröffnet, die Entfernungen der Kugelhaufen zu erkennen. Die Roten Riesen sind zudem ein deutlicher Hinweis darauf, dass die Kugelhaufen sehr alte Objekte sein müssen. Denn zum Roten Riesen werden Sterne erst dann, wenn sie die stabile Phase ihres Lebens hinter sich gelassen haben. Dies kann bei masseärmeren Sternen (Masse unserer Sonne und weniger) mehr als zehn Milliarden Jahre dauern. Die Kugelsternhaufen gehören somit zweifellos zu den ältesten Objekten unseres Sternsystems.

Ein anderer Befund bekräftigt diese Erkenntnis: In den Sternen der Kugelhaufen lassen sich kaum schwere Elemente nachweisen – typisch für Objekte der „ersten Generation". Sie entstanden aus Wasserstoff und Helium (vgl. Kapitel *Lebensgeschichten*, S. 187). Die Kugelsternhaufen bewegen sich um das Zentrum unserer Galaxis, benötigen auf ihren exzentrischen Bahnen allerdings Millionen von Jahren für einen vollen Umlauf und durchkreuzen zweimal die galaktische Ebene. Es ist interessant, dass es dabei trotzdem nach unserer Kenntnis zu keinerlei Kollisionen kommt: Die Abstände der Sterne in der galaktischen Scheibe ebenso wie die Distanzen der Objekte in den Kugelhaufen sind immer noch so groß, dass Katastrophen nahezu ausgeschlossen sind. Stattdessen geschieht aber etwas anderes: Die in den Kugelhaufen enthaltenen Gasmassen werden beim Durchkreuzen der Scheibe nach und nach an diese abgegeben. Somit fehlt in den Kugelhaufen das Baumaterial für neue Sterne. Das Schicksal der Kugelsternhaufen ist damit besiegelt und sie werden eines fernen Tages nur noch aus „toten" Sternen bestehen. Ihre Lebenserwartung ist also begrenzt – Erneuerung im Kreislauf von Tod und Geburt findet kaum statt. In unserem Sternsystem sind definitiv rund 150 Kugelsternhaufen bekannt. Die Zahl der tatsächlich vorhandenen Objekte dieser Art könnte aber wesentlich größer sein.

Interstellare Materie

Der Raum zwischen den Sternen ist keineswegs leer. Hier finden wir vielmehr die interstellare Materie – diffuse Ansammlungen aus Gas und Staub in so geringer Konzentration, dass ein irdischer Laborphysiker durchaus von einem Vakuum sprechen würde. Ungeachtet der extrem geringen Konzentrationen bietet sich die Materie zwischen den Sternen bereits dem bloßen Auge am nächtlichen Himmel dar. Wir erspähen sie als Gasnebel, die durch die energiereiche Strahlung benachbarter Sterne zum Leuchten angeregt werden, aber auch als staubförmige Nebel, die im reflektierten Licht von Sternen strahlen (vgl. Abbildung S. 170). Ausgedehnte Wolken von Gas und Staub treten jedoch auch weit entfernt von jedem Sternlicht in Erscheinung, indem sie das Licht dahinter liegender Sonnen verdunkeln oder vollständig verschlucken. Aufnahmen großer Teleskope enthüllen uns hier eine wahrhaft fantastische Welt der Formen und Farben (vgl. Abbildung S. 204). Die interstellare Materie, unabhängig davon, ob es sich um reine Gasansammlungen oder Staubformationen handelt, ist fast stets in Wolken angeordnet und recht unregelmäßig verteilt. In den Zentren heller Gasnebel können sich durchaus einige zehntausend Wasserstoffatome, mitunter sogar rund 100 Millionen je Kubikzentimeter befinden. In der Umgebung unserer Sonne beträgt die mittlere Dichte nur etwa 0,1 Wasser-

Der Lagunennebel M 8 im Sternbild Schütze besteht aus interstellaren Gas- und Staubwolken. Er zählt zu jenen Regionen unseres Milchstraßensystems, in denen auch heute noch Sterne entstehen, die das umgebende Gas zum Leuchten anregen.

stoffatome je Kubikzentimeter. In den Bereichen zwischen den Spiralarmen liegt sie noch eine Größenordnung darunter. Hauptbestandteil des Gases ist Wasserstoff, Helium ist nur zu ungefähr 20 Prozent vertreten, andere Elemente im Bereich weniger Prozent. Der interstellare Staub besteht aus winzigen Teilchen von einigen 1/10 000 Millimeter Durchmesser, bestehend aus Silikat, Grafit, Wassereis, aber auch Kohlenstoffverbindungen mit Silizium.

Die Rotation der Milchstraße

Das Sternsystem der Milchstraße befindet sich in Rotation. Allerdings sind die Bewegungsverhältnisse recht kompliziert und folgen nicht einfach den Keplerschen Gesetzen wie die Planeten in unserem Sonnensystem. Dann müssten sich die Objekte nämlich umso langsamer bewegen, je weiter entfernt sie sich vom Zentrum befinden. Im Milchstraßensystem erfolgt die Bewegung jedoch im zentralen Gebiet wie bei einem starren Körper: Die inneren Teile rotieren langsamer, die äußeren schneller. Dann nimmt die Geschwindigkeit zu, bis sie in etwa 20 000 Lichtjahren Entfernung vom Zentrum mit 225 Kilometern pro Sekunde einen maximalen Wert erreicht. Anschließend erfolgt nach außen eine recht langsame Abnahme der Geschwindigkeiten, dann aber wieder eine Zunahme. Diese ist ein Hinweis auf die rätselhafte „Dunkle Materie“ die offenbar in unserem Sternsystem vorhanden ist und – wie der Name schon ausdrückt – nicht gesehen werden kann (vgl. *Das Rätsel der Dunklen Materie*, S. 249). Ein Umlauf unserer Sonne um das Zentrum des Milchstraßensystems dauert rund 200 Millionen Jahre. Durch komplizierte Theorien kann man die Aufrechterhaltung der Spiralstruktur trotz Rotation erklären. Vieles an unserem Sternsystem ist aber bis heute rätselhaft geblieben.

Unser Sternsystem verfügt übrigens über zwei kleine irregulär geformte Begleitsysteme, die Große und die Kleine Magellansche Wolke. Beide Objekte sind am südlichen Sternhimmel mit dem bloßen Auge zu sehen und stehen etwa 170 000 bzw. 200 000 Lichtjahre von uns entfernt.

Die Magellanschen Wolken

Bei einer Reise in südliche Gefilde unseres Planeten können wir am Sternhimmel zwei unregelmäßig geformte diffus leuchtende Nebel erspähen, die sich im weiteren Umfeld des Himmelssüdpols befinden: die Große und die Kleine Magellansche Wolke. Dabei handelt es sich um zwei vergleichsweise kleine Sternsysteme, die als Satelli-

Die Große (rechts oben) und die Kleine Magellansche Wolke (links unten) stehen am südlichen Sternenhimmel.

tengalaxien unserer Milchstraße gelten. Während sich die Große Magellansche Wolke (LMC = Large Magellanic Cloud) im Sternbild Dorado (Schwertfisch) befindet, steht die Kleine Wolke (SMC = Small Magellanic Cloud) im Sternbild Tucana (Tukan). Die beiden Objekte sind nach dem portugiesischen Seefahrer Ferñao de Magalhães (Ferdinand Magellan) benannt, dem ersten Weltumsegler, dessen Reiseberichterstatter diese Objekte 1521 erstmals genauer beschrieben hat. Die beiden Wolken befinden sich etwa 170 000 bzw. 200 000 Lichtjahre von uns entfernt. Die Große Wolke mit einem Durchmesser von 25 000 Lichtjahren beherbergt rund zehn Milliarden Sonnenmassen, die Kleine Wolke hingegen nur zwei Milliarden. Ihr Durchmesser liegt bei knapp 10 000 Lichtjahren. Anders als unser Milchstraßensystem gehören die beiden Begleiter nicht zum Typ der Spiralsternsysteme. Da ihre Formen keinerlei Regelmäßigkeiten erkennen lassen, werden sie als irreguläre Galaxien bezeichnet. Die enge Beziehung der Magellanschen Wolken zu unserem Milchstraßensystem kommt unter anderem in feinen Materiebrücken aus Wasserstoff zum Ausdruck, die uns, aber auch die Wolken untereinander wie Nabelschnüre miteinander verbinden.

Für die Forschung sind die Magellanschen Wolken in vielerlei Hinsicht interessant. Wegen ihres geringen Abstands vermögen wir in ihnen sehr viele Einzelobjekte zu identifizieren, darunter auch die sogenannten Distanz-Indikatoren, die Delta Cepheï-Sterne. Als die amerikanische Astronomin Henrietta Swan Levitt 1912 zahlreiche solcher Veränderlicher in der Kleinen Magellanschen Wolke entdeckte, fand sie dabei die Beziehung zwischen der Lichtwechselperiode und den absoluten Helligkeiten dieser Sterne. Auf diese Weise stand fortan eine hervorragende Methode zur Entfernungsbestimmung über größere Distanzen bereit. Kennt man nämlich die absolute Helligkeit eines einzelnen Sterns und vergleicht sie mit seiner scheinbaren Helligkeit, so kann man die Entfernung mühelos ausrechnen.

KAPITEL 4

Die Welt der Galaxien

Der Andromeda-Nebel

» Wie weit können wir mit dem bloßen Auge in die Tiefen des Universums schauen? Unglaublich, aber wahr: knapp drei Millionen Lichtjahre! So weit ist nämlich der Andromeda-Nebel von uns entfernt, der in einer sternklaren Herbstnacht ohne Schwierigkeiten als ein verwaschenes Nebelfleckchen im Sternbild Andromeda zu erkennen ist.

Der Andromeda-Nebel im Herbststernbild Andromeda ist von alters her bekannt. Über die Natur dieses Nebelfleckchens gab es jedoch nur Spekulationen. Allerdings vermutete Immanuel Kant bereits um die Mitte des 18. Jahrhunderts völlig zutreffend, es handele sich dabei um ein Gebilde ähnlich unserem eigenen Sternsystem, der Galaxis, nur weit außerhalb davon gelegen. Je besser jedoch die Forschungsmethoden wurden, umso weiter ist man paradoxerweise von dieser Hypothese wieder abgerückt. So glaubte zum Beispiel der britische Astrophysiker Sir William Huggins gegen Ende des 19. Jahrhunderts, wir hätten mit der Andromeda-Galaxie ein entferntes Planetensystem vor uns, das gerade in der Entstehung begriffen sei. Auch wurde von vielen namhaften Astrophysikern energisch bestritten, dass es außerhalb des Milchstraßensystems überhaupt noch etwas gebe. Das Sternsystem wurde als das Universum schlechthin betrachtet. Selbst als der Potsdamer Astrophysiker Julius Scheiner den Nachweis erbrachte, dass viele „Nebel“, darunter auch jener im Sternbild Andromeda, dasselbe Spektrum aufweisen wie die Fixsterne, bedeutete auch dies noch immer keinen Durchbruch. Im Jahr 1907 wurde sogar eine „wissenschaftliche Entfer-

Der Andromeda-Nebel, das große benachbarte Sternsystem unserer Milchstraße, zählt ebenfalls zu den Spiralgalaxien. Er ist rund drei Millionen Lichtjahre von uns entfernt. Auch er hat kleine Begleitgalaxien, von denen zwei gut sichtbar sind.

nungsangabe" für den Andromeda-Nebel veröffentlicht: Das Gebilde sollte 20 Lichtjahre weit im Raum schweben. Die tatsächliche räumliche Stellung des Objektes wurde erst durch den Einsatz völlig neuartiger technischer Hilfsmittel entschlüsselt.

Ein Riesenteleskop deckt auf

Im Jahr 1919 ging auf dem Mount Wilson in den USA ein Spiegelteleskop von bis dahin unbekannter Dimension in Betrieb, das bis heute den Namen jenes Geschäftsmannes trägt, der es finanziert hat: das Hooker-Teleskop.

Das Instrument verfügte über einen Spiegeldurchmesser von 2,5 Metern – es war das leistungsstärkste Beobachtungsinstrument der

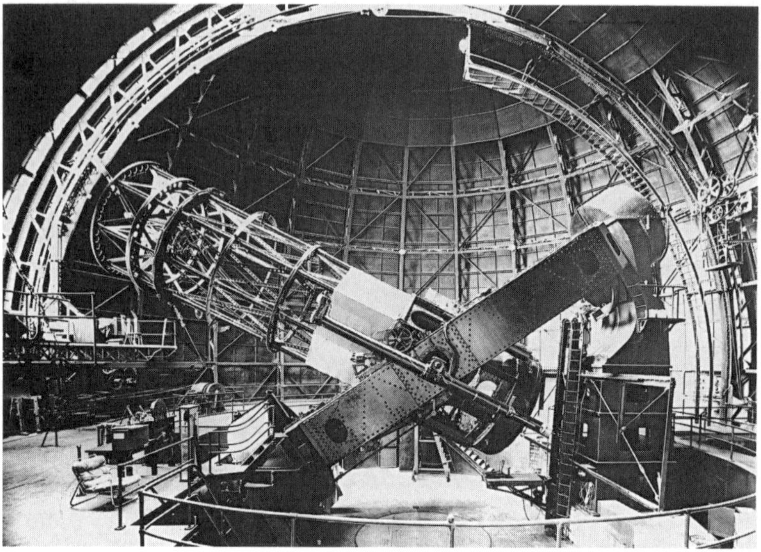

Das 2,5-Meter-Hooker-Spiegelteleskop des Mount-Wilson-Observatoriums (USA), mit dem Edwin Hubble arbeitete.

Astronomie seiner Zeit. Mit diesem Riesenteleskop fotografierte der damals 30-jährige Edwin Powell Hubble unter anderem auch zwei klassische Nebel aus dem Katalog von Charles Messier: Die Katalogbezeichnungen lauteten M 31 (Andromeda-Nebel) und M 33 (Triangulum-Nebel im Sternbild Dreieck). Nun geschah, was zuvor wegen der geringeren Leistungsstärke der Teleskope nicht möglich war: Die Randpartien des Andromeda-Nebels zeigten sich auf der Fotoplatte in Einzelsterne aufgelöst. Das war der anschauliche Beweis, dass es sich bei M 31 um ein aus Sternen bestehendes Gebilde handelt. Doch mehr noch! In den Randpartien des Nebels befanden sich – wie der Vergleich mehrerer Platten ergab – auch veränderliche Sterne vom Typ Delta Cepheï, die zufällig gerade Sterne von jener Sorte sind, bei denen ein Zusammenhang zwischen den absoluten Helligkeiten und dem Rhythmus ihres Lichtwechsels besteht.

Somit ergab sich für Hubble die sensationelle Möglichkeit, aus der Bestimmung des Lichtwechsels die wirklichen Helligkeiten dieser Sterne abzuleiten und im Vergleich mit den scheinbaren Helligkeiten auf die Entfernung zu schließen. Er berechnete die unvorstellbare Distanz von rund 800 000 Lichtjahren!

Später erwies sich dieser Wert sogar noch als beträchtlich zu klein; ein Umstand, der dem noch eingeschränkten Wissen über veränderliche Sterne zuzuschreiben war. Aber bereits das erste Resultat von Hubble zeigte, dass sich M 31 weit außerhalb unseres eigenen Sternsystems befinden musste. Hubble setzte seine Forschungen fort und konnte innerhalb weniger Jahre über 100 weitere extragalaktische Sternsysteme nachweisen. Rasch zeigte sich, dass die anderen Objekte noch viel größere Entfernungen aufwiesen als der Andromeda-Nebel. Hubble war somit zum Begründer eines neuen Forschungszweiges geworden, der extragalaktischen Astronomie, die bald für das generelle Weltverständnis größte Bedeutung erlangen sollte.

Auf gute Nachbarschaft

Der Andromeda-Nebel (M 31) ist die große Nachbargalaxie unseres Milchstraßensystems. Er ist unserem Sternsystem in vieler Hinsicht ähnlich. So finden wir dort zum Beispiel dieselben Typen astronomischer Objekte, die wir aus unserem eigenen Sternsystem kennen: Kugelsternhaufen, offene Sternhaufen, Sternassoziationen ebenso wie Riesensterne, Veränderliche sowie helle und dunkle interstellare Materie. Der Durchmesser des Nebels beträgt etwa 150 000 Lichtjahre, die Masse rund 300 Milliarden Sonnenmassen. Der Andromeda-Nebel ist ein typisch spiralförmiges Sternsystem, das wir von der Beobachtungsplattform Erde aus allerdings nicht im

Draufblick, sondern unter einem Winkel von etwa 75 Grad betrachten. Die Spiralarme werden vor allem durch ionisierten Wasserstoff gebildet. Dort finden sich auch extrem junge, helle und heiße Sterne, helle Riesensterne und Sternassoziationen. Der unregelmäßige Helligkeitsverlauf in den Spiralarmen lässt erkennen, dass dort dunkle, Licht absorbierende Materie angesiedelt ist, deren Vorkommen sich auf die Hauptebene des Sternsystems beschränkt. Die Kugelsternhaufen hingegen umgeben das System in einem großen Halo, zeigen also keine Bindung an die Spiralarme und kommen auch in großen Abständen zur Hauptebene vor. Ein sehr kleiner dichter Kern beherbergt jeweils einen Ring aus alten roten und jungen blauen Sternen, die im Schwerefeld eines supermassiven Schwarzen Lochs gefangen sind, wie neuere Untersuchungen mit dem Hubble-Weltraumteleskop zeigen konnten.

Wie auch unsere Galaxis, befindet sich der Andromeda-Nebel in Rotation. Aus Messungen der Doppler-Verschiebung von Spektrallinien wissen wir, dass die Rotationsgeschwindigkeit am Rand des inneren Kerns rund 90 Kilometer pro Sekunde beträgt, dann etwas abnimmt, jedoch in etwa 2000 Lichtjahren Zentrumsentfernung auf 100 Kilometer pro Sekunde anwächst. Dann sinkt sie wieder, steigt jedoch auf einen Maximalwert von etwa 300 Kilometer pro Sekunde in ungefähr 40 000 Lichtjahren vom Zentrum. Anschließend erfolgt eine langsame Abnahme. Von Bewegungsverhältnissen, wie man sie den Keplerschen Gesetzen entsprechend erwarten würde, kann auch hier keine Rede sein. Die Ursache wird ebenfalls in der ominösen Dunklen Materie vermutet.

In unmittelbarer räumlicher Nachbarschaft des Andromeda-Nebels befinden sich zwei kleine Begleitsternsysteme von elliptischem Aussehen. Sie sind im Nebelkatalog von Messier unter den Nummern 32 und 110 (M 32 und M 110) verzeichnet. Weitere, weniger auffällige Begleitgalaxien sind ebenfalls vorhanden.

Galaxien ohne Ende

» Der Andromeda-Nebel ist neben den beiden Begleitern unseres Milchstraßensystems, den Magellanschen Wolken, das einzige Objekt in den Tiefen des Weltraums, das wir ohne größere Schwierigkeiten mit den bloßen Augen erkennen können. Die Wunderwelt der viel weiter entfernten Galaxien erschließt sich erst dank großer Teleskope und lichtsammelnder technischer Verfahren.

Durch die Feststellung von Edwin Hubble, dass sehr viele der sogenannten Nebel in Wirklichkeit Sternsysteme sind, ergab sich ein bis dahin unbekanntes Forschungsfeld: die Welt der Galaxien

Wie fast immer in solchen Fällen, so versuchte man auch diesmal, zunächst Ordnung in die Vielfalt der Erscheinungsformen zu bringen. Die „Nebel", die Hubble in Einzelsterne auflöste, waren nämlich durchaus nicht alle von spiralförmiger Gestalt. Vielmehr boten sich die unterschiedlichsten Erscheinungsformen bis hin zu völlig irregulär aussehenden Gebilden. In seiner Originalarbeit aus dem Jahr 1926 unterschied Hubble drei morphologische Grundtypen: die elliptischen, die spiralförmigen und die irregulären Systeme. Für die Zuordnung zu einer dieser Klassen war einfach das äußere Erscheinungsbild maßgebend. Die elliptischen Systeme wurden zusätzlich entsprechend dem Achsenverhältnis in sieben Untergruppen geteilt, die Spiralnebel in die normalen und die Balkenspiralen.

Von Beginn an war Hubble der Überzeugung, dass sich hinter den verschiedenen äußeren Formen mehr verbirgt als nur die Vorliebe der Natur für Gestaltungsvielfalt.

Drei Galaxientypen: eine elliptische Galaxie (links), eine linsenförmige Galaxie (Mitte) und ein Spiralnebel (rechts).

Hubble sah darin vielmehr eine Art Entwicklungssequenz. Später wurde aus diesem ersten Ansatz ein wichtiges Spezialgebiet der Galaxienforschung. Zunächst aber hielten viele Fachkollegen Hubbles Schlussfolgerungen für übereilt; sie misstrauten den Methoden der Entfernungsbestimmung und verhielten sich folglich abwartend bis ablehnend. Doch dies ist ein durchaus normaler Vorgang bei der Herausbildung neuartiger wissenschaftlicher Erkenntnisse. Der Widerstand der wissenschaftlichen Gemeinschaft hat sogar eine äußerst befruchtende Wirkung: Er zwingt nämlich die Befürworter des Neuen, alle Argumente zugunsten ihrer Hypothese lückenlos und mit großer Sorgfalt zusammenzutragen, gegen andere Auffassungen zu verteidigen und somit ein möglichst unumstößliches Fundament für das neue Wissensgebäude zu errichten. Doch bald sprachen die Tatsachen für sich und niemand zweifelte mehr an der Existenz jener Welteninseln, die schon Immanuel Kant Jahrhunderte früher vor seinem geistigen Auge gesehen hatte.

Wenn man unser Sternsystem mit einer Stadt vergleicht, zu der unsere Sonne mit ihren Planeten gehört, dann stellen die anderen Sternsysteme weitere Städte in einem ausgedehnten Land dar, das sich vor unseren Augen bis in unvorstellbare Tiefen des Raums

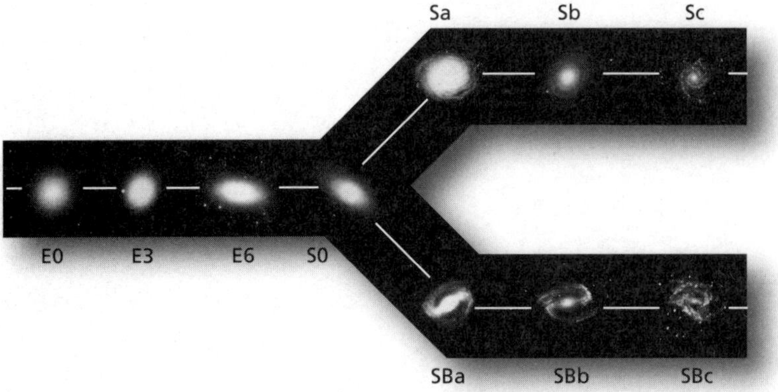

Die Einteilung der Sternsysteme in verschiedene Typen nach ihrem äußeren Erscheinungsbild: E – Elliptische Systeme, S – Normale Spiralsysteme, SB – Balkenspiralsysteme. Innerhalb dieser Typen werden die Galaxien zudem Untergruppen zugeordnet.

erstreckt. Die Sternsysteme sind gleichsam die Bausteine des Universums. Allerdings bergen die Beobachtungen von Sternsystemen viele Schwierigkeiten in sich. Nur die näheren und helleren können hinreichend detailliert erforscht werden. Ferne Galaxien mit geringer Helligkeit lassen sich vom Himmelshintergrund kaum unterscheiden. Kleine Galaxien ähneln in ihrem äußeren Bild gewöhnlichen Sternen. Deshalb beziehen sich fast alle Angaben über Galaxien auf die Beobachtungen an den helleren Gebilden. Erst neuerdings hat das Hubble-Weltraumteleskop bisher einzigartige Details auch über lichtschwächere und fernste Galaxien erfasst.

Die Einteilung der Galaxien

Die verschiedenen Typen von Galaxien kommen in unterschiedlichen Häufigkeiten vor: Die Spiralgalaxien wie unsere eigene Milchstraße oder der Andromeda-Nebel treten am häufigsten in Erschei-

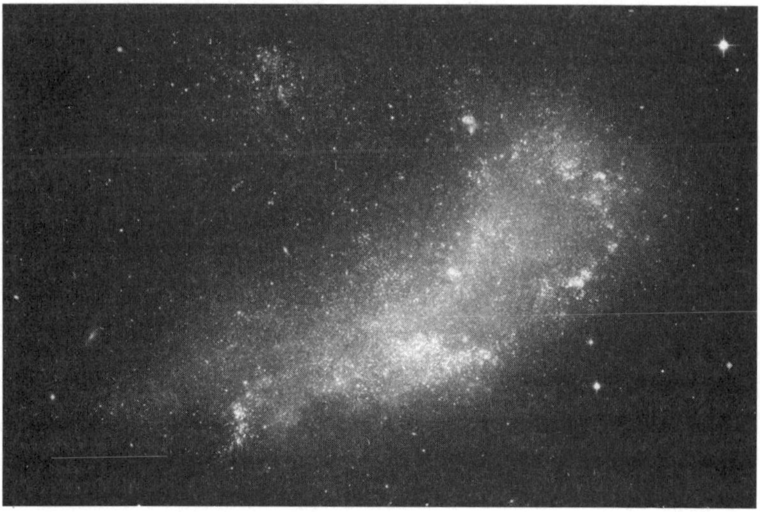

Das irreguläre Sternsystem NGC 1427 lässt in seiner unregelmäßigen Gestalt keinerlei geordnete Struktur erkennen.

nung. Rund 83 Prozent der helleren Sternsysteme gehören diesem Typus an. Vermutlich liegt ihr Anteil insgesamt allerdings nur bei schätzungsweise 30 Prozent.

Die elliptischen Systeme kommen unter den helleren Objekten nur zu etwa 14 Prozent, die irregulären gar nur zu einigen wenigen Prozent vor. Der tatsächlich häufigste Galaxientyp sind wahrscheinlich die Zwerggalaxien, die man jedoch wegen ihrer geringen Leuchtkräfte nur beobachten kann, wenn sie nicht sehr weit entfernt sind. Allerdings wurden durch den Einsatz immer besserer Instrumente auch Sternsysteme entdeckt, die sich nicht in die drei Haupttypen einordnen lassen, sondern Eigenschaften besonderer Art aufweisen. Das betrifft vor allem Sternsysteme, die wesentlich mehr Energie abstrahlen, als aus ihrem Vorrat an Sternen erklärt werden kann. Man fasst sie unter dem Oberbegriff „aktive Galaxien" zusammen.

Die Radiogalaxie Fornax A: Dem optischen Bild in der Mitte ist ein deutlich ausgedehnteres Radiobild der Galaxie überlagert. Dieses zeigt zwei symmetrisch zum Kern angeordnete Emissionsgebiete, die auf einen aktiven Galaxienkern hinweisen.

So strahlen zum Beispiel die sogenannten Seyfert-Galaxien extrem intensiv in ihrem Kerngebiet, das oft nur wenige Lichtjahre Durchmesser besitzt. Auffällig ist der starke Anteil von ultravioletter und infraroter Strahlung, die oft noch zusätzlich raschen Intensitätsschwankungen unterliegt. Etwa ein Prozent aller Galaxien zählen zu dieser besonderen Gruppe.

Die andere herausragende Klasse von besonderen Sternsystemen sind die Radiogalaxien. Auch sie zählen zu den aktiven Galaxien und strahlen derart intensiv hauptsächlich Radiowellen aus, wie es sonst der Gesamtleuchtkraft einer Galaxie über alle Wellenlängen entspricht. Die Analyse der Strahlung lässt erkennen, dass sie von rasch bewegten Elektronen in Magnetfeldern herstammt. Es handelt sich um sogenannte Synchrotronstrahlung. Die Gebiete der starken Radiostrahlung liegen nämlich rechts und links der im optischen Bereich sichtbaren Galaxie, das heißt, es gibt zwei symmetrisch zum Kern der Galaxie angeordnete Emissionsgebiete für die Radiostrahlung. Man nimmt an, dass auch im Zentrum der Radiogalaxien ein Schwarzes Loch vorhanden ist, das die in seiner Umgebung vorhandenen geladenen Teilchen auf hohe Geschwindigkeiten beschleunigt.

In Materiestrahlen, den sogenannten Jets, entsteht dann die Radiostrahlung. Die gewaltigen Energieabstrahlungen lassen vermuten, dass diese Vorgänge von den Galaxien nicht allzu lange aufrechterhalten werden können. Deshalb wird angenommen, dass es sich bei den aktiven Galaxien um Entwicklungsstadien von Sternsystemen handelt, deren Dauer sich aus der Häufigkeit ihres Vorkommens erschließen lässt.

Quasare und Gravitationslinsen

Eine besonders mysteriöse Klasse von extragalaktischen Objekten wurde 1963 entdeckt. Sie gibt uns bis heute noch immer einige Rätsel auf. Es handelt sich um die sogenannten Quasare – quasistellare Radioquellen. Optisch erscheinen Quasare punktförmig wie Sterne. Es handelt sich um sehr weit entfernte, kleine Objekte, die aber insgesamt etwa 100-mal so viel Energie abstrahlen wie ein normales Sternsystem. Die Entdeckung leuchtender Hüllen um die winzigen Kerne führte zu der Auffassung, dass es sich bei den Quasaren um Kerne von Galaxien in einem bestimmten Entwicklungsstadium handelt. Damit gehören auch sie zur Klasse der aktiven Galaxien. Die Entfernungen der Quasare sind durchweg extrem groß – der

Erst gesehen, dann entdeckt – die Quasare

Im Jahr 1960 gelang es erstmals, die Position einer Quelle intensiver Radiostrahlung mit der Bezeichnung 3C 48 sehr genau festzustellen. Die Winkelausdehnung war mit weniger als einer Bogensekunde extrem gering. Eine andere Radioquelle, 3C 295, wurde mit dem hellsten Mitglied eines entfernten Galaxienhaufens identifiziert. Dieser Erfolg ermutigte die beiden Astronomen Thomas Matthews und Allan Sandage, auch 3C 48 weiter zu untersuchen. Das Ergebnis mochten die beiden jedoch nicht veröffentlichen, denn die gefundene sternartige Quelle wies ein bis dahin völlig unbekanntes Spektrum auf, in dem es keinerlei Wasserstofflinien gab. 1963 wurde ein weiteres Objekt mit einem ebenso rätselhaften Spektrum gefunden: die Radioquelle 3C 273. Daraufhin wendete sich der in den USA arbeitende Niederländer Maarten Schmidt mithilfe des Fünf-Meter-Spiegels auf dem Mount Palomar dem Spektrum dieses Objekts zu und entwickelte eine interessante Idee: Könnte es sich bei den unbekannten Linien im Spektrum vielleicht um extrem ins Rote verschobene normale Wasserstofflinien handeln? Eine genaue Untersuchung zeigte, dass er Recht hatte. Daraus ergab sich der Schluss, das winzige Gebiet von 3C 273 mit der außerordentlich intensiven Radiostrahlung müsse sich etwa zwei Milliarden Lichtjahre von uns entfernt befinden. So wurde 1963 der erste Quasar entdeckt, obwohl schon drei Jahre zuvor ein anderer beobachtet worden war.

---

bisher entfernteste Quasar wurde in ungefähr zwölf Milliarden Lichtjahren Entfernung gefunden. Wir erblicken ihn also in einem zwölf Milliarden Jahre zurückliegenden Zustand, da die elektromagnetischen Wellen, die uns die Botschaft dieses Extremobjektes bringen, bereits zwölf Milliarden Jahre bis zu uns unterwegs waren. Somit kann es sich bei Quasaren nur um ein sehr frühes Stadium im Leben von Galaxien handeln.

Um die enorme Strahlungsleistung der Quasare zu erklären, nimmt man an, dass sich in ihrem Kern ein Schwarzes Loch von etlichen 100 Millionen Sonnenmassen befindet. Die in diese Massenansammlung hineinstürzende Materie aus einer äußeren rotierenden Scheibe heizt sich extrem auf, wodurch es zu den beobachteten Emissionslinien in ihren Spektren kommt. Starke Magnetfelder haben den Ausstoß von zwei entgegengesetzt gerichteten Jets aus der Scheibe zur Folge. Hier kommen Elektronen vor, die nahezu Lichtgeschwindigkeit aufweisen und die extreme Radiostrahlung verursachen. Ein solcher Materiestrahl konnte bei 3C 273, dem ersten aller entdeckten Quasare, sogar nachgewiesen werden.

Im Zusammenhang mit den Quasaren ist noch ein anderes Phänomen von außerordentlichem Interesse, das in jüngster Zeit große Bedeutung erlangt hat: die Gravitationslinsen. Da sich die Quasare in sehr großen Entfernungen befinden, muss ihr Licht gelegentlich ein massereiches Sternsystem im Vordergrund passieren. Dabei kann es zur Lichtablenkung entsprechend Albert Einsteins Allgemeiner Relativitätstheorie kommen, die uns irdischen Beobachtern das Vorhandensein von zwei oder mehr Quasaren vortäuscht. Auch ringförmige Strukturen, die auf ein einziges Objekt in großer Distanz und ein massereiches Sternsystem im Vordergrund zurückzuführen sind, wurden bereits gefunden. Der erste Doppelquasar, der in Wirklichkeit nur einen einzigen darstellt, wurde im Jahr 1979 im Sternbild Große Bärin entdeckt. Der Quasar befindet sich in ungefähr zehn Milliarden Lichtjahren Entfernung; Eine etwa vier Milliarden Lichtjahre entfernte elliptische Riesengalaxie im „Vordergrund“ verursacht sein Doppelbild.

Gravitationslinsen

Die längsten Fernrohre der Welt befinden sich nicht auf unserer Erde, sondern im Universum. Niemand hat diese Teleskope gebaut,

Hier bewirkt ein massereicher Galaxienhaufen einen Gravitationslinseneffekt. Hinter dem Haufen befindet sich ein weit entfernter Quasar, der dadurch auf diesem Bild fünffach erscheint (helle weiße Punkte um die Bildmitte). Auch die bogenförmigen Strukturen im Bild beruhen auf dem Gravitationslinseneffekt.

sie existieren einfach aufgrund der Naturgesetze. Die Rede ist von den Gravitationslinsen, die sich in jüngster Zeit zu einem speziellen Forschungsgebiet entwickelt haben.

Als Linsen wirken dabei massereiche astronomische Objekte, wie zum Beispiel eine Galaxie oder eine ganze Gruppe von Galaxien. Durch ihre Gravitation lenken sie die elektromagnetischen Wellen von räumlich hinter ihnen stehenden Objekten ab und erzielen eine ähnlich bündelnde Wirkung auf Lichtstrahlen wie eine herkömmliche Glaslinse. Mit anderen Worten: Durch die Schwerewirkung kosmischer Massen werden Lichtstrahlen dahinter stehender Objekte „fokussiert". Das kann dazu führen, dass man das eigentliche Objekt in einer anderen als seiner tatsächlichen Position wahrnimmt. In bestimmten Fällen entstehen aber auch mehrere Bilder desselben Objekts. Dass diese erstaunliche Art kosmischer Linsen überhaupt existiert, beruht auf der von Einstein entdeckten Krümmung der Raumzeit in der Nähe massereicher Objekte.

Gravitationslinsen kennt man seit 1979. Damals wurde der Doppelquasar Q0957+561 im Sternbild Große Bärin entdeckt. Es handelte sich um dasselbe Objekt, das aufgrund eines Gravitationslinseneffekts am Himmel zweimal nachgewiesen werden konnte. Inzwischen kennen wir sogar zahlreiche „Einstein-Ringe“. Das sind gleichsam unendlich viele Bilder einer kosmischen Lichtquelle, die ein ringförmiges Gesamtbild ergeben.

Das Phänomen der Gravitationslinsen wird vielfältig für die Forschung genutzt. Fernste Objekte wurden dadurch zugänglich. Ebenso sind aber auch Massenbestimmungen der jeweiligen Gravitationslinse selbst möglich inklusive des Anteils der Dunklen Materie, weil diese ja am Linseneffekt beteiligt ist. Auch bei der Bestimmung der Materiedichte im Universum oder des Hubble-Parameters (siehe S. 275), ja sogar bei der Suche nach Exoplaneten erweisen sich Gravitationslinsen als ein universelles Werkzeug der Astrophysik.

Das Seifenblasenuniversum

» Wohin auch immer wir den Blick im Universum lenken – überall finden wir Strukturen. Gilt dies auch für die Welt der Galaxien? Oder enden in diesen Entfernungen die hierarchischen Baugruppen des Kosmos? Nein, offenbar ist sogar das gesamte von uns überschaubare Universum strukturiert – und zwar von Anfang an!

Entfernungen von Sternsystemen sind schwierig zu bestimmen. Solange man die Galaxien noch in Einzelsterne auflösen kann, besteht wenigstens die Hoffnung, durch Anwendung der Veränderlichen-Methode auch zuverlässige Distanzmessungen zu erhalten. Je weiter die Galaxien aber entfernt sind, umso mehr verschwimmen auch die gewaltigen Sternsysteme zu Nebelfleckchen, selbst im Visier der größten Teleskope. Dann müssen indirekte Methoden dazu herhalten, Angaben über die räumliche Stellung der Objekte abzuleiten. Solche Methoden basieren auf verschiedenen Annahmen und sie funktionieren natürlich umso besser, je zuverlässiger die Annahmen sind. Ein Beispiel mag dies verdeutlichen: Angesichts der großen Anzahl von Sternen in den Galaxien kommt es immer wieder zu Supernova-Explosionen. Selbst wenn es nicht mehr gelingt, ein Sternsystem in Einzelsterne aufzulösen, so macht sich eine Supernova wegen ihrer großen Helligkeit doch eindeutig bemerkbar. Sie kann dann gleichsam als eine sogenannte Standardkerze benutzt werden, wobei man davon ausgeht, dass alle Supernovae eines bestimmten Typs etwa die gleiche absolute (Maximal-) Helligkeit besitzen.

Doch auch auf anderem Wege lassen sich die Entfernungen von Galaxien ermitteln. Erinnern wir uns an das Problem der Sternentfernungen. Die zuverlässig gemessenen Winkelverschiebungen der Sterne durch die Bewegung der Erde um die Sonne bildeten die Basis. Mit ihrer Hilfe konnten weitere Verfahren geeicht werden. Doch neben den individuellen Entfernungen der Sterne kamen auch statistische Entfernungen ins Spiel, bei denen man die Distanzen ganzer Gruppen bestimmt, dafür aber auf die genauen Entfernungen der einzelnen Objekte verzichtet. Für manchen wissenschaftlichen Zweck ist diese Vorgehensweise durchaus sinnvoll. Wenn wir nun nach der großräumigen Verteilung der Sternsysteme fragen, dann muss auch hier wegen der enormen Anzahl von Objekten auf statistische Verfahren zurückgegriffen werden. So kann man zum Beispiel die Verteilung der Nebel im Raum dadurch bestimmen, dass man sie einfach zählt und dabei ihre Helligkeiten mit heranzieht. Man kann dann die Anzahl der nachweisbaren Galaxien bis zu einer bestimmten Helligkeit feststellen und daraus auf ihre Verteilung schließen. Die Auswertung solcher Zählungen ist allerdings nicht ganz einfach. Um überhaupt zum Ziel zu kommen, muss man nämlich zunächst einige Annahmen zugrunde legen, von denen man leider recht sicher ist, dass sie gar nicht zutreffen. Soll zum Beispiel die Anzahl der Nebel bis zu einer bestimmten Helligkeit einen Rückschluss auf die Zahl der Objekte in einem Raumgebiet gestatten, setzt man voraus, dass alle Nebel gleich hell sind. Das ist natürlich nicht der Fall. Sollte es im Raum zwischen den einzelnen Sternsystemen zudem Licht verschluckende Materie geben, werden die Ergebnisse zum Beispiel auch dadurch verfälscht. Mit anderen Worten: Die Abweichungen der Wirklichkeit von den gemachten Annahmen zwingen uns, die Ergebnisse der Zählungen zu korrigieren. Dazu benötigen wir allerdings genaue Kenntnisse über die Beträge dieser Abweichungen.

Galaxienhaufen und Dunkle Materie

Unter Berücksichtigung all dieser Einflussgrößen ist es im Laufe der Zeit immer besser gelungen, die Anordnung der Nebel im Raum zu ermitteln. Das Ergebnis ist höchst interessant: Auch die Sternsysteme sind nämlich im Universum keineswegs gleichmäßig verteilt, wie ja auch die Sterne unseres eigenen Milchstraßensystems keine gleichmäßige Verteilung aufweisen. Schon die scheinbare Anordnung der Galaxien am Firmament lässt deutliche Ballungen erkennen, das heißt Gebiete, in denen wesentlich mehr Sternsysteme vorhanden sind als anderswo. Die Zahl der Mitglieder solcher Haufen ist sehr unterschiedlich. Einige zählen nur wenige Dutzend Galaxien, andere mehr als 10 000.

Auch unsere heimatliche Galaxie zählt zu einem Haufen, der sogenannten Lokalen Gruppe, deren Mitglieder gravitativ an einander gebunden sind und die sich über ein Raumgebiet von rund acht Millionen Lichtjahren erstreckt. Bei diesem Galaxienhaufen handelt es sich um eine der kleinen Ansammlungen von Sternsystemen. Zu den bekanntesten Mitgliedern dieser Gruppe zählen neben unserem eigenen Sternsystem und den Magellanschen Wolken auch der Andromeda-Nebel mit seinen Begleitern sowie der schon mehrfach zitierte Dreieck-Nebel (oder Triangulum-Nebel) M 33. Insgesamt dürfte die Lokale Gruppe ungefähr 30 Galaxien enthalten. Man vermutet jedoch noch weitere Angehörige dieser Gruppe, die bislang noch unentdeckt geblieben sind. Zudem gibt es in unserer „Nähe“ (in etwa 65 Millionen Lichtjahren Entfernung) noch eine weitaus größere Ansammlung von Galaxien, den sogenannten Virgo-Haufen (in Richtung des Sternbilds Jungfrau, lat.: Virgo). Er umfasst insgesamt rund 2500 Mitglieder. Der mit knapp 400 Millionen Lichtjahren viel entferntere Coma-Haufen beinhaltet rund 1100 Galaxien.

Der Galaxienhaufen Abell 1689 verzerrt durch seine Linsenwirkung die Hintergrundgalaxien zu Bögen.

Wie man aus der gegenseitigen Einwirkung der Komponenten in einem Doppelsternsystem auf die Massen schließen kann, so lassen sich auch aus dem Studium der Bewegungsverhältnisse in Galaxienhaufen Rückschlüsse auf die Massen der Mitglieder ziehen. Seltsamerweise gelangt man dabei aber zu ganz anderen Ergebnissen, als wenn man die Massen aus den Sternbewegungen in den Galaxien selbst ermittelt. Wir erinnern uns, dass wir schon einmal dem Problem „fehlender" Massen begegnet sind, als wir das Rotationsverhalten der Milchstraße und des Andromeda-Nebels betrachtet haben (siehe S. 219). Hier finden wir nun noch einmal dieselbe Diskrepanz. Die Schlussfolgerung, die wir bereits gezogen haben, kann also nur noch einmal bekräftigt werden: Ein erheblicher Teil der Massen im Universum bleibt uns verborgen. Er macht sich als Dunkle Materie lediglich durch seine Gravitationswirkung bemerkbar, jedoch nicht in Form von optisch oder sonst wie nachweisbarer Materie.

Haufenweise Haufen und Kollisionen

Die Galaxienhaufen sind aber keineswegs die größten im Universum vorkommenden Strukturen, denn diese sind wiederum Teil von Galaxien-Superhaufen. Die Lokale Gruppe ist beispielsweise Teil des sogenannten Virgo-Superhaufens. Er umfasst insgesamt rund 100 Galaxienhaufen, sein Zentrum bildet der erwähnte Virgo-Galaxienhaufen.

Wie fast stets, wenn ein Phänomen entdeckt und empirisch untersucht wird, versucht man zunächst, eine Klassifizierung zu finden, die sich an äußeren Merkmalen orientiert. Dementsprechend ist man mit den verschiedenen Sternspektren verfahren, ähnlich mit den Galaxien. Auch die Galaxienhaufen sind auf diese Weise geordnet worden, wenn es zurzeit auch noch an einer allgemein anerkannten Klassifikation mangelt.

Die Anordnung der Galaxien in Haufen bringt es mit sich, dass die Galaxiendichte in den sogenannten kompakten Clustern (eine Art „Kugelhaufen" der Galaxien) in den zentrumsnahen Bereichen recht groß wird, sodass einzelne Haufenmitglieder auch miteinander zusammenstoßen können.

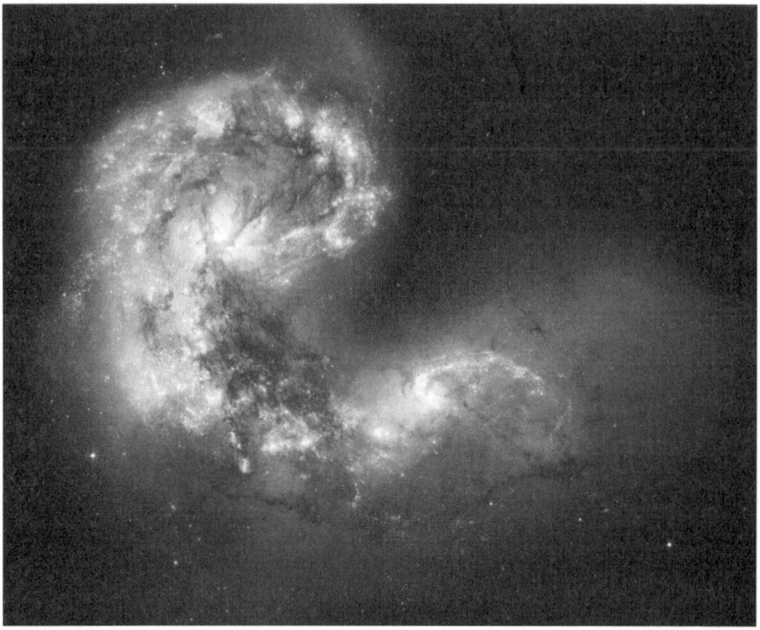

Die sogenannten Antennengalaxien sind zwei Sternsysteme, die miteinander kollidieren.

Durch die Wechselwirkung mit der kleinen Galaxie (rechts) zeigt die große Galaxie M 51 eine besonders ausgeprägte Spiralstruktur.

Ein solches Ereignis findet in den genannten Haufen im Durchschnitt alle 500 Millionen Jahre statt. Die Sterne der beteiligten Galaxien selbst kollidieren dabei keineswegs, aber die Materie zwischen den Sternen wird „Opfer" der Massenanziehungskraft und oft wird dann die kleinere Galaxie von der größeren förmlich aufgefressen. Entweder kommt es danach zu einer vollständigen Vereinnahmung der Sterne des kleinen Partners durch die größere Galaxie oder die kleinere verliert zumindest einen Teil ihres ursprünglichen Sternreichtums.

Übrigens ist auch der Raum zwischen den Galaxien nicht leer. Vielmehr sind die einzelnen Mitglieder eines Haufens von Sternsystemen in ein heißes Gas aus Elektronen und Protonen eingebettet. Die hohe Temperatur bedeutet dabei nichts anderes als eine hohe Geschwindigkeit der Teilchen. Die Dichte dieser Materie ist hingegen so gering, dass man von der Temperatur gar nichts spüren würde, wenn man mit dem „heißen" Gas in Berührung käme.

Und doch sind die Galaxienhaufen immer noch nicht die größten Verteilungsmuster im Universum. Vielmehr zeigen auch die Haufen wieder die Tendenz zur Haufenbildung. Während die typischen Galaxienhaufen einen Durchmesser zwischen zehn und 30 Millionen Lichtjahren aufweisen, betragen die Durchmesser der Superhaufen bis zu 100 Millionen Lichtjahre. In ganz großen Dimensionen finden wir eine Art Waben- oder Seifenschaumstruktur. Aneinanderstoßende Zellen, deren Inneres keine leuchtende Materie enthält, bilden somit die größten uns bisher bekannten Verteilungsmuster im Kosmos. Die „Zellwände" werden von einer dünnen Galaxienschicht gebildet, die gelegentlich auch Verstärkungen aufweist. Solche Haufenketten laufen in sehr objektreichen Knoten zusammen – den Superhaufen mit einem markanten Galaxienhaufen im Zentrum. Man hat heute Grund zu der Annahme, dass die Keimzellen dieser Strukturen schon im frühen Universum angelegt waren.

Das „Seifenblasenuniversum": So stellt man sich aufgrund von Beobachtungsdaten die Verteilung der Galaxienhaufen in großen Maßstäben vor. An den Knotenpunkten befinden sich Superhaufen, dort ist die Galaxiendichte am größten.

Das Rätsel der Dunklen Materie

Unser Sternsystem rotiert um seine Achse – doch nicht so, wie es nach den Gesetzen der Himmelsmechanik zu erwarten wäre! Auch für die Milchstraße gelten die Keplerschen Gesetze. Die Umlaufgeschwindigkeit der einzelnen Objekte müsste folglich mit zunehmendem Abstand vom Zentrum immer weiter abnehmen. Das ist jedoch nicht der Fall. Stattdessen nimmt sie weit draußen sogar noch zu!

Auch die Galaxien in haufenförmigen Ansammlungen verhalten sich anders, als wir es nach den Gesetzen der Himmelsmechanik erwarten. Diese Merkwürdigkeiten haben zu der Annahme vieler Forscher geführt, dass sowohl in unserem Sternsystem als auch in Galaxienhaufen mehr Masse vorhanden ist, als wir beobachten können. Es gibt also offenbar eine geheimnisvolle Art von Materie, die sich durch keinerlei „Lichtbotschaften" verrät. Um dem Kind einen Namen zu geben, spricht man von „Dunkler Materie". Abschätzungen zeigen, dass dieses mysteriöse „Etwas" möglicherweise bis zum Zehnfachen der Masse der leuchtenden Materie ausmacht. Doch worum handelt es sich dabei? Wir wissen es bis heute nicht, obwohl sich die Forschung seit vielen Jahren ernsthaft damit beschäftigt. Zunächst dachte man an lichtschwache Objekte wie Braune Zwerge (Objekte, die sowohl Eigenschaften von Planeten als auch Sternen besitzen) oder Exoplaneten; auch die massenweise vorkommenden Neutrinos wurden als Kandidaten für die Dunkle Materie diskutiert. Selbst großzügige Abschätzungen ließen aber bald erkennen, dass man das Massendefizit so nicht erklären konnte.

Gegenwärtig gibt es mehrere konkurrierende Theorien, um die Dunkle Materie zu erklären. So deuten einige Forscher das ominöse Phänomen mit einer „Modifizierten Newtonschen Dynamik" (MOND), die für kleine Beschleunigungen gültig sein soll, wie

Zwei Galaxienhaufen in Kollision: Im Außenbereich fand man die meiste Masse – offenbar Dunkle Materie. Der zentrale Bereich deutet auf heißes Gas.

sie zum Beispiel im Gravitationsfeld der Milchstraße wirken. Elementarteilchenphysiker hingegen nehmen bei hypothetischen Elementarteilchen Zuflucht, zum Beispiel den sogenannten Axionen, die beim Urknall in großer Zahl entstanden seien. Gefunden hat man sie aber bislang noch nicht. Auch ein schwach wechselwirkendes massives Teilchen (engl.: WIMP, **W**eakly **I**nteracting **M**assive **P**article) ist ein Kandidat der Physiker. Die WIMPs sollen bis zum 100-Fachen der Protonenmasse besitzen, würden aber dennoch nur schwach mit gewöhnlicher Materie in Wechselwirkung treten. Nachweis? – Fehlanzeige! Schließlich sollen auch die Strings, extrem dünne und Milliarden Lichtjahre lange „Fäden“, jene Gravitationswirkungen hervorrufen können, die wir der Dunklen Materie zuschreiben. Es bleibt also spannend, weil jede hypothetische Erklärung auch Konsequenzen für unser gesamtes Weltbild nach sich ziehen würde.

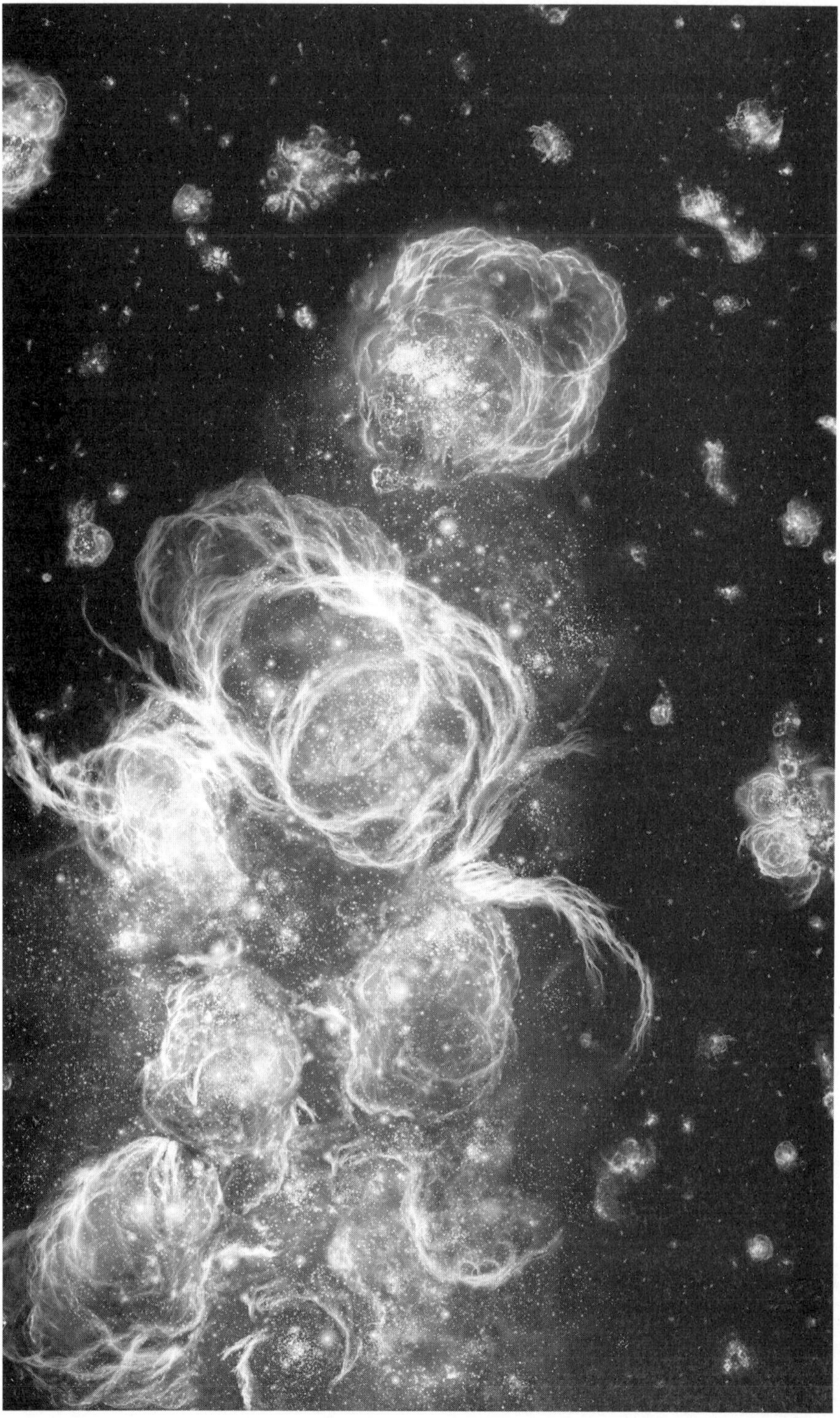

KAPITEL 5

Die Biographie des Universums

Die Entdeckung der Weltexpansion

» Geburt und Tod begrenzen zeitlich alle Dinge, die wir kennen. Doch auch das Eine, Große, Allumfassende, das Universum, muss nicht unbedingt ewig währen. Es hat nicht nur Anfang und Ende in der Zeit, sondern die Zeit selbst existierte offenbar nicht immer und wird vielleicht nicht immer existieren. Die Erkenntnisse der modernen Physik sagen uns dasselbe vom Raum: Auch er war nicht immer vorhanden und wird vielleicht eines Tages nicht mehr existieren.

Das 20. Jahrhundert hatte wissenschaftlich mit zwei großen Paukenschlägen begonnen: Max Planck veröffentlichte 1900 seine Quantentheorie und revolutionierte damit das Bild vom Mikrokosmos. Alles, was sich in der Welt und Subwelt des atomaren Bereichs abspielte, wurde nun dem wissenschaftlichen Verständnis zugänglich, wenn es sich dabei auch oft um wundersame Dinge handelte, die sich unserem logischen Alltagsdenken widersetzen. Die andere große Entdeckung ist mit dem Namen Albert Einsteins verbunden: die Relativitätstheorie, zunächst die Spezielle (1905) und dann die Allgemeine (1916). Die Allgemeine Relativitätstheorie ist eine neue Theorie der Gravitation und damit zuständig für die Makrowelt, für das Verständnis des Universums. Tatsächlich hat die Allgemeine Relativitätstheorie einen sensationellen Siegeszug angetreten. Ohne die Auffassungen Einsteins von Raum und Zeit könnten wir den Kosmos und viele der in ihm ablaufenden Vorgänge nicht verstehen.

Der Raum ist bei Einstein ein vierdimensionales raumzeitliches Gebilde – etwas durchaus Unanschauliches, das wir als Raumzeit bezeichnen. Doch Anschaulichkeit ist nicht das Kriterium für Wahrheit. Aus Einsteins Theorie ergeben sich einige Effekte, deren Nachweis darüber entscheidet, ob die Theorie die Realität richtig widerspiegelt oder nicht. So muss zum Beispiel, wenn Einstein Recht hat, ein unmittelbar am Rand der Sonne vorüberlaufender Lichtstrahl durch die Masse der Sonne eine Ablenkung erfahren, denn Einsteins Theorie besagt, dass die Massen der Raumzeit eine Krümmung verleihen. Bei der totalen Sonnenfinsternis von 1919 wurde dieser Effekt erstmals nachgewiesen. Die verfinsterte Sonne ließ den Sternhimmel mitten am Tage sichtbar werden und man konnte die Positionen sonnenrandnaher Sterne vermessen. Sie unterschieden sich tatsächlich um den von der Theorie geforderten Betrag von der normalen Position dieser Sterne. Auch die anderen von Einsteins Theorie geforderten Effekte konnten nach und nach mit teilweise erheblichem Forschungsaufwand nachgewiesen werden. Den jüngsten Triumph erlebte Einsteins Gedankengebäude durch die Messung von Gravitationswellen im Jahre 2015, die durch die Kollision zweier Schwarzer Löcher ausgelöst worden waren.

Das dynamische Universum

Für Einstein war von Anbeginn klar, dass seine Theorie geeignet sein musste, Aussagen über die Welt im Großen zu machen, befasste sie sich doch mit der Anziehungskraft – der einzigen physikalischen Grundkraft, durch die bis in beliebige Distanzen hinein die Wechselwirkungen der Objekte beschrieben werden können.

So unternahm Einstein schon bald nach der Fertigstellung seiner Theorie den Versuch, die Welt als Ganzes theoretisch zu

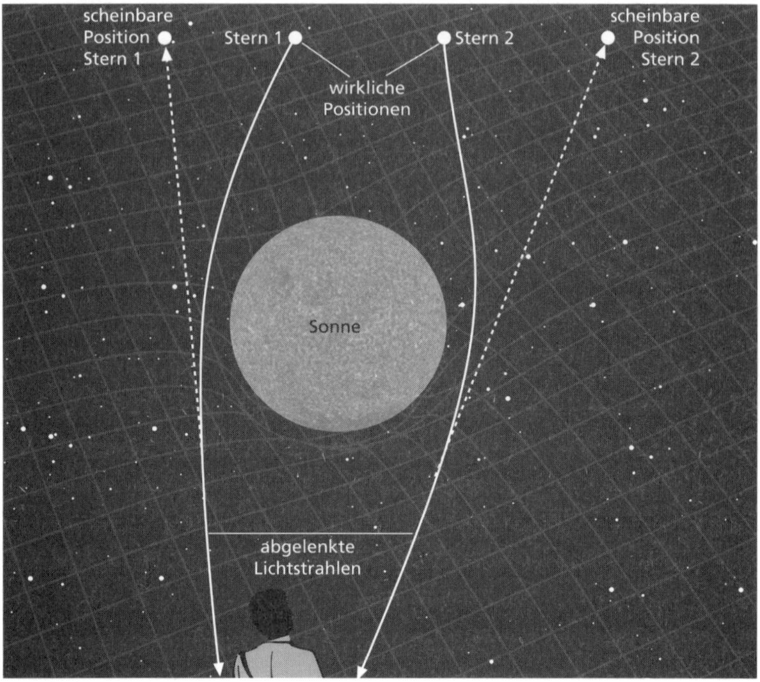

Sterne verändern nah am Sonnenrand scheinbar ihre Position. Der Grund ist die Ablenkung ihres Lichts durch die Sonne.

modellieren. Dabei ging er von dem Prinzip aus, dass die durchschnittliche Dichte überall im Universum dieselbe ist und es keine irgendwie bevorzugten Richtungen gibt. Die Fachleute sprechen von Homogenität und Isotropie. Als Resultat fand Einstein einen in sich geschlossenen statischen Kugelraum. Die kosmischen Massen sollten insgesamt eine solche Raumkrümmung bewirken, dass sich ein grenzenloser, aber nicht unendlicher Raum ergibt, der durch vier Dimensionen (drei des Raumes und eine der Zeit) definiert wird. Wenn man die Beschreibung „endlich, aber grenzenlos“ hört, braucht man nur an die Oberfläche einer Kugel zu denken, um sich den Sachverhalt zu veranschaulichen. Diese existiert als zweidimensionale Fläche im dreidimensionalen Raum und ist ohne Grenze, aber doch endlich. Ein Lichtstrahl, der in Einsteins Universum irgendwo ausgesendet wird, müsste nach endlicher Zeit wieder zu seinem Ursprungsort zurückkehren, weil er der Krümmung des Raumes folgt.

Doch Einstein war einem Irrtum verfallen, wie schon bald der sowjetische Mathematiker Alexander A. Friedmann nachwies. Friedmann konnte zeigen, dass ein Kosmos, der den Gleichungen der Allgemeinen Relativitätstheorie genügen soll, sich entweder ausdehnen oder zusammenziehen muss, sich entweder in Expansion oder in Kontraktion befindet. Neben Friedmann leiteten auch andere bedeutende Theoretiker solche Modelle aus Einsteins Gleichungen ab. Den meisten Astrophysikern erschienen die Schlussfolgerungen jedoch eher absurd. Sie fühlten sich in der Auffassung bestätigt, dass Einsteins Theorie, die ohnehin noch nicht allgemein anerkannt war, wohl für eine Beschreibung des Universums als Ganzes nicht geeignet war.

Doch es kam anders. Die beobachtenden Astrophysiker hatten ihre Aufmerksamkeit den „Nebeln" zugewendet, um deren Natur aufzuklären. Noch lange, bevor überhaupt Gewissheit darüber herrschte, dass viele Nebel in Wirklichkeit ferne Sternsysteme sind, wurden die Spektren dieser Objekte sorgfältig untersucht. Der amerikanische Astronom Vesto Melvin Slipher vom Lowell-Observatorium stellte fest, dass sich die Spektren der Nebel im Allgemeinen von den Labor-Vergleichsspektren dadurch unterscheiden, dass alle Linien zum roten Ende hin verschoben sind. Deutet man diese Verschiebungen der Linien als Doppler-Effekt (vgl. S. 20), dann muss man daraus schließen, dass die Nebel recht hohe, von uns weg gerichtete Geschwindigkeiten aufweisen.

Werte von 100 Kilometern pro Sekunde (immerhin 360 000 Kilometer je Stunde!) waren keine Seltenheit. Slipher verfolgte diesen

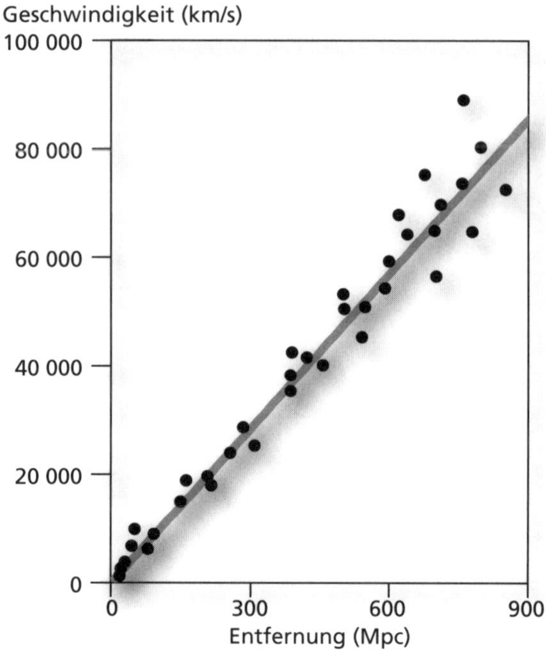

Mit zunehmender Galaxienentfernung beobachten wir immer größere Radialgeschwindigkeiten. 1 Mpc = 3,26 Millionen Lichtjahre.

Befund mehr als ein Jahrzehnt und gelangte zu der Vermutung, dass möglicherweise ein Zusammenhang zwischen der Größe der beobachteten Linienverschiebungen und der Entfernung der Nebel bestand. Doch die Entfernungen waren gar nicht bekannt und die ganze Hypothese stand auf äußerst wackligen Füßen.

Dies änderte sich erst mit der Inbetriebnahme des Hooker-Teleskops auf dem Mount Wilson in Kalifornien. In Verbindung mit diesem Instrument wurde unter anderem auch ein neuartiger Spektrograf zur Untersuchung des zerlegten Lichts von kosmischen Objekten eingesetzt, der die besten bis dahin möglichen Auflösungen erzielte. Edwin Hubble und sein Kollege Milton Humason belichteten ihre Platten bis an die Grenze des Möglichen und ermittelten die Entfernungen von 65 verschiedenen extragalaktischen Objekten. Der Befund war ganz eindeutig: Je größer die Entfernungen der Nebel zur Erde, umso größer auch die Verschiebungen der Spektrallinien zum roten Ende des Spektrums hin – immer im Vergleich zu irdischen Laborspektren. Die Galaxien bewegten sich durchweg vom Beobachter fort und zwar mit umso größerer Geschwindigkeit, je weiter sie entfernt waren. Was bedeutete das? Offenbar kamen hier zwei Forschungswege zusammen: Das Universum war, wie die Beobachtungen zeigten, tatsächlich keineswegs statisch. Gerade dies hatte Friedmann aus Einsteins Allgemeiner Relativitätstheorie vorhergesagt. Es müsse entweder expandieren oder kontrahieren, hatte Friedmann behauptet. Die Beobachtungen sprachen nun zugunsten einer allgemeinen Expansion des Kosmos.

Zunächst hatte es den Anschein, als bewegten sich alle fernen Sternsysteme im Durchschnitt von uns weg. Beinahe sah es so aus, als würde das geozentrische System mit der Erde im Mittelpunkt auf einer anderen Grundlage neu geboren. Doch die Relativitätstheorie Einsteins ließ deutlich werden, dass jeder andere Beobachter, in welchem Sternsystem auch immer sein Planet um eine der dortigen Sonnen kreisen sollte, dieselbe Feststellung treffen müsste. Auch ihm erschiene es, als befinde er sich gleichsam im Zentrum des Geschehens. Zur Veranschaulichung bleibt uns wieder nur ein zweidimensionales Analogon: Wir denken uns die dreidimensionale Welt auf die zweidimensionale Oberfläche eines Luftballons gepackt, der gerade aufgeblasen wird. Dann hätte ein beliebiger Beobachter irgendwo auf der Oberfläche des Ballons den Eindruck, alle anderen Punkte bewegten sich von ihm fort. Dennoch befände er sich keineswegs im Mittelpunkt der Oberfläche des Luftballons. Im Gegenteil: Die Oberfläche eines Luftballons besitzt gar keinen Mittelpunkt!

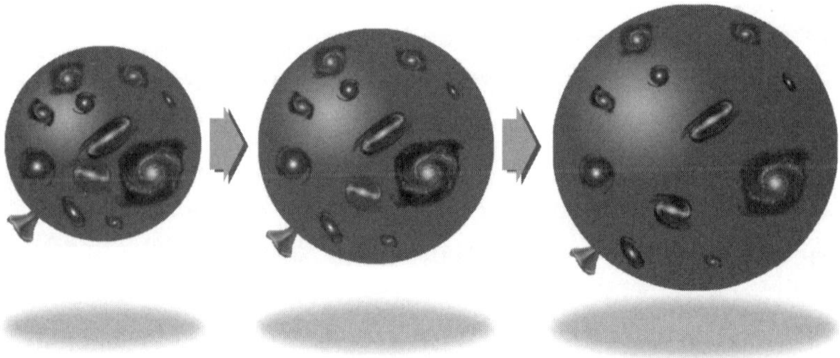

Das Universum expandiert wie ein Luftballon. Jeder Beobachter auf der Oberfläche des Ballons hätte den Eindruck, dass sich alles andere von ihm entfernt. Die Ballonoberfläche ist eine zweidimensionale Veranschaulichung der Expansion des dreidimensionalen Raums.

Was war am Anfang?

Die Entdeckung der Expansion des Universums war zweifellos eine der großen Revolutionen in der Geschichte des astronomischen Weltbildes; durchaus vergleichbar dem Umbruch, den Nikolaus Kopernikus durch die Erkenntnis der Mittelpunktstellung der Sonne im Planetensystem herbeigeführt hatte. Dennoch brachte die Entdeckung der Expansion des Weltalls keineswegs die gleichen Erschütterungen im Denken der Menschen hervor wie einst die heliozentrische Lehre.

Die Menschheit konnte eben nur einmal aus ihrer behüteten Sonderstellung in der „Mitte der Welt" vertrieben werden. Alle anderen noch so bahnbrechenden neuen Erkenntnisse über unsere Stellung im Weltganzen berührten das Selbstverständnis der Menschen weitaus weniger.

Die Entdeckung der Expansion des Kosmos bedeutete übrigens auch nicht, wie einige Forscher zunächst annahmen, dass sich die Sternsysteme in einen bereits vorhandenen Raum hinausbewegten, um diesen nach und nach immer mehr auszufüllen. Vielmehr lehrte die Einsteinsche Theorie, dass es der Raum selbst war, der hier vor unseren Augen größer wurde. Die zunehmenden Distanzen der Sternsysteme sind gleichsam nur ein Indikator für die Ausdehnung des Raums selbst. Aus der Entdeckung der „Nebelflucht" ergab sich zwangsläufig die Frage: Wie lange mochte dieser Prozess bereits im Gange sein? Wie sah das Universum früher aus?

Die naheliegendste Annahme war natürlich, dass die beobachtete zunehmende Entfernung von „Nebeln" auch in der Vergangenheit stattgefunden hat. Daraus folgt, dass die Galaxien zu einem weit zurückliegenden Zeitpunkt in der Vergangenheit viel enger beieinander gestanden haben müssen als heute. Geht man diesem Gedanken konsequent bis zum Ende nach, so kommt man zu dem Schluss, dass es irgendeinen Zeitpunkt gegeben haben muss, zu dem das gesamte heute von uns überschaubare Universum in einem einzigen Punkt vereinigt war. Da man die Zunahme der Galaxiengeschwindigkeiten mit der Entfernung kennt war es ein Leichtes, herauszufinden, wann alle Galaxien in einem Punkt vereinigt gewesen sein müssen. Das Ergebnis lautet: vor etwa 13,82 Milliarden Jahren! Diese Aussage ist natürlich nicht ganz korrekt, denn „Sternsysteme" kann es unter diesen Umständen überhaupt nicht gegeben haben. Treffender müsste es heißen, dass alle Massen des Universums vor etwa 13,82 Milliarden Jahren in einem Punkt vereint gewesen sind. Massendichte und Temperatur müssen damals unendlich hoch gewesen sein. Keinerlei physikalische Erkenntnisse, auch nicht Einsteins Relativitätstheorie, gestatten uns aber, einen solchen extremen Zustand zu beschreiben. Man spricht von einer „Singularität", in der unsere Naturgesetze keine Gültigkeit besitzen. Somit ergibt sich die fundamentale Frage, wie aus jenem unendlich heißen und unendlich dichten „Punkt" das heutige Weltall mit all seinen Erscheinungsformen hervorgegangen ist.

Das Urknall-Szenario

» Die Entdeckungen mit den Riesenteleskopen unseres Jahrhunderts, aber auch die Entwicklung der physikalischen Theorien haben uns in die Lage versetzt, unvorstellbare Zeiträume gedanklich zu überbrücken und das Bild einer Lebensgeschichte des Weltalls zu entwerfen. Vieles spricht dafür, dass es in seinen Grundzügen dem tatsächlichen Geschehen nahekommt.

Die Lebensgeschichte des Universums begann nach der heute vorherrschenden wissenschaftlichen Meinung mit dem Urknall (engl.: Big Bang). Dieser bildhafte Begriff umschreibt allerdings nur sehr ungenügend, was damals geschah. Wir sollten ihn eher als das Synonym für ein Szenario betrachten, mit dem die Expansion des Universums und alle damit verbundenen Vorgänge beschrieben werden. Der mit den Hilfsmitteln unserer heutigen Physik nicht beschreibbare „Augenblick Null“, in dem Raum und Zeit und somit unser Universum entstanden, ging durch die Expansion rasch in einen Zustand über, der zwar extrem genannt werden muss, aber doch unserer Physik bereits zugänglich ist. Binnen einer einzigen Sekunde sank die anfangs unendlich hohe Temperatur auf zehn Milliarden Grad Celsius – rund das Tausendfache der Temperatur im Innern unserer Sonne. Das Universum bestand aus Photonen extrem hoher Energie, die ständig Elementarteilchen bildeten. Hier kommt wieder Einsteins Erkenntnis ins Spiel, dass Energie und Masse nur zwei verschiedene Erscheinungsformen der Materie sind. Welche Teilchen aus den Photonen jeweils entstehen, hängt direkt von der Photonenenergie ab. Sie muss nämlich ausreichend sein, um Teilchen einer jeweils bestimmten Masse zu erzeugen. Für die Erzeugung von Elektronen reicht bereits eine Temperatur von sechs Milliarden Grad Celsius aus, für schwerere Teilchen sind höhere Energien erforderlich.

Der Sieg der Materieteilchen

Damals herrschte thermisches Gleichgewicht: In jeder Zeiteinheit wurden ebenso viele Teilchen aus der Strahlung erzeugt, wie auch wieder zerstrahlten. Die „Rückumwandlung" der Teilchen in Strahlung kam dadurch zustande, dass die Teilchen immer paarweise entstanden: ein Teilchen und sein Antiteilchen. Die Antiteilchen unterscheiden sich von den Teilchen durch ihre Ladung. So hat zum Beispiel das Antiteilchen des Elektrons dieselbe Masse wie dieses, dem Betrag nach auch dieselbe Ladung, allerdings mit umgekehrtem Vorzeichen. Während das Elektron elektrisch negativ geladen ist, verfügt das „Antielektron" (Positron) über eine elektrisch positive Ladung. Doch nicht nur das Elektron besitzt einen „Gegenspieler" in Form seines Antiteilchens, auch alle anderen Elementarteilchen kommen paarweise vor. Das Antiteilchen des Elektrons wurde bereits im Jahr 1932 experimentell nachgewiesen; die Antiteilchen schwererer Partikel aber erst nach 1955. Die ersten Atome der „Gegenwelt", Atome des Antiwasserstoffs, wurden definitiv 1996 im europäischen Kernforschungszentrum CERN bei Genf erzeugt. Antiteilchen sind also keineswegs nur ein Hirngespinst von Physikern.

Teilchen und Antiteilchen zeichnen sich nun aber durch eine ganz besondere Eigenschaft aus: Wenn sie sich berühren, „vernichten" sie sich gegenseitig. Sie verschwinden natürlich nicht im Nichts, sondern aus den Teilchen entsteht die ihrer Masse entsprechende

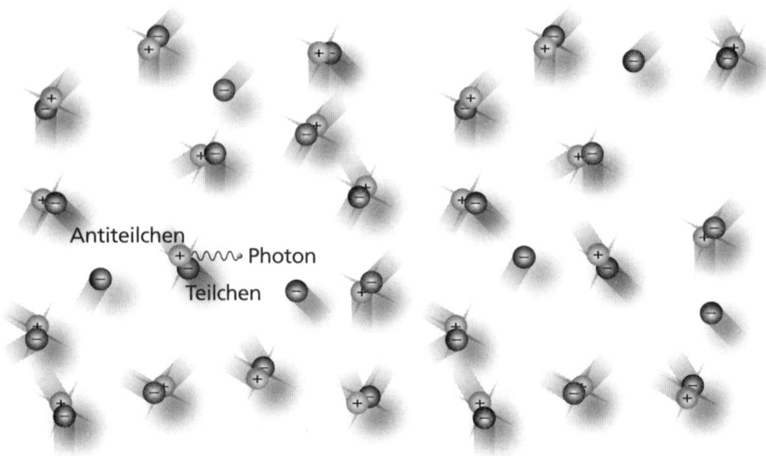

Die Zerstrahlung von Teilchen (+) und Antiteilchen (–) hätte zu einem reinen Strahlungskosmos geführt, wäre nicht die Zahl der Teilchen geringfügig größer gewesen als jene der Antiteilchen. Dadurch blieben die Teilchen übrig, aus denen sich die Objekte des Weltalls bildeten.

Energie. Das thermische Gleichgewicht in der frühesten Jugend des Kosmos bedeutet einen Gleichstand zwischen Photonen (Energie) und Teilchenpaaren (Teilchen und deren Antiteilchen). Da sich das Weltall jedoch in Expansion befand, waren Temperatur und Dichte ständig im Sinken begriffen. Das Weltall war damals nicht nur heiß und dicht, sondern auch extrem klein. Die Masse aller uns heute bekannten Sternsysteme war in einer Kugel von etwa einem Fünftel eines Millimeters Durchmesser eingeschlossen! Doch der Zustand veränderte sich extrem rasch. Während der infernalische Vernichtungskrieg der Teilchen und Antiteilchen tobte, sanken die Temperaturen durch die Ausdehnung des Weltalls rasch ab und schon knapp zwei Minuten nach dem „Urknall“ herrschte „nur“ noch eine Temperatur von weniger als eine Milliarde Grad Celsius – zu wenig für die Bildung selbst der leichtesten Teilchen und deren Antiteilchen aus der Strahlung. Es kamen also keine neuen Teilchen mehr hinzu. Die bereits vorhandenen Teilchen vernichteten sich weiter und bereicherten somit den Strahlungsanteil.

Hätten zu diesem Zeitpunkt ebenso viele Teilchen wie Antiteilchen existiert, so hätten diese sich gegenseitig vernichtet, das heißt in Energie umgewandelt. Folglich wären wir Menschen heute im Universum nicht vorhanden, könnten Sie dieses Buch nicht in Ihren Händen halten und über die Gesetze des Kosmos nachlesen. Da dies aber offenbar nicht der Fall ist, nehmen wir an, dass zwischen der Anzahl der Teilchen und Antiteilchen ein geringes Ungleichgewicht herrschte. Auf eine Milliarde Antiteilchen entfielen eine Milliarde und ein Teilchen unserer gewöhnlichen Materie. Der Vernichtungskrieg der beiden Teilchenarten endete deshalb mit einem knappen Sieg der Teilchen über die Antiteilchen. Aus diesen verhältnismäßig wenigen der übrig gebliebenen Teilchen müssen sich alle Erscheinungsformen des Universums, die Sternsysteme mit ihren Sternen, Gas und Staub, Planetensysteme usw. letztlich gebildet haben – zu einem sehr viel späteren Zeitpunkt allerdings.

Die Entstehung von Wasserstoff und Helium

Als die Temperatur schon so weit gesunken war, dass keine neuen Teilchen mehr entstehen konnten, bestand das Universum im Wesentlichen aus Protonen, Neutronen, Myonen, Elektronen sowie Neutrinos und Photonen: Die Protonen sind die positiv geladenen Bestandteile der Atomkerne, die Neutronen hingegen elektrisch neutrale Bausteine von Atomkernen. Die negativ geladenen Elektronen bewegen sich nach der klassischen (anschaulichen) Theorie von Niels Bohr auf unterschiedlichen Bahnen um den Atomkern herum. Bei den Neutrinos handelt es sich um elektrisch neutrale Teilchen, die entweder überhaupt keine oder eine sehr geringe

Masse besitzen – eine Entscheidung darüber ist von der Forschung noch nicht endgültig getroffen worden. Die Myonen sind extrem instabile Elementarteilchen, die binnen einer Millionstel Sekunde in andere Teilchen zerfallen.

Dann gelangte das expandierende Weltall in die sogenannte Strahlungsära. Bis zu einer Temperatur von 3000 °C – ein Wert, der etwa nach einer halben Million Jahren erreicht war – herrschte die Strahlung im Universum vor. In diesem frühen Stadium der Entwicklung des Weltalls entstanden die leichten Elemente Wasserstoff und Helium in ihrem typischen Masseverhältnis von rund 73 Prozent zu 25 Prozent. Dank unserer heutigen Kenntnisse über die Physik der Atome und Elementarteilchen überblicken wir mit einiger Zuverlässigkeit auch die Vorgänge, die zu diesem Ergebnis geführt haben. Insofern wird das Masseverhältnis von Wasserstoff zu Helium im Weltall auch als ein wichtiger Beleg für die Richtigkeit unserer Vorstellungen über die Jugend unseres Universums angesehen.

Die kosmische Hintergrundstrahlung

» Aus allen Richtungen des Universums gelangt Radiostrahlung zu uns, die kein menschliches Auge wahrnehmen kann. Dennoch berichtet sie Wesentliches über die Lebensgeschichte des Kosmos. Die Entdeckung dieser kosmischen Hintergrundstrahlung ist eine der tragenden Säulen des „Urknall-Szenarios" und somit eines der stärksten Argumente dafür, dass sich die Entwicklung des Universums tatsächlich so abgespielt hat, wie wir sie beschreiben.

Am Ende der Strahlungsära wurde das Weltall durchsichtig – die Strahlung konnte sich frei ausbreiten. Dann folgte jene kosmische Ära, in der wir uns auch gegenwärtig noch befinden, die Materie-Ära. Was bis zu diesem Moment geschah, in dem das Weltall durchsichtig wurde, kann nur exotisch genannt werden. Es entzieht sich weitgehend der Anschaulichkeit und mancher Leser mag auch denken: Was will man über den Kosmos vor 13,82 Milliarden Jahren überhaupt aussagen, da doch niemand dabei gewesen ist? Dennoch haben wir gute Gründe, unserem Szenario zu trauen. Denn letztlich leiten wir alle Aussagen über die Vorgänge in der frühesten Zeit des Kosmos aus den Indizien ab, die wir heute vorfinden. Dazu zählen auch die physikalischen Gesetzmäßigkeiten, die wir in unseren Labors ausgekundschaftet haben. Insofern ist der anspruchsvolle Versuch, die Biografie des Universums zu schreiben, auch ein Musterbeispiel für die Vorgehensweise der Wissenschaft.

Die Inflation löst Probleme

Das vereinfachte Szenario des Urknalls, wie wir es oben angedeutet haben, begegnet einer Reihe von Schwierigkeiten, weil es Dinge, die wir beobachten, nicht erklären kann. Dazu zählt zum Beispiel die Homogenität des Weltalls und die Isotropie: Überall im Weltall herrscht im Durchschnitt die gleiche Dichte, keine Richtung ist vor irgendeiner anderen bevorzugt. Wie konnte es dazu kommen? Inhomogenitäten, die man eigentlich erwarten sollte, müssten in einer extrem frühen Phase des Universums ausgeglichen worden sein. Außerdem lehrt die Theorie, dass in der Anfangsphase des Weltalls besondere Teilchen entstanden sein müssten, die man als magnetische Monopole bezeichnet, von denen man aber bisher keines nachweisen konnte. Auch bleibt unerklärt, warum wir ein weitgehend flaches Universum beobachten, ein Weltall ohne Gesamtkrümmung.

Alle diese Fragen werden beantwortet, wenn man annimmt, dass in dem unvorstellbar kurzen Zeitraum von 10^{-35}–10^{-33} Sekunden nach dem Urknall etwas Besonderes geschehen ist: Während dieser Zeit soll sich das Volumen des Universums auf das 10^{90}-Fache vergrößert haben. Man spricht von einer inflationären Phase der Expansion. Dadurch wäre der von uns überblickbare Teil des Weltalls tatsächlich praktisch ohne Krümmung. Das Weltall selbst müsste dann allerdings viel größer sein als jener Teil, den wir überblicken. Während wir nur rund 10^{10} Lichtjahre weit schauen können, hätte die „inflationäre Blase“ des Universums eine Ausdehnung von 10^{2000} Lichtjahren! Dass wir nur rund 14 Milliarden Jahre weit in das Weltall schauen können, liegt einfach daran, dass das Licht mit seiner Geschwindigkeit von 300 000 Kilometern pro Sekunde in der seit dem Beginn der Expansion verflossenen Zeit von rund 14 Milliarden Jahren auch nur 14 Milliarden Lichtjahre weit gekommen ist.

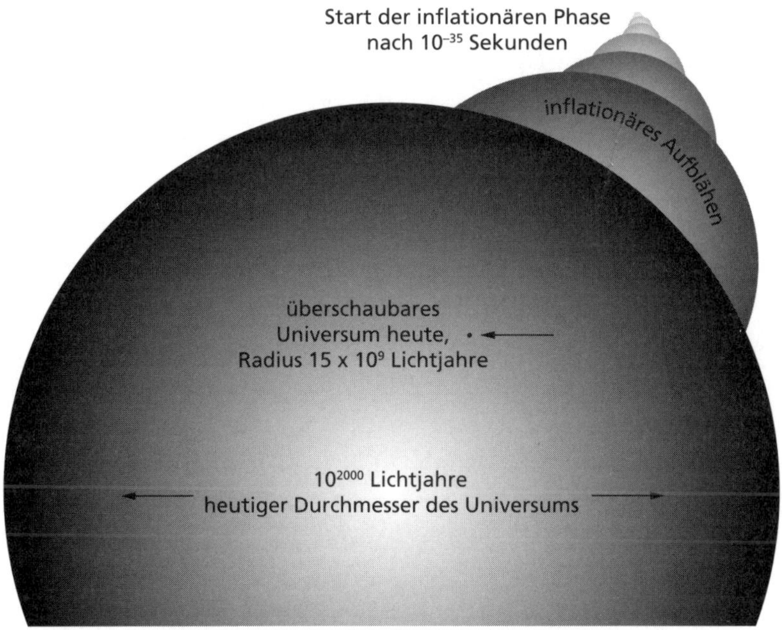

Mit dem spektakulären Vorgang der inflationären Expansion erklärt man sich heute wichtige Eigenschaften des Universums. Während einer extrem kurzen Zeitspanne kurz nach dem Urknall wuchs der Durchmesser des Universums um das 10^{90}-Fache seines vorherigen Wertes!

Ein Argument für die Urknall-Theorie

In der Materie-Ära des Weltalls haben sich nun all jene Erscheinungsformen herausgebildet, die wir kennen. In dieser Ära entstanden die Galaxien und in ihnen die Sterne. Die Vertreter der Urknall-Hypothese vermuteten, dass die Galaxien durch Dichteschwankungen der Materie zustande kamen – minimale Ungleichmäßigkeiten der Materieverteilung, die von Anfang an vorhanden gewesen waren. Als die Meinungsschlachten der Anhänger verschiedener Theorien über das Weltall noch in vollem Gange waren, wurde eine Zufallsentdeckung zum Zünglein an der Waage: die „3-Kelvin-Strahlung".

Wir hatten festgestellt, dass unser Universum anfangs ein superheißes Photonengas gewesen ist. Die Expansion musste natürlich dazu führen, dass die Temperatur dieses Gases immer geringer wurde. Die Entdeckung der Expansion des Weltalls durch Edwin Hubble gestattet es, durch Rückwärtsrechnen ein „Weltalter" zu ermitteln, das heißt eine Zeitspanne, seit der die Expansion anhält – die schon genannten 13,82 Milliarden Jahre. Konkurrierende Theorien kommen zwar zu etwas anderen Ergebnissen, doch die Größenordnung ist stets dieselbe.

Somit lässt sich auch berechnen, auf welche Temperatur sich das ursprünglich extrem heiße Photonengas bis heute infolge der Ausdehnung des Weltalls abgekühlt haben müsste. Das Ergebnis lautet: Wir sollten gegenwärtig von einem Strahlungsfeld umgeben sein, das einer Temperatur von knapp drei Kelvin entspricht, das heißt einer Temperatur des Strahlers von rund –270 °C. Wie könnte man nun feststellen, ob dies tatsächlich so ist?

Jeder Körper strahlt elektromagnetische Wellen aus. Ein stark erhitzter Wolframfaden in einer klassischen Glühlampe sendet bekanntlich die Wellen des sichtbaren Lichts. Daneben werden aber auch elektromagnetische Wellen anderer Frequenzen abgestrahlt. So wissen wir zum Beispiel aus dem Alltag, dass sich eine Glühlampe auch erhitzt, also Wärmestrahlung aussendet. Von weiteren Strahlungsarten bemerken wir zwar direkt nichts, aber entsprechende Geräte könnten auch diese nachweisen. Ein Strahler sehr niedriger Temperatur sendet nur im Bereich der Radiostrahlung. So sollte es heute auch mit dem früher so heißen Photonengas sein.

Wenn wir unsere Radioteleskope auf den Himmel richten, so müssten wir aus allen Richtungen eine Radiostrahlung empfangen, die dieser Temperatur eines strahlenden Körpers entspricht. Tatsächlich haben die beiden amerikanischen Physiker Arno Penzias und Robert W. Wilson im Jahr 1965 eine solche Strahlung im Mikrowellenbereich nachgewiesen. Die Strahlung stammt aus einer Zeit, die etwa 380 000 Jahre nach dem Urknall liegt, als das Universum durchsichtig wurde. Der Nachweis dieser sogenannten kosmischen Hintergrundstrahlung, für deren Entdeckung die beiden Physiker 1978 mit einem Nobelpreis geehrt wurden, wird allgemein als ein Überbleibsel des ehemals heißen Universums angesehen und gilt insofern als das schlagendste Argument für die Richtigkeit der Urknall-Theorie.

Die Keimzellen der Galaxien

Damit wurde vor allem eine wichtige konkurrierende Theorie widerlegt, die unter dem Namen „Steady-State-Hypothese" (engl., Gleichgewichtszustand) bekannt geworden ist. Sie behauptet, das Weltall habe sich schon immer ausgedehnt und werde dies auch in aller Zukunft tun. Dennoch bliebe das Erscheinungsbild des Universums immer gleich, weil mit zunehmender Expansion zwischen den Galaxien immer neue Sternsysteme aus dem „Nichts" entstünden. Dies ist nach der Steady-State-Hypothese möglich, weil sich im Raum zwischen den Sternsystemen ständig neue Materie bildet. Diese Auffassung von der kontinuierlichen Entstehung neuer Materie stieß verständlicherweise bei vielen Physikern auf entschiedene Ablehnung. Doch die Urheber der Theorie verwiesen darauf, dass die Gegenhypothese von der Entstehung des gesamten Universums aus dem Urknall in einem einzigen Moment auch nicht plausibler sei.

Die Entdeckung der Hintergrundstrahlung hatte nun jedoch die Entscheidung zugunsten des Urknalls erbracht. Nachdem zunächst eine völlige Homogenität der Strahlung gefunden worden war,

Der Satellit Planck, Nachfolger von COBE und WMAP, lieferte dieses hochaufgelöste Bild der Temperaturfluktuationen in der kosmischen Hintergrundstrahlung. Die hellen Bereiche sind „wärmer", die dunklen „kühler". Die Unterschiede betragen nur wenige Millionstel Grad.

konnte der Satellit COBE (**CO**smic **B**ackground **E**xplorer) geringfügige Schwankungen in der Hintergrundstrahlung nachweisen. Diese betrugen nur ein 30 Millionstel Grad in den verschiedenen Teilen des Himmels. Damit war nun auch jene Forderung der Theoretiker erfüllt, die das Auftreten geringfügiger Fluktuationen verlangt hatten, um die spätere Herausbildung der Galaxien erklären zu können. Jetzt war klar, dass die heute beobachteten großräumigen Strukturen in Form von Keimzellen von Anfang an vorhanden waren. Dennoch zeigten Modellrechnungen, dass die Verklumpung wegen der Expansion des Weltalls zu langsam vonstattengeht. Deshalb wird jetzt angenommen, dass sie schon viel früher begonnen hat. Dabei soll die Dunkle Materie eine entscheidende Rolle gespielt haben. Wiederum wird deutlich, dass die Lösung dieses Rätsels entscheidend für das Verständnis der gesamten Entwicklungsgeschichte des Universums ist.

Quo vadis, Universum?

» „Nur wer die Vergangenheit kennt, kann in die Zukunft schauen.“ – Gilt dieses Motto auch für das Universum? Gibt es überhaupt eine Möglichkeit, das Kommende in großem Maßstab im Voraus zu wissen?

Nachdem das Kunststück gelungen war, durch Beobachtungen und Theorien die Geschichte des Universums rund 14 Milliarden Jahre hinein in die Vergangenheit zu verfolgen, drängte sich nun natürlich auch die Frage nach der Zukunft des Weltalls auf. Theoretisch scheint dieses Problem ganz einfach lösbar, wenn man die mittlere Dichte der Materie im Universum kennt. Denn offensichtlich ist die Expansion des Weltalls auf die ihm beim Urknall vermittelte Energie zurückzuführen.

Der Nebelflucht wirkt jedoch die Schwerkraft der Massen im Weltall entgegen, sodass es zu einer Abbremsung der Expansion kommen sollte. Die Expansion kann also nicht zu allen Zeiten gleich schnell verlaufen sein. Vielmehr musste man erwarten, dass sie in der Gegenwart geringer ausfällt als in früheren Zeiten.

Die Stellschrauben des Universums

Um theoretisch abschätzen zu können, ob die Ausdehnung des Universums letztlich den Sieg über die Anziehung der Massen davontragen wird, mithin die Expansion für alle Zeiten fortdauert oder nicht, benötigt man konkrete Kenntnisse. Einerseits muss man genau wissen, wie die Expansion eigentlich verläuft, das heißt, um welchen

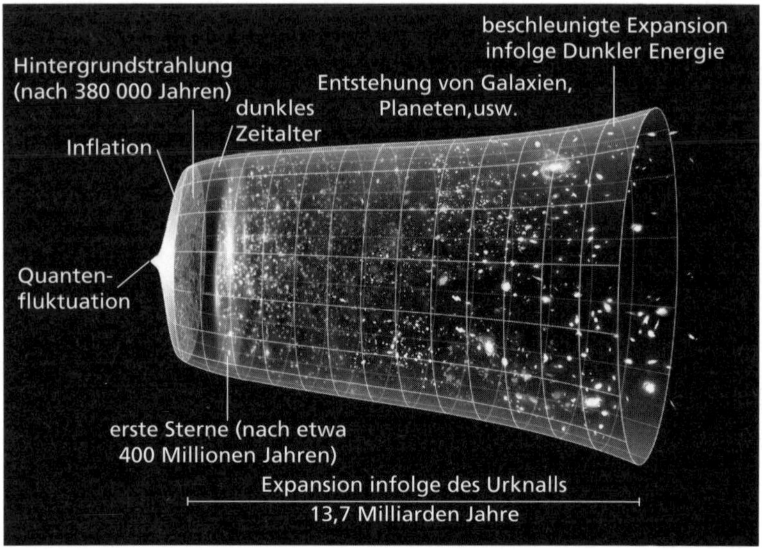

Beobachtungen und Theorie machen uns die Evolution des Universums vom Urknall bis heute im Großen und Ganzen zugänglich.

Betrag die Geschwindigkeit der Galaxien mit zunehmender Entfernung ansteigt. Dies sagt uns der sogenannte Hubble-Parameter. Er gibt an, um welchen Betrag die Geschwindigkeiten der Galaxien bei einer Entfernungszunahme um eine Million Parsec (1 Mpc = 3,26 Millionen Lichtjahre) zunimmt. Man kann aber auch berechnen, bei welcher kritischen Dichte der Materie im Weltall diese Expansion letztlich zum Stillstand kommt, sodass unser Universum wieder in sich zurückfällt.

Leider sind die beiden Zahlen nur sehr schwer zu ermitteln. Über den Wert des Hubble-Parameters gibt es seit Längerem einen erbitterten Streit unter Astrophysikern. Sicher ist, dass der Hubble-Parameter zwischen 55 Kilometer/(s · Mpc) und 100 Kilometer/(s · Mpc) liegt. Gegenwärtig wird die Hubble-Konstante mit H = 67,74 Kilometer/(s · Mpc) angegeben. Das bedeutet: Die Zunahme der Fluchtgeschwindigkeit der Galaxien liegt bei 67,74 Kilometer pro Sekunde je eine Million Parsec. Sollte die wirkliche Expansion durch diesen Wert richtig wiedergegeben sein, würde die kritische Dichte der Materie im Weltraum rund 6×10^{-30} g/cm³ betragen. Das ist unvorstellbar wenig. Denken wir uns nämlich alle Galaxien mit ihren Sternen und Gaswolken gleichmäßig über das Volumen des Weltalls verteilt, so würden wir dann nur noch ein Atom in zehn Kubikmetern antreffen. Das entspricht einer einzigen Schneeflocke im Volumen unserer Erde. Bleibt die tatsächliche Dichte unter dem Wert der kritischen Dichte, sind die Massen des Universums nicht in der Lage, die Expansion zum Stillstand zu bringen und das Weltall wird auf unendliche Zeiten immer größer und dünner.

Die Ermittlung des Hubble-Parameters erfordert genaue Entfernungsangaben der Objekte, deren Fluchtgeschwindigkeit man aus den Doppler-Verschiebungen der Spektrallinien bestimmt. Doch je größer die Entfernungen werden, umso ungenauer sind die Ergebnisse der Entfernungsmessungen (vgl. Kapitel *Die Weiten des Fixsternhimmels*, S. 196). Was die kritische Dichte anlangt, so benötigen wir die Massen je Volumeneinheit. Dazu sind genaue Massebestimmungen ebenso notwendig wie die Kenntnis der jeweils erfassten Volumina. Letzteres läuft wieder auf die Genauigkeit der Entfernungsbestimmungen von Galaxien hinaus. Doch gerade auch die Ermittlung der Massen ist ein großes Problem, wie wir bereits mehrfach festgestellt haben, zumal der größte Anteil dieser verborgenen Masse der Dunklen Materie zugeschrieben wird.

Neue Überraschung: die Dunkle Energie

Genauere Entfernungsangaben hatte man sich insbesondere von dem 1989 gestarteten astrometrischen Satelliten HIPPARCOS und vom weiteren Einsatz des Hubble-Weltraumteleskops erwartet. Die Ergebnisse wurden durch eine völlig unerwartete Überraschung gekrönt, die sich bei genauer Untersuchung von Supernovae des Typs Ia als „Standardkerzen" im Kosmos ergab. Von diesen explodierenden Sternen weiß man, dass sie eine bestimmte (absolute) Maximumshelligkeit aufweisen. Wegen ihrer enormen Helligkeit können sie außerdem bis in riesige Entfernungen wahrgenommen werden. Woran es lange mangelte, war eine genügend genaue Eichung, das heißt, eine genaue Bestimmung der absoluten Helligkeiten der Supernovae im Maximum ihrer Helligkeit auf unabhängigem Wege. Mit dem Hubble-Weltraumteleskop ist dies gelungen. Somit konnte man die Beziehung zwischen der Expansionsgeschwindigkeit ferner Galaxien und ihrer Entfernung nunmehr wesentlich genauer angeben als zuvor. Das verblüffende Ergebnis: Sehr weit entfernte Galaxien bewegen sich langsamer als nach dem Hubble-Gesetz zu erwarten. Da wir mit dem Blick in große Distanzen zugleich auch in eine entsprechend ferne Vergangenheit zurückblicken, bedeutet dies: Die Expansion des Universums verlief früher langsamer als heute. Mit anderen Worten: Das Universum fliegt zunehmend schneller auseinander!

Doch was ist die Ursache dieser beschleunigten Expansion? Einstweilen hat man sich mit einem neuen Begriff beholfen: Dunkle Energie. Dieses „Etwas" hat die Eigenschaft, das Universum gegen die Anziehungskraft seiner Massen auseinanderzutreiben – eine Art „Antigravitation". Eine solche abstoßende Kraft hatte auch Einstein schon in Gestalt einer „kosmologischen Konstanten Lambda" seinen Gleichungen vom Jahr 1917 hinzugefügt, um das Zusammenbrechen des von ihm statisch gedachten Weltalls zu verhindern. Als dann die Expansion des Weltalls entdeckt wurde, hat er Lambda wieder gestrichen und sogar als „größte Eselei seines Lebens" bezeichnet. Nun kehrt die Konstante wieder. Doch was sich dahinter verbirgt,

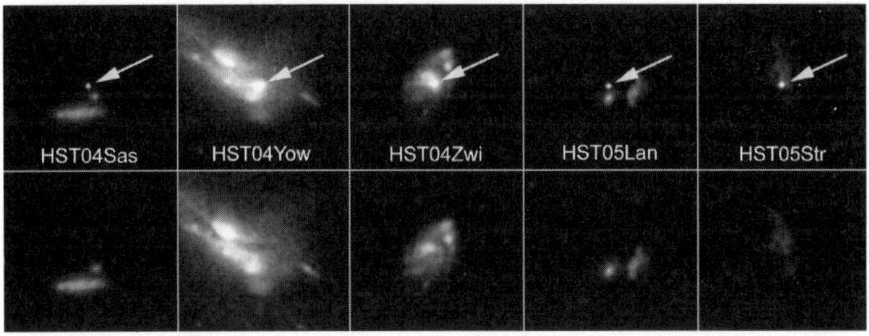

Diese fünf „Schnappschüsse“ des Hubble-Weltraumteleskops zeigen entfernte Galaxien jeweils vor (untere Bilder) und nach der Explosion einer Supernova. Ihre Distanzen liegen zwischen 3,5 und zehn Milliarden Lichtjahren und belegen die beschleunigte Expansion des Universums.

weiß man trotzdem noch nicht. Vielleicht ist es ein Effekt der sogenannten Quantenvakuumenergie. Doch es gibt auch noch andere Erklärungsansätze, über die zurzeit keine Entscheidungen möglich sind. In der nächsten Zeit wird es vor allem darauf ankommen, die beschleunigte Expansion quantitativ noch genauer zu studieren, das heißt, weiteres Beobachtungsmaterial zu gewinnen. Schon jetzt weiß man, dass die ominöse Abstoßung nicht immer gewirkt hat, sondern erst vor sechs Milliarden Jahren einsetzte. Es könnte also auch geschehen, dass sie plötzlich wieder verschwindet...

Dunkle Materie und Dunkle Energie haben das astronomische Weltbild gründlich durcheinandergebracht.

Alles, was wir bis vor kurzem für das Universum hielten, stellt nun nur einen winzigen Teil davon dar. Die „gewöhnliche Materie“ macht nur etwa vier Prozent aus und davon tritt uns lediglich ein Zehntel in Gestalt von sichtbaren Sternen, Gas und Staub entgegen. 90 Prozent hingegen leuchten nicht oder kaum, wie die Planeten von Sternen, Braune Zwerge oder Schwarze Löcher. Den Rest der Bestandteile des Universums bilden zu etwa einem Drittel Dunkle Materie und zu zwei Dritteln Dunkle Energie.

Das Schicksal des Universums

» Jahrzehntelang suchten die Forscher nach der mittleren Materiedichte im Weltall, um das zukünftige Verhalten des Universums vorhersagen zu können. Jetzt hat die Entdeckung der Dunklen Energie die Frage nach der mittleren Dichte fast in den Hintergrund gedrängt. Die beschleunigte Expansion lässt erwarten, dass unser Universum sich auch in Zukunft vergrößern wird. Oder wird die Expansion doch eines Tages enden und das Universum wieder in sich zusammenfallen?

Sollte der erste Fall eintreten und das Universum aufgrund der beschleunigten Expansion immer weiter expandieren, ergeben sich daraus einige Konsequenzen. Zweifellos sterben zunächst die jetzt aktiven Sterne. In etwa zehn Milliarden Jahren existiert keiner der heute vorhandenen Sterne mehr. Doch gleichzeitig hat sich eine neue Generation von Sternen aus der interstellaren Materie in den Galaxien gebildet. Der Vorrat an „Baustoff" nimmt aber immer weiter ab, sodass in etwa einer Billion Jahren die letzten Generationen leuchtender Gasbälle absterben wird und die Ära des strahlenden Weltalls zu Ende geht. Bis dahin werden die Distanzen der Galaxien untereinander so groß geworden sein, dass eine dann noch gedachte Generation von Sternforschern selbst mit gigantischen Teleskopen nur noch schwächste Lichtfleckchen ausmachen könnte.

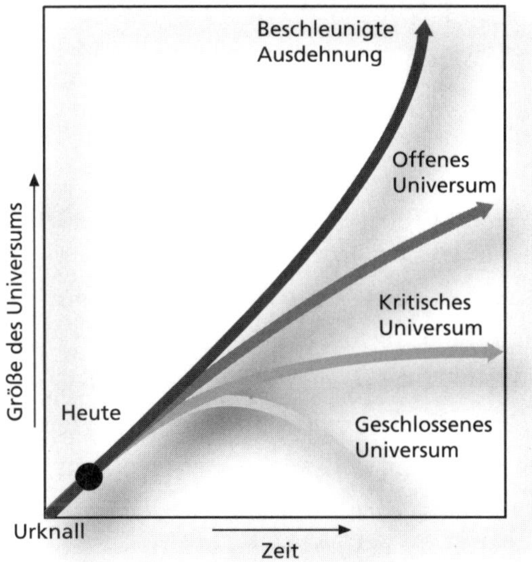

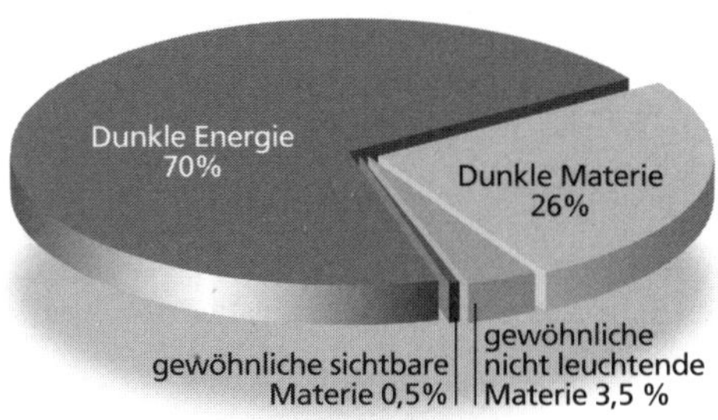

Oben: Die verschiedenen Möglichkeiten für das Schicksal des Universums: Bei beschleunigter Ausdehnung (wie gegenwärtig beobachtet), wächst die Größe des Weltalls vermutlich ins Unermessliche. Auch ein offenes Universum dehnt sich ewig aus, die Materiedichte liegt unterhalb der kritischen Dichte. Ist die Materiedichte gleich der kritischen Dichte (kritisches Universum) kommt die Expansion irgendwann zum Erliegen. In einem geschlossenen Universum hingegen kehrt sich die Expansion zukünftig in eine Kontraktion um, die Materiedichte ist größer als die kritische Dichte. Unten: Die sichtbare Materie des Universums macht nur 0,5% seiner Masse aus. 96% bestehen aus Dunkler Materie und Dunkler Energie.

Das Universum wird kalt und dunkel

In 100 Billionen Jahren ist das Universum lediglich noch von erkalteten „Sternleichen“ erfüllt. Aus den Weißen Zwergen sind kleine schwarze Kugeln geworden, die keinerlei Strahlung mehr aussenden. Auch die Neutronensterne haben ihre Energie aufgebraucht und die Schwarzen Löcher sind so unsichtbar wie eh und je. Die Planeten der erloschenen Fixsterne treiben in noch fernerer Zukunft durch die öden Weiten des Raumes, denn sie sind ihren einst strahlenden Sonnen nach zehn Billiarden Jahren längst entrissen worden. Dafür werden nahe Begegnungen der Sterne untereinander gesorgt haben. Diese finden zwar in kürzeren Zeitabschnitten sehr selten statt, kommen aber auf solch langen Zeitskalen häufig vor. Es ist anzunehmen, dass auch die Sternsysteme selbst durch solche Vorübergänge aneinander nach und nach weitgehend von Sternen entleert werden. Diese verlassen dann per „Gravitationsschleuder“ ihren angestammten Platz und bewegen sich durch den intergalaktischen Raum. Der verbleibende Rest bewegt sich in das dichte Zentrum des Rest-Sternsystems, wo immer massereichere Schwarze Löcher entstehen.

Die Galaxien in ihren einstigen Strukturen existieren also nicht mehr und in den trostlosen dunklen Weiten des Raums taucht bestenfalls hin und wieder ein Röntgenblitz auf, wenn gerade ein ausgebrannter Stern von einem Schwarzen Loch aufgesogen wird. Das Weltall hat jetzt das Zehnmilliardenfache seines heutigen Alters erreicht. Doch noch ist nicht das Ende aller Tage gekommen. Erst nach 10^{33} Jahren zerfallen nämlich (vermutlich) die stabilsten Elementarteilchen, die Protonen. Nach 10^{100} Jahren sind schließlich alle Schwarzen Löcher „verdampft“, auch die extrem massereichen ehemaligen Kerne der Sternsysteme. Neutrinos, Elektronen, Positronen und Photonen bleiben übrig, sind aber so außerordentlich verdünnt, dass der gegenseitige Abstand von Teilchen zu Teilchen etwa eine Million Lichtjahre betragen würde. Was dann noch geschehen könnte, ist weit spekulativer als alles bisher Vermutete. Jedenfalls werden Ereignisse irgendwelcher Art immer seltener. Das Universum geht dem Zustand der Zeitlosigkeit entgegen, erreicht ihn aber erst in einer unendlich fern liegenden Zukunft!

Das andere Szenario

Was aber, wenn die beschleunigte Expansion des Weltalls eines Tages so plötzlich aufhört, wie sie begonnen hat? Wenn dann die mittlere Materiedichte groß genug ist, muss die gegenwärtig beobachtete Expansion letztlich durch die Massenanziehung zum Stillstand gebracht werden und in ihr Gegenteil – die Kontraktion – umschlagen! Der Zeitpunkt, zu dem dieser Umschlag in die Phase der Zusammenziehung erfolgt, hängt natürlich von der mittleren Dichte der Materie ab. Je näher diese dem kritischen Wert kommt, umso länger kann die Expansion andauern, ehe sie durch die Massen des Weltalls gestoppt wird. Doch dann kommt es unweigerlich zum Kollaps. Die im Universum vorhandenen Lichtteilchen, die Photonen, gewinnen dabei an Energie und heizen die bereits ausgebrannten Sterne auf. Diese gelangen dadurch in einen Zustand des schnellen Brennens, sodass sie schließlich explodieren und verdampfen. Das Ergebnis ist eine „Teilchensuppe", wie wir sie auch schon aus der Frühphase der Expansion kennen. Beinahe könnte es scheinen, als liefe die ganze Entwicklung nun einfach rückwärts ab, als geschähe genau das Umgekehrte wie bei der Expansion. Doch dies ist nicht der Fall, denn das kontrahierende Universum ist voller Schwarzer Löcher, die in der Frühgeschichte des Universums zumindest in dieser großen Zahl noch nicht vorhanden waren. Diese saugen bei ansteigender

Dichte des sich zusammenziehenden Weltalls immer mehr Materie auf und in diesen Massezentren verschwinden auch die verdampfenden toten Sterne. Das Ende ist eine Verschmelzung aller Schwarzen Löcher des Universums zu einem einzigen Schwarzen Loch.

Da die Physik nicht in der Lage ist, den Zustand unendlicher Dichte zu beschreiben, nehmen viele Theoretiker an, das Weltall könnte durch einen bisher noch nicht bekannten Mechanismus vor dem Erreichen einer unendlich hohen Dichte auch wieder zurückprallen. Das würde bedeuten, dass nun eine neue Expansion folgt. Die Biografie des Universums beginnt von vorn. Da auch dieser Expansion eines Tages eine Kontraktion folgen müsste, würde sich ein Zustand der Oszillation herausbilden.

Beide Szenarien, das der ewigen Expansion und jenes der nachfolgenden Kontraktion, beruhen aber auf einer Fülle von zurzeit unbeweisbaren Annahmen. Entsprechend spekulativ sind auch alle Aussagen über die fernere Zukunft des Universums.

KAPITEL 6

Der Mensch im Weltall

Sind wir zufällig entstanden?

» Jeder denkende Mensch hat sich wohl schon einmal Fragen nach der Beziehung vom Menschen zum Weltall gestellt. Wozu sind wir Menschen da, welche Rolle spielen wir im Weltganzen? Sind wir ein Produkt des Zufalls oder die Schöpfung eines höheren Wesens? Gibt es noch andere vernunftbegabte Wesen? Leben wir vielleicht in einem Multiversum?

Einigen dieser Fragen begegnen wir bereits seit Jahrtausenden. Doch unser Wissen über das Weltall, die dort vorkommenden Objekte und die sie beherrschenden Gesetze hat sich enorm ausgeweitet. Während unsere Vorfahren in früheren Jahrhunderten bestenfalls in der Lage waren, Vermutungen und Spekulationen über diese Probleme anzustellen, können wir heute mancher dieser Fragen bereits mit den Hilfsmitteln exakter Forschung begegnen.

Das fein abgestimmte Universum

Offensichtlich leben wir in einem Universum, in dem die Bedingungen so beschaffen sind, dass es zur Entstehung von Leben und schließlich zum Heraustreten des Menschen aus der Tierwelt kommen konnte. Anderenfalls würde es uns nicht geben und niemand könnte über das Universum überhaupt nachdenken. Doch damit sich diese Entwicklung vom Urknall bis zum Auftreten des Menschen vollziehen konnte, war eine außerordentliche Feinabstimmung der Naturkonstanten, der Expansionsrate des Weltalls und vieler anderer Größen erforderlich. Machen wir uns dies an einigen Beispielen deutlich: Die Expansionsrate musste aufs Genaueste mit der Materiedichte ausbalanciert sein. Wäre die Expansion wesentlich schneller erfolgt, als wir sie tatsächlich beobachten, hätten sich die Gebiete mit höherer Dichte zu rasch ausgedehnt und es wäre nicht zur Entstehung von Galaxien gekommen. Eine zu langsame Ausdehnung des Weltalls hätte wiederum zur Folge gehabt, dass Gebiete erhöhter Dichte schnell zu Schwarzen Löchern kollabiert wären. In dem heute gültigen Modell des Universums mit Inflationsphase wäre es schon bei einer Verringerung der Expansionsrate um den unvorstellbar winzigen Betrag von 10^{-55} zu diesem Kollaps gekommen, der alle Blütenträume eines künftig belebten Universums im Keim erstickt hätte.

Doch auch die vier Grundkräfte, die alles Geschehen von der Mikrowelt bis zu den fernsten Galaxien bestimmen, mussten ganz genau so beschaffen sein, wie wir sie vorfinden, damit wir Menschen in diesem Weltall eines Tages erscheinen konnten. Die starke Kernkraft etwa, die für die Bindung der Protonen und Neutronen im Atomkern zuständig ist oder die elektromagnetische Kraft, die den Aufbau der Atome und Moleküle sowie deren Wechselwirkung bestimmt. Wäre Letztere um den unwahrscheinlich geringen Betrag von 10^{-41} stärker, so gäbe es nur kühle und rote Sterne. Im Weltall könnten sich keine Supernova-Explosionen ereignen und somit auch keine schweren Elemente aufgebaut werden, die eine Voraussetzung für die Entstehung von Leben darstellen. Im anderen Fall einer geringfügig schwächeren elektromagnetischen Kraft würde es im Weltall nur zur Entstehung sehr heißer und massereicher Sterne kommen. Für die Entfaltung von Leben auf eventuell vorhandenen Planeten wären dies ungeeignete Bedingungen. Auch die Schwerkraft ist äußerst „sensibel“ eingestellt. Bei einer nur wenig größeren sogenannten Gravitationskonstante als der tatsächlichen würden

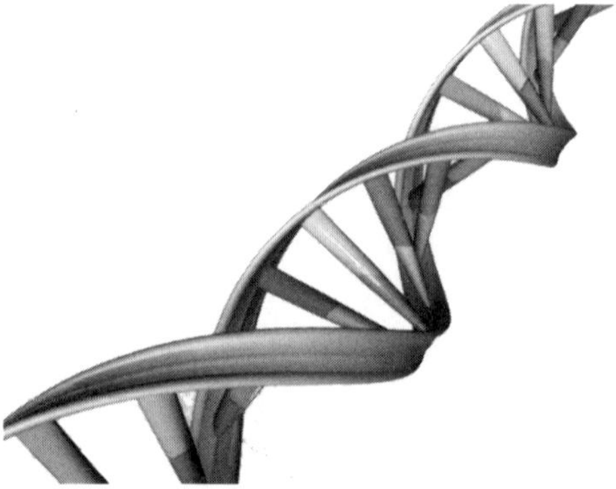

Die Doppelhelix der Desoxiribonukleinsäure (DNS) enthält die genetischen Informationen der Zellen.

die Vorgänge in den Sternen so rasch ablaufen, dass nicht genügend Zeit für die Herausbildung von Leben auf Kohlenstoffbasis bliebe. Eine kleinere Gravitationskonstante wiederum ließe es gar nicht erst zur Zündung der Kernfusion im Inneren von Sternen kommen.

Die Baupläne der Biochemie sind sehr störanfällig. So ist zum Beispiel die Herausbildung jener kleinsten Einheit der Erbinformation, die wir Gen nennen, bereits extrem unwahrscheinlich.

Die Bildung eines menschlichen Gens jedoch ist noch viel unwahrscheinlicher. Wissenschaftler haben berechnet, dass die Wahrscheinlichkeit, ein einzelnes Gen zufällig auf der Erde zu erzeugen, bei 10^{-217} liegt. Unter dieser Zahl kann sich natürlich niemand etwas vorstellen. Ein wenig anschaulicher mag folgender Vergleich sein: Wenn die Natur ein menschliches Gen durch reines Ausprobieren zustande bringen sollte, würde dies 10^{62}-mal so viel Zeit in Anspruch nehmen, wie die Erde schon besteht. Das menschliche Genom, die Gesamtheit aller menschlichen „Baupläne", enthält aber 110 000 Gene!

Daraus geht hervor, dass es eigentlich keinen deterministischen Weg, keine zwangsläufige Entwicklungslinie der Evolution gibt. Es scheint, als sei die Entstehung des Lebens, aber insbesondere auch der Weg von den einfachsten Lebewesen, den Einzellern, bis hin zum Menschen, völlig unvorhersehbar gewesen. Der amerikanische Evolutionsforscher Ernst Mayr hat dies in die Worte gekleidet: „Es ist höchst bemerkenswert, dass bezüglich des Lebens auf der Erde drei Milliarden Jahre lang nichts sonderlich Aufregendes passierte. Vom Ursprung des Lebens bis zur Entstehung der Vielzeller vergingen etwa zwei Drittel des Alters der Erde ohne auffällige Ereignisse […]. Wenn Evolutionsforscher irgendetwas von der genauen Erforschung der Evolution gelernt haben, dann ist es die Lektion, dass der Ursprung neuer Arten hauptsächlich ein zufälliges […] Ereignis ist."

Das anthropische Prinzip

Setzen wir die 4,5 Milliarden Jahre der Existenz unserer Erde einem einzigen Jahr gleich, so ist die Herausbildung intelligenter Lebewesen tatsächlich ein erstaunliches Ereignis. In diesem Kalender, bei dem jede Minute rund 9000 Jahren entspricht, taucht der Homo sapiens nämlich erst am 31. Dezember 3,5 Minuten vor Mitternacht auf. Dabei fällt auf, dass die Wahl des richtigen Zeitpunktes für die Entstehung der Intelligenz höchst präzise getroffen wurde. Die Erde muss nämlich außer den zahlreichen sonstigen Voraussetzungen eine geeignete Biosphäre aufweisen. Während die Lebensdauer der Sonne in dem gewählten Maßstab nochmals rund 365 Tage betragen wird, kann sich die lebensnotwendige Biosphäre nach heutigen Schätzungen höchstens noch 3,5 Minuten behaupten. Hätte die Erde gegenüber dem wirklichen Wert einen um ein Prozent größeren Abstand von der Sonne, so wäre bereits vor zwei Milliarden Jahren eine massive Vergletscherung eingetreten und der Homo sapiens wäre nie entstanden. Ein fünf Prozent geringerer Erdabstand hingegen wäre mit einem Treibhauseffekt vor vier Milliarden Jahren verbunden gewesen, der ebenfalls die Entwicklung des Menschen verhindert hätte.

Angesichts all dieser Merkwürdigkeiten haben nun Wissenschaftler das „anthropische Prinzip" formuliert. Es besagt, dass das Universum genau jene Eigenschaften aufweisen muss, die es ihm erlauben, in irgendeinem Stadium seiner Geschichte Leben zu entwickeln. Offensichtlich ist dies in unserem Universum der Fall, sonst wären wir nicht vorhanden. Doch es drängt sich die Frage auf: Wie kann man sich diese Tatsache erklären? Folgende Antworten sind möglich:

1. Es handelt sich um einen reinen Zufall. Deshalb besteht auch keinerlei Aussicht, durch Nachforschen einen Grund für die unwahrscheinlichen Übereinstimmungen zu finden. Wir müssen diese Tatsache einfach hinnehmen.
2. Das Universum besitzt ein Entwicklungsziel – den Menschen. Dieses Ziel wird durch eine Art „transzendenten Gott" erreicht, der für die notwendigen Parameter sorgt.

Beide Antworten sind aus naturwissenschaftlicher Sicht wenig befriedigend. Obwohl es unwahrscheinliche Zufälle geben kann, haben doch extrem unwahrscheinliche Übereinstimmungen immer eine Ursache. Im zweiten Fall, der die Feinabstimmung der Parameter des Universums einem gedachten höheren Wesen zuschreibt, wird der naturwissenschaftliche Erklärungsrahmen völlig verlassen. Übrigens wird die eigentliche Frage nur verschoben: Der Urheber der Feinabstimmung müsste nämlich ebenso komplex sein wie die Welt, die er plant. Darüber hinaus gibt es keine Antwort auf die Frage, warum dieses höhere Wesen gerade solche Bedingungen für das Universum gewählt hat, die zum Menschen führen. Wäre dieses Wesen allmächtig, wie religiöse Menschen glauben, dann bedürfte es gar keiner Feinabstimmung, denn ein allmächtiger Gott könnte Leben auch ohne eine solche entstehen lassen!

Allerdings bestreiten zahlreiche Wissenschaftler auch die Notwendigkeit der „Feinabstimmung“ als Voraussetzung für die Entstehung von Leben. So hat z. B. der US-amerikanische Astronom Victor J. Spenger mit Hilfe eines leistungsstarken und schnellen Computers eine interessante Untersuchung durchgeführt: Er hat vier Naturkonstanten in dem weiten Bereich von zehn Größenordnungen in 100 verschiedenen gedachten Universen gleichzeitig variieren lassen. Sein Ergebnis: In mehr als der Hälfte dieser Universen kommt es trotzdem zur Entstehung von Sternen, die mehr als eine Milliarde Jahre Lebensdauer besitzen. Das könne man nicht gerade Feinabstimmung nennen, meint der Forscher.

Neuerdings wird aber auch eine dritte Antwort diskutiert, die von der Naturwissenschaft selbst stammt und zunächst atemberaubend fantastisch klingt: Unser Universum ist nicht das einzige existierende, sondern nur eines von vielen. Die Naturgesetze in den anderen Universen mögen andere sein, auch die Eigenschaften dieser Universen selbst. Und sie beherbergen möglicherweise deswegen entweder überhaupt keine Lebewesen oder völlig andere Lebensformen als die uns bekannten. Mit dieser Antwort der Wissenschaft wollen wir uns noch etwas näher befassen.

Gibt es mehr als ein Universum?

Auf den ersten Blick scheint die Möglichkeit der Existenz mehrerer Universen widersinnig zu sein. Als „Universum“ definieren wir ja gerade das Ganze, das keine Mehrzahl mehr kennt. Doch diese Definition könnte sich im Lichte moderner naturwissenschaftlicher Erkenntnisse durchaus als historisch beschränkt und letztlich sogar falsch erweisen. Um dies zu verstehen, müssen wir uns noch einmal dem Urknall zuwenden.

Zwei häufig gestellte Fragen lauten: Wie kam es überhaupt zum Urknall und damit zum Beginn der Lebensgeschichte der Welt im Großen? Und was war vorher? Die Letztere der beiden Fragen ist einfach zu beantworten, wenn auch schwer zu verstehen: Ein „Vorher" hat es nicht gegeben, denn mit dem Universum entstanden nach Einsteins Allgemeiner Relativitätstheorie nicht nur Materie und Raum, sondern auch die Zeit. Wenn also die Zeit überhaupt erst mit dem Beginn des Urknalls einsetzt, kann man nicht nach dem „Vorher" fragen.

Doch die Ursache des Beginns der Welt sehen die Forscher in einer sogenannten Quantenfluktuation. Die Wissenschaft geht heute mit gutem Grund davon aus, dass es das absolute „Nichts" nicht gibt, auch nicht den „leeren Raum", wie ihn sich die klassische Physik vorstellt – einen Raum, in dem sich einfach nicht das Geringste befindet. Das Vakuum der Quantenphysik ist ein Zustand niedrigster Energie. Doch einen Wert dieser Energie kann man nicht angeben, weil er immer hin- und herschwankt. In diesem Schwanken (Fluktuation) bilden sich auch ständig Teilchen, die aber gleich wieder zerfallen. Haben diese spontan entstehenden virtuellen Teilchen eine große Energie und folglich auch Masse, so existieren sie kürzer als bei niedrigerer Energie.

Im Bereich extrem kleiner Dimensionen (10^{-33} Zentimeter und 10^{-43} Sekunden) können weder Orte noch Zeiten mit größerer Genauigkeit angegeben werden als durch diese Dimensionen vorgegeben. Raum- und zeitartige Distanzen sind ununterscheidbar, Ereignisse zeitlich nicht zu ordnen. Die Entstehung des Universums war also eine Schwankung des Quantenvakuums, ein spontaner Vorgang ohne einen „Grund" im Sinne der klassischen Physik, weil das „Nichts" der Physiker alle Möglichkeiten für alle Teilchen und Kräfte in sich birgt. Doch es wird noch paradoxer: Die Zahl der Dimensionen des Raums dieses Quantenvakuums ist beliebig groß

Extreme Einschnürungen der Raumzeit, verursacht durch die Schwerewirkung Schwarzer Löcher, könnten weit entfernte Teile des Universums auf kurzem Wege oder sogar verschiedene Universen miteinander verbinden. Die Existenz solcher „Wurmlöcher" ist allerdings bislang rein hypothetisch.

und unbestimmt. Die „Geburt" des Universums aus einer Schwankung dieses Quantenvakuums kann zu einem Raum mit vielen Dimensionen führen, von denen zehn real werden, aber nur vier zu expandieren beginnen.

Damit ist ein Universum mit drei Raum- und einer Zeitdimension entstanden, während sich die restlichen sechs Dimensionen in den Eigenschaften der Elementarteilchen verbergen.

Dieser Vorgang könnte sich aber ebenso gut auch mehrfach abgespielt haben, jedes Mal mit dem Ergebnis eines anderen Universums. Und wo befinden sich diese Universen? Wir wissen es nicht, denn mit den Koordinaten unseres Universums – drei des Raumes und eine der Zeit – können wir auch nur Ereignisse in unserem

Universum beschreiben. Es ist denkbar, dass andere Universen existieren und sich wieder einmal erweist: Was wir bisher für die Welt schlechthin hielten, ist vielleicht nur eine Episode in einem noch weitaus komplexeren Multiversum.

Manche Physiker behaupten, dass sich auch unser eigenes Universum dauernd in weitere Universen aufspaltet, die gleichsam Parallelwelten zu unserer eigenen darstellen. Die Universen, die sich von unserem abspalten, haben keinerlei Beziehungen untereinander und auch nicht zu unserem eigenen Kosmos. Deshalb sind auch vorläufig keinerlei Möglichkeiten für uns in Sicht, von den anderen Universen irgendetwas zu bemerken. Der berühmte britische Astrophysiker Sir Martin Rees findet es immerhin bemerkenswert, „dass wir eine Ahnung von anderen Universen bekommen haben und vielleicht etwas über sie herleiten können. Wir können den Umfang und die Grenzen einer endgültigen Theorie herleiten, auch wenn wir noch weit davon entfernt sind, sie zu formulieren – selbst wenn sie unserem intellektuellen Fassungsvermögen für immer verschlossen bleiben sollte."

Wenn auch diese an die Grenzen unseres Wissens führenden Betrachtungen für viele Menschen faszinierend sein mögen, so sollten wir doch nicht vergessen, dass sie sich von „Science Fiction" oder „Fantasy" nur wenig unterscheiden. Der deutsche Astronom und Autor Rudolf Kippenhahn kommentierte das anthropische Prinzip mit den lapidaren Worten, es reiße ihn nicht vom Stuhl: Es enthalte eine Aussage, die sich weder beweisen noch widerlegen lasse und damit sei diese Aussage nichts wert.

Gibt es Bewohner auf fremden Planeten?

» Planeten bewegen sich als Satelliten auf elliptischen Bahnen um Fixsterne. Fast die gesamte Geschichte hindurch kannten wir nur ein einziges Exemplar eines solchen Planetensystems: unser eigenes. Doch in den letzten Jahren hat sich auf diesem Gebiet ein rasanter Wandel vollzogen. Heute wissen wir: Planetensysteme sind eine weit verbreitete Erscheinung im Universum, vielleicht sogar der Normalfall. Bei der Suche nach Leben im All spielt die Suche nach fremden Planeten eine erhebliche Rolle.

Da sich Leben offenbar unter den im Universum herrschenden Bedingungen durch das Wirken der Naturgesetze entwickelt hat, dürfen wir vermuten, dass sich ähnliche Vorgänge wie auf dem Planeten Erde auch andernorts abgespielt haben. Machen wir zur Grundlage unserer Überlegungen, dass Leben stets auf Kohlenstoffbasis entsteht und grenzen wir den Begriff des intelligenten Lebens bewusst auf das ein, was wir kennen, nämlich das irdische Exemplar einer technischen Zivilisation. Dann erhebt sich zunächst die Frage, ob es bei fernen Sonnen überhaupt Planeten gibt, die als Träger von Leben notwendig sind.

Man sollte vermuten, dass diese Frage mit den heutigen Hilfsmitteln der beobachtenden Astronomie leicht zu beantworten ist. Die großen Teleskope – so denken viele – müssten doch in der Lage sein, wenigstens bei nahe gelegenen Sonnen das Vorkommen von

Planeten entweder zu beweisen oder auszuschließen. Dem ist jedoch leider nicht so: Selbst die leistungsstärksten Teleskope können bislang die Existenz von Planeten durch direkte Beobachtung nicht bezeugen. Planeten sind im Verhältnis zu ihrem Zentralstern sehr klein und senden lediglich das reflektierte Licht ihrer Sonne in das Weltall hinaus. Außerdem sind die Abstände der Planeten von ihrem Zentralgestirn so gering, dass sie aus großen Distanzen von der jeweiligen Sonne überstrahlt würden. Eine Entdeckung fremder Planeten einfach mittels Blick durchs Fernrohr ist daher nicht ohne Weiteres möglich und bislang nur in wenigen Einzelfällen gelungen. Dennoch sind in den vergangenen Jahrzehnten zahlreiche sogenannte Exoplaneten entdeckt worden.

Fremde Planetensysteme gibt es viele

Dunkle Begleiter von Fixsternen verraten sich auf indirekte Weise: Sie stören zum Beispiel die Eigenbewegungen der jeweiligen Zentralsonne. Wie unsere Sonne, so rasen auch die anderen Sterne auf ihren Bahnen um das Zentrum des Sternsystems. Eine Komponente dieser Raumbewegung können wir direkt beobachten: die Eigenbewegung. Kommt ein Stern als Einzelgänger vor, erwarten wir eine geradlinige Eigenbewegung. Ist er aber von einem oder mehreren anderen dunklen Körpern umgeben, so verläuft seine Eigenbewegung in Form einer Schlangenlinie.

Aus deren Vermessung kann man Angaben über die Zahl und die Massen der unsichtbaren dunklen Körper ableiten. Auch über Variationen in den Radialgeschwindigkeiten von Sternen lassen sich Planeten nachweisen. In den letzten Jahren sind mehrere weitere Verfahren zum Nachweis sogenannter Exoplaneten mit Erfolg angewendet worden. Besonders erfolgreich war dabei das Untersu-

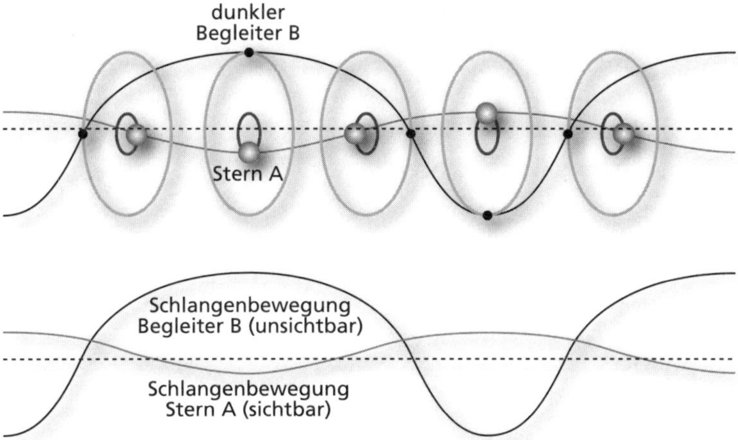

„Schlangenbewegungen" eines Sterns A (graue Linie), verursacht durch dessen dunklen Planetenbegleiter B (schwarze Linie). Diese Form der gestörten Eigenbewegung eines Sterns verrät uns das Vorhandensein eines dunklen Kompagnons.

chen winziger Helligkeitsschwankungen, die beim Vorübergang eines Exoplaneten vor seiner Sonne erzeugt werden. Durch die Beobachtung solcher Sternenfinsternisse ist die Zahl von Entdeckungen extrasolarer Planeten sprunghaft gestiegen.

Gegenwärtig kennen wir bereits 3671 Exoplaneten in 2751 Systemen, zu denen noch Tausende bislang nicht endgültig bestätigte Entdeckungen kommen. Während anfangs nur sehr massereiche Planeten gefunden wurden, sind inzwischen auch rund 400 der schwerer zu beobachtenden erdähnlichen Exoplaneten bekannt: In 616 Systemen wurden zwei bis sieben Planeten gefunden (Stand: Oktober 2017).

Es gibt aber noch andere indirekte Hinweise darauf, dass die Herausbildung von Planetensystemen offenbar ein weitverbreiteter Vorgang im Weltall ist. Bei zahlreichen Sternen hat man nämlich scheibenartige Objekte entdeckt, die offensichtlich ein im Entstehen begriffenes Planetensystem darstellen.

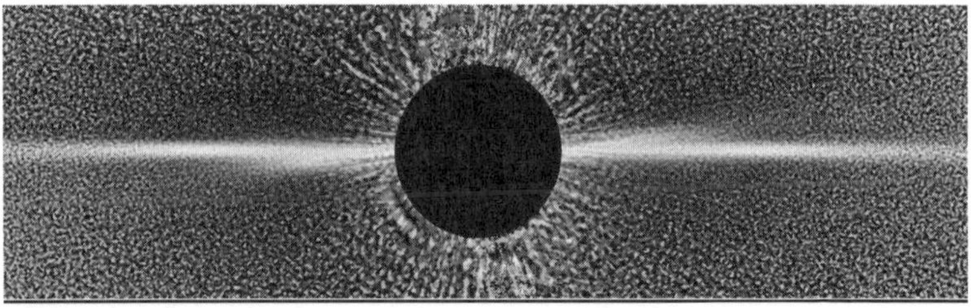

Um den (abgedunkelten) Stern Beta Pictoris im südlichen Sternbild Maler konnte eine scheibenförmige Staubstruktur nachgewiesen werden. Sie wird als ein gerade in der Entstehung befindliches Planetensystem gedeutet.

Nach den herrschenden Theorien zur Entstehung eines Planetensystems bildet sich dieses nämlich gleichzeitig mit seiner Zentralsonne heraus. Deshalb sollte bei manchen noch jungen Sternen ein solcher Prozess gerade im Gange sein. Die präplanetaren Scheiben, die zum Beispiel durch das Hubble-Weltraumteleskop entdeckt wurden, bestätigen diese Vermutung. Dies alles deutet darauf hin, dass Planetensysteme offensichtlich eine völlig normale Erscheinung in unserem Universum darstellen.

Exoplaneten

Schon lange wird die Frage diskutiert, ob auch andere Sonnen von Planetensystemen umgeben sind. Doch erst in der jüngeren Vergangenheit sind solche Systeme nachgewiesen worden. Das verdanken wir vor allem ausgeklügelten neuartigen Beobachtungstechniken. Die Resultate waren allerdings anfangs höchst merkwürdig: Die gefundenen Planeten besaßen durchweg große Massen bis hin zum Mehrfachen der Jupitermasse. Außerdem bewegten sie sich oft auf lang gestreckten elliptischen Bahnen und zudem häufig in extremer Nähe zu ihrem Zentralstern.

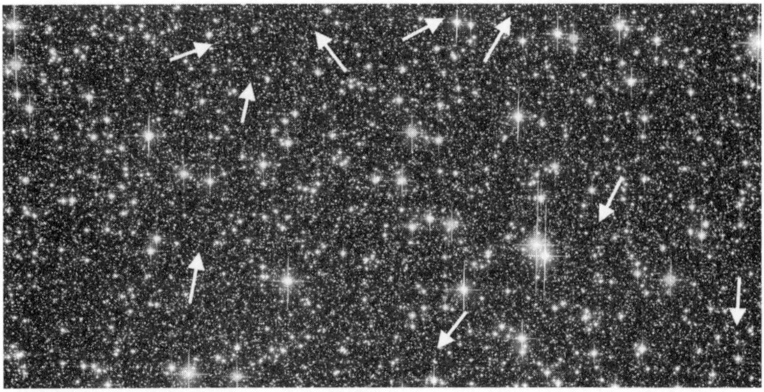

In diesem Sternfeld fand das Hubble-Weltraumteleskop neun ferne Sonnen mit Exoplaneten, markiert durch weiße Pfeile.

So läuft zum Beispiel der Planet von 51 Pegasi, einem sonnenähnlichen Stern, in nur 0,05 Astronomischen Einheiten um seine Sonne. Die Tagestemperatur auf diesem Planeten beträgt somit 1300 °C. Die Umlaufzeit beläuft sich auf nur 4,2 Tage! Da es sich wahrscheinlich um einen Gasriesen handelt, rätselt man, wie er sich überhaupt in diesem geringen Abstand zu seinem Hauptstern behaupten kann. Als riesige terrestrische Welt hätte der Planet andererseits in dieser Region gar nicht entstehen können.

Andere bisher entdeckte Exoplaneten erscheinen uns ebenso rätselhaft – etwa, wenn sie auf stark elliptischen Bahnen um ihren Stern laufen, wie zum Beispiel ein Planet des Sterns HD 80606. Er durchläuft seine Bahn in 111 Tagen und nähert sich dabei seiner Sonne bis auf fünf Millionen Kilometer an, während er sich im fernsten Punkt seiner Bahn auf bis zu 127 Millionen Kilometer von ihr entfernt.

Betrachtet man diese Ergebnisse, so erscheint es, als sei unser Sonnensystem ein ausgesprochen exotisches Exemplar. Doch andererseits weiß man, dass erdähnliche Planeten viel schwieriger zu entdecken sind als Riesenplaneten. In letzter Zeit sind auf diesem

Gebiet aber große Fortschritte erzielt worden. Zahlreiche erdähnliche Planeten wurden entdeckt, die Zahl der bekannten Exoplaneten geht inzwischen in die Tausende. Zur Erklärung der bisherigen Entdeckungen arbeiten die Forscher intensiv an verfeinerten Hypothesen über die Vorgänge bei der Entstehung von Planetensystemen, die offenbar in weitaus größerer Vielfalt vorkommen als bislang angenommen. Dank der gestiegenen Präzision der Spektroskopie sind sogar schon Atmosphären und deren Zusammensetzung bei Exoplaneten ausfindig gemacht worden, obwohl man diese Planeten direkt gar nicht sehen kann. Die Diskussion um Lebensformen in den Tiefen des Weltalls wird durch diese Entdeckungen verständlicherweise lebhaft befeuert.

Leben auf fernen Planeten?

Könnte sich auf diesen Planeten auch Leben entwickelt haben? Warum sollte unser Planet, der im Laufe der Jahrtausende langen Geschichte der Forschung all seine einst geglaubten Sonderstellungen verloren hat, gerade in dieser Hinsicht eine Ausnahme bilden? Doch zweifellos ist es für die Entstehung von Leben der einzigen uns bekannten Art erforderlich, dass die Bedingungen auf einem dafür in Frage kommenden Planeten denen möglichst ähnlich sind, die wir von der Erde kennen. Dazu muss der Planet zunächst in einem eng begrenzten Abstandsbereich um seinen Zentralstern kreisen. Dieser Bereich ist vor allem durch seine Temperaturen gekennzeichnet. Leben auf Eiweißbasis verträgt keine Temperaturen, die wesentlich über 100 °C und unter 0 °C liegen.

Durch diese Einschränkung würde ein erheblicher Teil bisher entdeckten Exoplaneten ausscheiden. Das ist allerdings in unserem eigenen Sonnensystem auch nicht anders. 70 Prozent aller Sterne sind übrigens so kühl, dass jener Bereich, in dem die erforderlichen Temperaturen erreicht werden, nur einen sehr geringen Abstand vom Zentralstern aufweist, etwa der Bahn des Planeten Merkur entsprechend. Dort herrscht aber durch Gezeitenkräfte eine extrem starke Abbremsung der Rotation, sodass es zu sehr langen Tagen und Nächten käme. Die Folge wären starke Temperaturschwankungen in einem sehr langsamen Rhythmus – äußerst ungünstige Bedingungen für die Entstehung von Leben.

Selbst wenn fast alle Sterne von Planetensystemen umgeben sein sollten, bedeutet dies noch lange nicht, dass Leben ebenfalls sehr häufig vorkommt. Doch bleiben wir optimistisch und nehmen deshalb an, dass immerhin ein bemerkenswerter Anteil der bei Sternen vorkommenden Planeten alle Voraussetzungen für die Entstehung von Leben in sich birgt. Dann mögen sich auf vielen Planeten einfachste Erscheinungsformen des Lebens herausgebildet haben. Doch folgt daraus auch, dass sich diese Anfänge bis zu denkenden Wesen fortsetzen? Oder müssen wir nicht vielmehr einräumen, dass die Wahrscheinlichkeit für diesen Prozess auch sehr gering sein könnte: Selbst von der Entstehung denkender Wesen ist es noch ein weiter Weg bis zu einer technischen Zivilisation. Auf unserem Planeten haben Hochkulturen bestanden, die erstaunliche Leistungen auf vielen Gebieten der Kultur und Wissenschaft vollbrachten. Doch sie haben die historische Bühne wieder verlassen, ohne den Weg zu einer technischen Zivilisation eingeschlagen zu haben. Seien es die alten ägyptischen Reiche, die Kultur der Azteken und Mayas oder die Ureinwohner Australiens, die Aboriginals. Gerade Letztere in ihrer zigtausend-jährigen Isolation auf der größten Insel der Erde sind ein Musterbeispiel dafür, wie eine intelligente Population in einer gewissen Selbstgenügsamkeit keinerlei Wege zur Entwicklung von Wissenschaft und Technik einschlägt, weil diese für ihre Lebensform und unter ihren Lebensbedingungen nicht erforderlich sind.

Kontakt zu kosmischen Geschwistern?

Wenn wir nun nach all diesen Überlegungen noch den Anspruch erheben, mit unseren möglicherweise existenten „kosmischen Geschwistern“ in Kontakt treten zu wollen, dann müssen diese auch über eine möglichst lange zeitliche Distanz als technische Zivilisation existieren. Das ergibt sich aus der einfachen Überlegung, dass jeder Nachrichtenaustausch über kosmische Distanzen hinweg sehr viel Zeit in Anspruch nimmt. Damit kommt eine besonders problematische Frage zur Sprache: Kann eine einmal entstandene technische Zivilisation die Existenzrisiken erfolgreich bewältigen, die sie selbst heraufbeschwört? Auch hier brauchen wir nur wieder an unsere eigene Zivilisation zu denken. Gerade seit rund 100 Jahren bestehen wir als eine technische Zivilisation, die mit dem Hilfsmittel der Radiotechnik die Voraussetzung für interstellare Kommunikation besitzt. Doch schon werden existenzielle Probleme auf unserem Planeten sichtbar: Die Gefahr einer Selbstvernichtung durch nukleare Kriege ist ebenso real wie die Vernichtung der ökologischen Grundlagen unseres Lebens.

Schon im Jahr 1961, als noch kein einziger Exoplanet bekannt gewesen ist, traf sich eine Expertengruppe vom nationalen Radioobservatorium in Green Bank (USA), um sich mit der Frage zu beschäftigen, wie viele hoch entwickelte Zivilisationen wohl in unserem Sternsystem bestehen. Dabei entstand eine Formel, in die alle soeben besprochenen Fakten Eingang gefunden haben. Die Formel gestattet somit tatsächlich, die Zahl der in unserem Sternsystem vorkommenden technischen Zivilisationen abzuschätzen. Die Betonung liegt allerdings auf schätzen. Denn noch kennen wir die einzelnen Größen der Formel nicht mit der erforderlichen Exaktheit, um von einer „Berechnung“ auf der Grundlage von unabweisbaren Tatsachen sprechen zu können. Der Faktor mit der größten Unsicherheit ist jedoch die Existenzdauer einer technischen Zivilisation. Die bisherige Geschichte der Menschheit lehrt jedenfalls leider, dass Kriege – so unerwünscht sie auch sein mögen – zum „normalen Alltag“ zu gehören scheinen. Ein wirksames Mittel zu ihrer Verhinderung ist noch nicht gefunden worden, wohl aber eine bis zur Möglichkeit der vollständigen Ausrottung der Menschheit gesteigerte Kriegstechnik! Um es kurz zu sagen: Wie viele technische Zivilisationen gegenwärtig in unserem Sternsystem existieren, wissen wir nicht. Es könnten viele sein – es ist aber auch denkbar, dass die Menschheit gegenwärtig die einzige technische Zivilisation in der Galaxis darstellt.

Alle theoretischen Diskussionen um diese Frage wären natürlich mit einem Schlag beendet, wenn es uns gelingen würde, Signale aus dem Universum zu empfangen, die zweifelsfrei künstlichen Ursprungs sind. Dann wüssten wir nämlich, dass sie von intelligenten Lebewesen mit einer hoch entwickelten Technik ausgesendet worden sein müssen. Deshalb bemüht man sich seit längerem, solche Signale zu entdecken. Doch auch hier türmen sich viele Fragen und Probleme auf: In welchen Kanälen des elektromagnetischen Spektrums soll man suchen? Auf welche Gegenden des Himmels oder Objekte sollte sich die Suche konzentrieren? Vielleicht ist schon die Überlegung falsch, radioastronomische Technik für die Suche einzusetzen, weil die gesuchten Intelligenzen sich in einem technisch viel weiter fortgeschrittenen Stadium ihrer Entwicklung befinden und Radiosignale für veraltet und ungeeignet halten, um auf sich aufmerksam zu machen. Möglicherweise sind sie aber auch gar nicht daran interessiert, entdeckt zu werden. Deshalb haben sich die Pragmatiker unter den Forschern auch dazu entschlossen, einfach mit dem Suchen zu beginnen. Finden sie etwas, ist das Ziel erreicht. Finden sie allerdings nichts, ist damit noch keineswegs der Beweis erbracht, dass keine intelligenten Lebewesen existieren.

Suchprogramme nach kosmischen Botschaften

Anlässlich des 500. Jahrestages der Entdeckung Amerikas wurde im Jahr 1992 mit dem Suchprogramm SETI (**S**earch for **E**xtra**t**errestrial **I**ntelligence) begonnen. Dazu wurde das damals größte Radioteleskop der Welt, der 300-Meter-Spiegel in Arecibo, Puerto Rico, eingesetzt. In einem Umkreis mit 80 Lichtjahren Radius wurden alle sonnenähnlichen Fixsterne für 15 Minuten Dauer in zwei Millionen Kanälen gleichzeitig abgesucht. 100 Millionen Dollar wurden in das Programm investiert. Allerdings gab es auch kontroverse Diskussionen, vor allem was die Störanfälligkeit der Suche anbelangt. Man wies zu Recht darauf hin, dass man unter den zahlreichen Signalen hauptsächlich irdische vorfinden würde.

Die Empfindlichkeit der Empfängeranlage war nämlich so groß, dass sich ein Anlasser für Automotoren noch aus tausenden Kilometern Entfernung bemerkbar machte. Deshalb mussten unter anderem Vorkehrungen getroffen werden, um diese Signale von kosmischen Informationen sicher zu trennen.

Tatsächlich hat weder dieses Suchprogramm noch irgendein anderes bisher Signale eindeutig künstlichen Ursprungs nachweisen können. In den wenigen Fällen, in denen die künstliche Herkunft einzelner Signale möglich schien, gelang es niemals, dieselben Signale noch ein zweites Mal zu empfangen. So hat man zum Beispiel im Rahmen des Projekts META (**M**egachannel **E**xtra**t**errestrial **A**ssay) den Himmel auf 8,4 Millionen Frequenzen in extrem schmalbandigen Kanälen abgesucht. Man kann davon ausgehen, dass es in der Natur keine Prozesse gibt, die derartig schmalbandige Signale zu erzeugen vermögen. Von den zahlreichen empfangenen Signalen blieben nach Abzug aller Störgrößen nur mehr vier übrig. Doch auch diese wurden später niemals wiedergefunden. Andererseits darf dieser Umstand nicht verwundern: Verglichen mit den kosmi-

*Das Arecibo-Radioteleskop mit einem Durchmesser von 300 Metern wurde 2016 durch das FAST (engl.: **F**ive-hundred-meter **A**perture **S**pherical radio **T**elescope) in Chinas südwestlicher Provinz Guizhou nach fünf Jahren Bauzeit als größtes Radioteleskop abgelöst. Beide Teleskope spielen eine wichtige Rolle bei der Suche nach kosmischen Zivilisationen.*

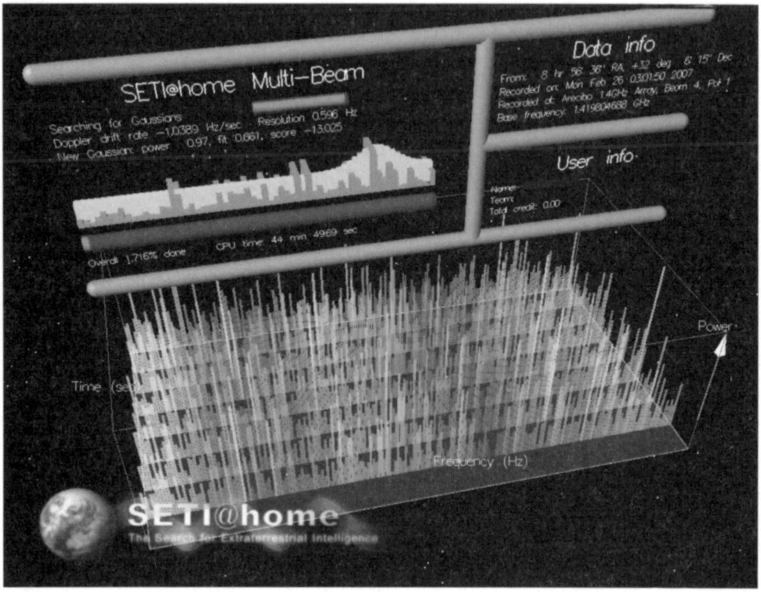

Unter „SETI@home“ kann sich jeder PC-Besitzer an der Suche nach anderen Zivilisationen beteiligen.

schen Zeitskalen suchen wir ja erst seit extrem kurzer Zeit und es wäre eher verblüffend, wenn wir jetzt schon über eindeutige Ergebnisse verfügten.

Leider stehen für die Suchprogramme wenig finanzielle Mittel zur Verfügung, und die staatlichen Geldgeber sind in der gegenwärtigen wirtschaftlichen Situation weder in den USA noch in anderen Ländern davon zu überzeugen, dass solche Programme Priorität erhalten sollten.

Dennoch verdienen sie nicht nur Aufmerksamkeit, sondern jede Unterstützung. Vor diesem Hintergrund ist auch das Projekt SETI@home entstanden: Ein zusätzlicher Empfänger am Arecibo-Radioteleskop zeichnet permanent Radiosignale auf, während das Teleskop andere wissenschaftliche Beobachtungen macht. So kostet das

Programm keine zusätzliche Beobachtungszeit und auch die Auswertung der Daten ist preiswert: Sie wird mit einem entsprechenden Programm als analytische Software auf die heimischen PCs Freiwilliger ausgelagert. Millionen PC-Nutzer in aller Welt beteiligen sich bereits an diesem Netzwerk. Die Frage nämlich, ob wir allein oder vielleicht auch nicht allein im Universum sind, dürfte zu den großen Abenteuern der Forschung gehören. Eine zuverlässige Antwort würde das Leben der Menschheit wohl maßgeblich beeinflussen und möglicherweise einen weltweiten Denkprozess auslösen, der wahrhaft schicksalhafte Bedeutung für uns alle haben könnte. In Deutschland wurde deshalb unlängst ein „Forschungsnetzwerk Extraterrestrische Intelligenz“ gegründet, das sich aus Experten verschiedener Disziplinen zusammensetzt und diesen Fragen nachgeht.

Anhang

Die gegenwärtig größten Spiegelteleskope der Welt

Sternwarte (Ort)	Durchmesser des Spiegels in Zentimetern	Jahr der Fertigstellung
Large Binocular Telescope (Mt. Graham, Arizona)	2 × 840 = 1180	2005
Gran Telescopio Canaria (La Palma)	1040	2007
Keck I (Mauna Kea, Hawaii)	1000	1993
Keck II (Mauna Kea, Hawaii)	1000	1997
Southern African Large Telescope (Karoo-Hochebene, Südafrika)	1000	2005
Hobby-Eberly Telescope (Davis Mountains, Texas)	1000	1999
Subaru Telescope (Mauna Kea, Hawaii)	820	1999
Very Large Telescope (Cerro Paranal, Chile)	4 × 820	2002
Gemini Northern Telescope (Mauna Kea, Hawaii)	810	1999
Gemini Southern Telescope (Cerro Pachón, Chile)	810	2000
Multi Mirror Telescope (Arizona)	650	2000
Magellan I und II	je 650	2000/2002
Big Telescope (Kaukasus)	600	1975
Hale-Telescope (Kalifornien)	510	1949
Wilhelm-Herschel-Teleskop (La Palma)	420	1987

Die Bewegung der Planeten in Zahlen

Planet	r in AE	T_u in Jahren	T in Tagen
Merkur	0,39	0,24	58,65
Venus	0,72	0,62	243,02 (rückläufig)
Erde	1,00	1,00	0,993
Mars	1,52	1,88	1,03
Jupiter	5,20	11,86	0,41
Saturn	9,54	29,45	0,44
Uranus	19,19	84,02	0,72 (rückläufig)
Neptun	30,07	165,79	0,67

r mittlere Entfernung des Planeten von der Sonne in Astronomischen Einheiten (AE)

T_u siderische, das heißt auf den Sternhintergrund bezogene Umlaufzeit des Planeten um die Sonne

T siderische Rotationszeit des Planeten

Die Planeten unseres Sonnensystems im Vergleich

Planet	Äquatorradius in km	Verhältnis der Planetenmasse zur Masse der Erde	Mittlere Dichte in g/cm^3 (Wasser = 1)
Merkur	2440	0,055	5,43
Venus	6052	0,815	5,24
Erde	6378	1,000	5,52
Mars	3397	0,107	3,93
Jupiter	71 492	317,8	1,33
Saturn	60 268	95,16	0,69
Uranus	25 559	14,54	1,27
Neptun	24 764	17,15	1,64

Die Sonne in Zahlen

Alter (Jahre)	ca. 5,6 Milliarden
Masse (Erde = 1)	330 000
Äquator-Durchmesser (km)	1 392 684
mittlere Dichte (g/cm³)	1,41
chemische Zusammensetzung	73 % Wasserstoff, 25 % Helium
Rotation (Tage)	25,4
Temperatur (°C): im Sonneninneren an der Sonnenoberfläche	 ca. 15 Millionen ca. 5780

Der Merkur in Zahlen

Äquatordurchmesser (km)	4880
Masse (Erde = 1)	0,055
Mittlere Dichte (g/cm³)	5,43
Mittlere Entfernung des Planeten von der Sonne (in AE)	0,39
Umlaufzeit um die Sonne (Tage)	87,97
Eigenrotation (Tage)	58,6
Hauptbestandteile der Atmosphäre	–
Anzahl der bekannten Monde	–
Bahnneigung (gegen Ekliptik in Grad)	7,0

Die Venus in Zahlen

Äquatordurchmesser (km)	12 104
Masse (Erde = 1)	0,8
Mittlere Dichte (g/cm³)	5,24
Mittlere Entfernung des Planeten von der Sonne (in AE)	0,72
Umlaufzeit um die Sonne (Tage)	224,70
Eigenrotation (Tage)	243 (retrograd)
Hauptbestandteile der Atmosphäre	CO_2 (96,5 %)
Anzahl der bekannten Monde	–
Bahnneigung (gegen Ekliptik in Grad)	3,4

Die Erde in Zahlen

Äquatordurchmesser (km)	12756
Masse (Erde = 1)	1
Mittlere Dichte (g/cm³)	5,52
Mittlere Entfernung des Planeten von der Sonne (in AE)	1
Umlaufzeit um die Sonne (Tage)	365,26
Eigenrotation (Tage)	0,993
Hauptbestandteile der Atmosphäre	N_2 (78 %), O_2 (21 %)
Anzahl der Monde	1
Bahnneigung (gegen Ekliptik in Grad)	0

Der Mond in Zahlen

Äquatordurchmesser (km)	3476
Masse (Erde = 1)	1/81
Mittlere Dichte (g/cm³)	3,34
Mittlere Entfernung von der Erde (km)	384400
Umlaufzeit um die Erde siderische synodische	 27,32 29,53

Der Mars in Zahlen

Äquatordurchmesser (km)	6792
Masse (Erde = 1)	0,107
Mittlere Dichte (g/cm³)	3,93
Mittlere Entfernung des Planeten von der Sonne (in AE)	1,52
Umlaufzeit um die Sonne (Tage)	687
Eigenrotation (Tage)	1,026
Hauptbestandteile der Atmosphäre	CO_2 (96 %), N_2 (3 %)
Anzahl der bekannten Monde	2
Bahnneigung (Ekliptik in Grad)	1,9

Der Jupiter in Zahlen

Äquatordurchmesser (km)	142 984
Masse (Erde = 1)	318
Mittlere Dichte (g/cm³)	1,33
Mittlere Entfernung des Planeten von der Sonne (in AE)	5,20
Umlaufzeit um die Sonne (Jahre)	11,87
Eigenrotation (Tage)	0,41
Anzahl der bekannten Monde	69
Bahnneigung (gegen Ekliptik in Grad)	1,3

Die Monde der Planeten

Planet	bekannte Monde
Erde	1
Mars	2
Jupiter	69
Saturn	62
Uranus	27
Neptun	14

Der Saturn in Zahlen

Äquatordurchmesser (km)	120 536
Masse (Erde = 1)	95
Mittlere Dichte (g/cm³)	0,69
Mittlere Entfernung des Planeten von der Sonne (in AE)	9,58
Umlaufzeit um die Sonne (Jahre)	29,46
Eigenrotation (Tage)	0,45
Anzahl der bekannten Monde	62
Bahnneigung (gegen Ekliptik in Grad)	2,5

Der Uranus in Zahlen

Äquatordurchmesser (km)	51 118
Masse (Erde = 1)	14,54
Mittlere Dichte (g/cm³)	1,27
Mittlere Entfernung des Planeten von der Sonne (in AE)	19,20
Umlaufzeit um die Sonne (Jahre)	84,01
Eigenrotation (Tage)	0,72 (retrograd)
Anzahl der bekannten Monde	27
Bahnneigung (gegen Ekliptik in Grad)	0,77

Der Neptun in Zahlen

Äquatordurchmesser (km)	49 528
Masse (Erde = 1)	17,15
Mittlere Dichte (g/cm³)	1,64
Mittlere Entfernung des Planeten von der Sonne (in AE)	30,07
Umlaufzeit um die Sonne (Jahre)	165,79
Eigenrotation (Tage)	0,67
Anzahl der bekannten Monde	14
Bahnneigung (gegen Ekliptik in Grad)	1,8

Mehrmalig sichtbare periodische Kometen

Name des Kometen	Siderische Umlaufzeit in Jahren
Encke	3,3
Tempel 1	5,5
Whipple	8,5
Olbers	69,5
Halley	75,3

Die 88 Sternbilder des Himmels

Sternbild	Lateinischer Name	Abkürzung
Adler	Aquila	Aql
Altar	Ara	Ara
Andromeda	Andromeda	And
Bär, Großer	Ursa Major	UMa
Bär, Kleiner	Ursa Minor	UMi
Bärenhüter	Bootes	Boo
Becher	Crater	Crt
Bildhauer	Sculptor	Scl
Chamäleon	Chamaeleon	Cha
Chemischer Ofen	Fornax	For
Delfin	Delphinus	Del
Drache	Draco	Dra
Dreieck, Südliches	Triangulum-Australe	TrA
Dreieck, (Nördliches)	Triangulum-Boreale	Tri
Eidechse	Lacerta	Lac
Einhorn	Monoceros	Mon
Eridanus (Fluss)	Eridanus	Eri
Fernrohr	Telescopium	Tel
Fische	Pisces	Psc
Fisch, Südlicher	Piscis Austrinus	PsA
Fliege	Musca	Mus
Fliegender Fisch	Volans	Vol
Fuhrmann	Auriga	Aur
Füchschen	Vulpecula	Vul
Füllen	Equuleus	Equ
Giraffe	Camelopardalis	Cam
Grabstichel	Caelum	Cae
Haar der Berenike	Coma Berenices	Com
Hase	Lepus	Lep
Heck des Schiffes	Puppis	Pup
Herkules	Hercules	Her
Hund, Großer	Canis Major	CMa
Hund, Kleiner	Canis Minor	CMi
Indianer, Inder	Indus	Ind
Jagdhunde	Canes Venatici	CVn
Jungfrau	Virgo	Vir
Kassiopeia	Cassiopeia	Cas
Kepheus	Cepheus	Cep
Kiel des Schiffes	Carina	Car
Kompass	Pyxis	Pyx
Kranich	Grus	Gru
Krebs	Cancer	Cnc
Kreuz (des Südens)	Crux	Cru
Krone, Südliche	Corona Australis	CrA

Sternbild	Lateinischer Name	Abkürzung
Krone, Nördliche	Corona Borealis	CrB
Leier	Lyra	Lyr
Löwe	Leo	Leo
Löwe, Kleiner	Leo Minor	LMi
Luchs	Lynx	Lyn
Luftpumpe	Antlia	Ant
Maler	Pictor	Pic
Mikroskop	Microscopium	Mic
Netz	Reticulum	Ret
Oktant	Octans	Oct
Orion	Orion	Ori
Paradiesvogel	Apus	Aps
Pegasus	Pegasus	Peg
Pendeluhr	Horologium	Hor
Perseus	Perseus	Per
Pfau	Pavo	Pav
Phönix	Phoenix	Phe
Pfeil	Sagitta	Sge
Rabe	Corvus	Crv
Schild (des Sobieski)	Scutum	Sct
Schlange	Serpens	Ser
Schlangenträger	Ophiuchus	Oph
Schütze	Sagittarius	Sgr
Schwan	Cygnus	Cyg
Schwertfisch	Dorado	Dor
Segel des Schiffes	Vela	Vel
Sextant	Sextans	Sex
Skorpion	Scorpius	Sco
Steinbock	Capricornus	Cap
Stier	Taurus	Tau
Tafelberg	Mensa	Men
Taube	Columba	Col
Tukan	Tucana	Tuc
Waage	Libra	Lib
Walfisch	Cetus	Cet
Wassermann	Aquarius	Aqr
Wasserschlange	Hydra	Hya
Wasserschlange, Südliche	Hydrus	Hyi
Widder	Aries	Ari
Winkelmaß	Norma	Nor
Wolf	Lupus	Lup
Zentaur	Centaurus	Cen
Zirkel	Circinus	Cir
Zwillinge	Gemini	Gem

Die wichtigsten Sternschnuppenströme

Name	Dauer der Sichtbarkeit	erzeugender Komet
Quadrantiden	1.–4. Januar	–
Lyriden	20.–22. April	Thatcher
η-Aquariden	29. April–21. Mai	Halley
Juni-Draconiden	28. Juni	Pons-Winnecke
δ-Aquariden	24. Juli–6. August	–
Perseïden	20. Juli–19. August	Swift-Tuttle
Oktober-Draconiden	9. Oktober	Giacobini-Zinner
Orioniden	15.–25. Oktober	Halley
Tauriden	26. Okt.–25. Nov.	Encke
Leoniden	11.–20. November	Tempel-Tuttle
Andromediden	18.–26. November	Biëla
Geminiden	6.–16. Dezember	Planetoid Phaethon
Ursiden	21.–23. Dezember	Tuttle

Die ersten Planetoiden in der Reihenfolge ihrer Entdeckung

Name	Entdecker und Zeit der Entdeckung	Geringster Abstand von der Sonne in AE	Abmessungen in km
Ceres*	Piazzi, 1. Januar 1801	2,56	Ø 963
Pallas	Olbers, 28. März 1802	2,13	582 × 556 × 500
Juno	Harding, 1. September 1804	1,98	320 × 267 × 200
Vesta	Olbers, 29. März 1807	2,15	573 × 557 × 446
Astraea	Hencke, 8. Dezember 1845	2,08	Ø117

* Ceres zählt heute zu den Zwergplaneten

Einteilung der Sterne nach Spektraltypen

Sternfarbe	Spektraltyp	Temperatur	Beispielstern
Blau	O	≥ 25 000 °C	Alnitak (Orion)
Bläulich weiß	B/A	≥ 10 000 °C	Spika, Sirius
Gelb	F/G	≥ 6000 °C	Prokyon, Sonne
Orange	K	≥ 4500 °C	Arktur
Rötlich	M	≥ 3000 °C	Beteigeuze

Unser Sternsystem, die Milchstraße (Galaxis)

Sichtbare Masse	ca. 400 Milliarden Sonnenmassen
Alter	ca. 13,8 Milliarden Jahre
Zahl der Sterne	über 200 Milliarden
Durchmesser der Scheibe	100 000 – 120 000 Lichtjahre
Dicke der Scheibe in der Nähe der Sonne	700 Lichtjahre
Entfernung der Sonne vom Zentrum	ca. 25 000 – 28 000 Lichtjahre
Sonnenabstand von der galaktischen Ebene	65 Lichtjahre
Geschwindigkeit der Sonne	ca. 220 Kilometer pro Sekunde

Glossar

Abendstern – Als Abendstern wird die Venus bezeichnet, wenn sie östlich der Sonne steht und somit am Abendhimmel sichtbar ist.

Absolute Helligkeit – Scheinbare Helligkeit, bezogen auf eine Einheitsentfernung von zehn Parsec (= 32,6 Lichtjahre). Die absolute Helligkeit eines Sterns, der weiter als 32,6 Lichtjahre entfernt steht, ist größer als seine scheinbare Helligkeit. Hingegen ist die absolute Helligkeit eines Sterns, der weniger als 32,6 Lichtjahre entfernt ist, geringer als seine scheinbare Helligkeit.

Antiteilchen – Elementarteilchen, das in allen Eigenschaften bis auf die Ladung (oder sogenannte ladungsartige Größen) mit einem Teilchen übereinstimmt. Das Antiteilchen des elektrisch negativ geladenen Elektrons ist das elektrisch positiv geladene Positron. Da zu allen Elementarteilchen, aus denen die Materie aufgebaut ist, auch Antiteilchen existieren, können auch ganze Atome aus Antiteilchen aufgebaut werden. Das sind die Atome der Antimaterie.

Astronomische Einheit (AE) – Mittlere Entfernung der Erde von der Sonne, nach internationaler Vereinbarung = 149,6 Millionen Kilometer. Die AE ist die Einheit für alle Entfernungsangaben in unserem Sonnensystem.

Auflösungsvermögen – Der kleinste Winkelabstand zweier Lichtquellen, der mit einem bestimmten Fernrohr noch getrennt werden kann.

Bedeckungsveränderlicher – Stern, der seine Helligkeit infolge der regelmäßigen Bedeckung durch einen nahen Begleiter in konstanten Zeitabständen verändert. Bei Bedeckungsveränderlichen handelt es sich folglich stets um Doppelsterne.

Bogenminute/-sekunde – Auf der (scheinbaren) Himmelskugel werden die Abstände der Lichtpunkte oft im sogenannten Bogenmaß angegeben. Dem Vollkreis entsprechen 360 Grad (°). Jedes Grad ist in 60 Bogenminuten (60′) und jede Bogenminute in 60 Bogensekunden (60″) unterteilt. Der Durchmesser des Mondes beträgt im Bogenmaß rund 30 Bogenminuten.

Cepheïd – Veränderlicher Stern, dessen Helligkeit infolge regelmäßiger Variation des Sterndurchmessers schwankt, benannt nach dem Prototyp, dem Stern Delta im Sternbild Kepheus (Delta Cepheï).

Doppelstern – Mitglied eines Systems aus zwei Sternen, die sich um ihren gemeinsamen Schwerpunkt bewegen. Etwa die Hälfte aller sonnenähnlichen Sterne sind Doppelsterne.

Elektron – Elektrisch negativ geladenes Elementarteilchen, das in einem Atom nach der klassischen Atomtheorie den positiv geladenen Kern auf bestimmten Bahnen umläuft.

Erdbahnkreuzer – Planetoid, dessen Bahn die Erdbahn kreuzt, sodass prinzipiell die Möglichkeit eines Zusammenstoßes mit der Erde besteht.

Exzentrizität – Maß für die Abweichung einer Ellipse von der Kreisform. Geringe Exzentrizität der Bahn eines Himmelskörpers bedeutet eine kreisähnliche Bahn.

Flare – Kurzzeitiges Ansteigen der Helligkeit in einem kleinen Gebiet der Sonnenchromosphäre, meist in der Nähe von Sonnenflecken.

Fraunhoferlinie – Dunkle (Absorptions-) Linie im Spektrum der Sonne und der Sterne, benannt nach Joseph Fraunhofer, der speziell das Spektrum der Sonne erforschte und die Linien bezeichnete.

Fixstern – Selbstleuchtende Gaskugel, deren Energie durch Kernfusion im Inneren freigesetzt wird. Der Name ist historischen Ursprungs und bedeutet „festgehefteter Stern", weil Fixsterne innerhalb kürzerer Zeiträume ihre Stellung am Himmel scheinbar nicht verändern.

Galileische Monde – Die vier im Jahr 1610 von Galileo Galilei entdeckten größten Jupitermonde Io, Europa, Ganymed und Kallisto.

Gebundene Rotation – Bewegung eines Körpers um einen anderen, bei der die Umlaufzeit um den Zentralkörper mit der Rotationsdauer um die eigene Achse übereinstimmt. Unser Mond umkreist die Erde in gebundener Rotation und zeigt ihr daher immer dieselbe Seite.

HRD – Abkürzung für Hertzsprung-Russell-Diagramm. Zweidimensionales Zustandsdiagramm, das von dem dänischen Astronomen Ejnar Hertzsprung und dem Amerikaner Henry Norris Russell zu Beginn des 20. Jahrhunderts entwickelt wurde. In dem Diagramm werden die Zustandsgrößen Temperatur und absolute Helligkeit von Sternen dargestellt. Die Sterne sind darin je nach ihren Eigenschaften in bestimmten Bereichen angeordnet.

Hubble-Parameter – Er gibt an, um welchen Betrag die Geschwindigkeit der Sternsysteme mit zunehmender Entfernung ansteigt. Der Zahlenwert wird gegenwärtig mit 67,74 km/(s · Mpc) angegeben.

Kernfusion – Verschmelzung von Atomkernen. In der Mehrzahl der Sterne wird der größte Teil der Energie durch die Verschmelzung von Wasserstoffkernen zu den Kernen des schwereren Elements Helium freigesetzt. Gegenüber dem Ausgangsstoff Wasserstoff sind die entstandenen Heliumatome etwas leichter. Die Massendifferenz wird in Form von Energie freigesetzt.

Keplersche Gesetze – Die drei von Johannes Kepler entdeckten Gesetze, nach denen sich die Planeten um die Sonne bewegen. Die Gesetze gelten aber auch für jedes andere System von zwei Körpern, die sich um einen gemeinsamen Schwerpunkt bewegen.

Lichtjahr – Die Entfernung, die ein Lichtstrahl (Geschwindigkeit im Vakuum rund 300 000 Kilometer pro Sekunde) in einem Jahr zurücklegt. Ein Lichtjahr misst rund 9,5 Billionen Kilometer.

Lokale Gruppe – Kleine Ansammlung von etwa 30 Sternsystemen, die über ein Raumgebiet von rund fünf Millionen Lichtjahre verteilt sind und zu der unter anderem als größte Galaxien unser Milchstraßensystem sowie der Andromeda-Nebel gehören.

Morgenstern – Als Morgenstern wird die Venus bezeichnet, wenn sie westlich der Sonne steht und somit am Morgenhimmel sichtbar ist.

Neutron – Ein Elementarteilchen ohne Ladung, das zusammen mit den Protonen die Atomkerne der Elemente bildet.

Neutrino – Elektrisch ungeladenes Elementarteilchen, das unter anderem in riesigen Mengen im Innern der Sonne entsteht. Neutrinos gehen fast keine Wechselwirkung mit der Materie ein. Die Frage nach einer möglichen Masse der Neutrinos ist noch nicht vollständig geklärt, für die Kosmologie aber von großer Bedeutung.

Photosphäre – Die im sichtbaren Licht leuchtende „Oberfläche" der Sonne. Ihre Temperatur beträgt rund 5500 °C.

Parsec – Entfernungseinheit im Reich der Sterne und Galaxien. Ein Parsec entspricht 3,26 Lichtjahren. Die Bezeichnung „Parsec" stammt von „Parallaxensekunde": Ein Stern in einem Parsec Entfernung besitzt eine Parallaxe von einer Bogensekunde.

Parallaxe – Der halbe Winkel, um den sich ein naher Stern (scheinbar) vor dem Himmelshintergrund bewegt, wenn die Erde die Hälfte ihrer Bahn durchlaufen hat (wie der „Daumensprung", wenn wir ihn am ausgestreckten Arm abwechselnd mit dem rechten und dem linken Auge betrachten). Die Parallaxe ist ein Äquivalent für die Entfernung eines Sterns.

Planetesimal – Kleiner Körper, Grundbaustein des Planetensystems. Aus Planetesimalen haben sich im Laufe der Entstehung des Planetensystems die Planeten gebildet.

Planetoid (auch Asteroid) – Synonym für die Körper aus der Gruppe der Kleinplaneten, Himmelskörper des Sonnensystems, die sich hauptsächlich zwischen den Bahnen der Planeten Mars und Jupiter um die Sonne bewegen sowie jenseits des Planeten Neptun (Kuiper-Gürtel).

Quasar – Ein Quasar leuchtet am Himmel sehr schwach, ist aber in Wirklichkeit ein extrem weit entfernter und außerordentlich leuchtkräftiger Kern einer jungen Galaxie. Die Bezeichnung „Quasar" leitet sich von „quasistellarer Radioquelle" ab, da diese Objekte erstmals im Radiobereich gefunden wurden und wie Sterne anmuten.

Refraktor – Linsenfernrohr. Im Gegensatz zu den Reflektoren wird das Licht im Objektiv des Refraktors gebrochen, um es zu bündeln.

Reflektor – Spiegelteleskop. Reflektiert das Licht an einem speziell geformten Hohlspiegel. Alle modernen Großteleskope sind Reflektoren.

Roter Riese – Ein rötlich leuchtender, kühler Stern, der langsam seinem Ende entgegengeht. Rote Riesen können mehrere 100 Millionen Kilometer groß sein. Auch unsere Sonne wird in rund vier bis fünf Milliarden Jahren zum Roten Riesen; ihr Durchmesser übertrifft dann möglicherweise den der heutigen Marsbahn.

Sternschnuppe – auch Meteor genannt. Die Leuchtspur eines meist kleinen Teilchens, das aus dem Weltraum in die Erdatmosphäre gelangt und dort die Luft zum Leuchten anregt. Handelt es sich um ein massereicheres Objekt aus Gestein oder Metall, das nicht vollständig verglüht, dann gelangt es als Meteorit bis auf die Erde.

Supernova – Das große Finale eines massereichen Sterns, der das Ende seines „Lebens" mit einer gewaltigen Explosion beschließt, die ihn für Wochen mitunter heller strahlen lässt als alle Sterne seiner Galaxie zusammen. Der Rest einer Supernova kann ein Neutronenstern oder ein Schwarzes Loch sein.

Tierkreis – Die zwölf Sternbilder, durch die sich im Laufe eines Jahres Sonne, Mond und Planeten scheinbar bewegen.

Urknall – Der hypothetische Beginn von Raum und Zeit, dessen Zeuge die jetzt noch messbare kosmische Hintergrundstrahlung ist.

Weißer Zwerg – Der Rest eines durchschnittlichen Sterns wie unsere Sonne, nachdem er keine Energie mehr durch Kernfusion gewinnen kann und seine äußeren Hüllen abgestoßen hat. Die Materie eines Weißen Zwerges ist sehr dicht: Ein Teelöffel davon würde auf der Erde rund eine Tonne wiegen.

Zum Weiterlesen und Weiterklicken

Wenn Sie nun Lust bekommen haben, noch mehr über das Universum zu erfahren, seien Ihnen nachfolgend einige Informationsquellen ans Herz gelegt. Die ausgewählten Bücher sind durchweg allgemeinverständlich geschrieben, setzen jedoch gelegentlich ein paar Grundkenntnisse voraus. Natürlich erhebt die Liste keinen Anspruch auf Vollständigkeit. Auch schreitet die Wissenschaft in der heutigen Zeit schnell voran, deshalb sollten Sie, wenn Sie an neuesten (wenn auch nicht immer schon gesicherten) Erkenntnissen interessiert sind, ebenso zu Zeitschriften greifen oder sich im Internet umsehen. Da es sich bei Letzterem jedoch um ein völlig freies Medium handelt, sollte man die Beiträge kritisch lesen und miteinander vergleichen. Aktuelle Entwicklungen der Astronomie werden auch in jährlich erscheinenden Jahrbüchern behandelt.

Jahrbücher

Hahn, H.-M.: *Was tut sich am Himmel?* Kosmos-Verlag, Stuttgart,
Das Pocketjahrbuch für Einsteiger.

Keller, H.-U.: *Kosmos Himmelsjahr.* Kosmos-Verlag, Stuttgart,
Das beliebteste Jahrbuch für Hobby-Astronomen.

Roth, H.: *Der Sternenhimmel.* Kosmos-Verlag, Stuttgart,
Das Jahrbuch für Amateurastronomen.

Allgemeines/Geschichte

Cornelius, G.: *Was Sternbilder erzählen.* Kosmos-Verlag, Stuttgart 2009,
Die Mythologie der Sterne. Alle Sternbilder des Himmels mit künstlerischen Illustrationen.

Cox, B.: *Mensch und Universum.* Kosmos-Verlag, Stuttgart 2017, *Unser Platz in Raum und Zeit.*

Hamel, J.: *Meilensteine der Astronomie.* Kosmos-Verlag, Stuttgart 2006, *Große Entdeckungen und Persönlichkeiten der Astronomie.*

Herrmann, D.B.: *Astronomie, Sekundarstufe II.* Duden-Paetec-Verlag, Berlin 2004, *Das Buch für Schüler und Lehrer.*

Herrmann, D.B.: *Die Harmonie des Universums.* Kosmos-Verlag, Stuttgart 2017, *Von der rätselhaften Schönheit der Naturgesetze.*

Herrmann, D.B.: *Geschichte der modernen Astronomie.* Berlin 1984, *Lesebuch zur neueren Astronomiegeschichte.*

Keller, H.-U.: *Wörterbuch der Astronomie.* Kosmos-Verlag, Stuttgart 2005, *Das Lexikon für Einsteiger.*

Keller, H.-U.: *Kompendium der Astronomie.* Kosmos-Verlag, Stuttgart 2016, *Umfassende Einführung in die Astronomie und Astrophysik.*

Schilling, G.: *Das Kosmos-Buch der Astronomie.* Kosmos-Verlag, Stuttgart 2011, *Leicht verständliches Basiswissen.*

Der Brockhaus Astronomie. Brockhaus, Mannheim 2005, *Das große Lexikon zur Astronomie.*

Wie Astronomen das Weltall erforschen

Hartl, G.: *Welten, Sterne, Welteninseln.* Astronomie im Deutschen Museum, München 1993, *Von der klassischen Astronomie zur Astrophysik.*

Das Sonnensystem

Hahn, H.-M.: *Unser Sonnensystem.* Kosmos-Verlag, Stuttgart 2004,
Sonne und Planeten im Fokus der Forschung.

Kippenhahn, R.: *Der Stern, von dem wir leben.* dtv, Stuttgart 1993,
Den Geheimnissen der Sonne auf der Spur.

Das Milchstraßensystem

Herrmann, D.B.: *Die Milchstraße.* Kosmos-Verlag, Stuttgart 2003,
Sterne, Nebel und Sternsysteme der Milchstraße im Fokus.

Langer, N.: *Leben und Sterben der Sterne.* C.H. Beck, München 1995,
Biografie der Sterne.

Biografie des Universums

Davies, P./Gribbin, J.: *Auf dem Weg zur Weltformel.* Komet, München 2005,
Bericht über die moderne Physik.

Feitzinger, J.V.: *Galaxien und Kosmologie.* Kosmos-Verlag, Stuttgart 2007,
Der Bauplan unseres Universums.

Greene, B.: *Das elegante Universum.* Goldmann, München 2006,
Die faszinierende Idee der Superstring-Theorie.

Herrmann, D.B.: *Antimaterie.* C.H. Beck, München 2009,
Auf der Suche nach der Gegenwelt.

Herrmann, D.B.: *Das Urknall-Experiment.* Kosmos-Verlag, Stuttgart 2014,
Die Suche nach dem Anfang der Welt.

Kippenhahn, R.: *Kosmologie für die Westentasche.* Piper, München 2003,
Kosmologie kurz und einfach.

Lesch, H.: *Kosmologie für helle Köpfe.* Goldmann, München 2006,
Eine Reise in die Tiefen des Universums.

Randall, L.: *Verborgene Universen.* Fischer (S.), Frankfurt 2006,
Eine spannende Reise durch verborgene Dimensionen.
Rees, M.: *Die Rätsel unseres Universums.* dtv, München 2006,
Hatte Gott eine Wahl?
Vaas, R.: *Tunnel durch Raum und Zeit.* Kosmos-Verlag, Stuttgart 2010,
Schwarze Löcher, Zeitreisen und Überlichtgeschwindigkeit.
Weinberg, S.: *Die ersten drei Minuten.* Piper, München 1997,
Der Ursprung des Universums.

Der Mensch im Weltall

Gerritzen, D.: *Erstkontakt.* Kosmos-Verlag, Stuttgart 2016,
Warum wir uns auf Außerirdische vorbereiten müssen.
Mackowiak, B.: *Die Erforschung der Exoplaneten.* Kosmos-Verlag Stuttgart 2015,
Auf der Suche nach den Schwesterwelten des Sonnensystems.
Miller, B.: *Anybody out there?* Penguin, München 2017,
Die faszinierende Suche nach außerirdischem Leben.

Zeitschriften

Astronomie und Raumfahrt im Unterricht. Erhard Friedrich Verlag, Seelze,
Astronomie-Zeitschrift für Lehrer und Schüler.
Orion. Schweizerische Astronomische Gesellschaft,
Die Astronomie-Zeitschrift in der Schweiz.
Sterne und Weltraum. Spektrum der Wissenschaft Verlagsgesellschaft, Heidelberg,
Modernes Magazin für Astronomie.

Internetlinks

www.astronomie.de und www.astrotreff.de

Die größten Astronomie-Portale in Deutschland mit umfangreichen Diskussionsforen.

www.dlr.de

Das deutsche Zentrum für Luft- und Raumfahrt.

www.eso.org/public/germany.html

Die europäische Südsternwarte.

www.heavens-above.com

Infos über Sichtbarkeit von Satelliten.

www.kosmos-himmelsjahr.de

Aktuelle Himmelsereignisse im Überblick.

www.redshift-live.de

Das Portal zur Planetarium-Software.

www.spacetelescope.org

Das Hubble-Weltraumteleskop (engl.).

www.sternfreunde.de

Vereinigung der Sternfreunde e.V.

Register

Kursive Seitenangaben beziehen sich auf Abbildungs- oder Bildunterschriftinhalte.